Environmental Evolution & Pollution Treatment
in Watershed of Dianchi Lake

流域环境演变与污染治理
——以滇池为例

张乃明　杜劲松　徐晓梅　等著

化学工业出版社
·北京·

内容简介

本书以环境演替与水质变化为主线，以全国第六大、云南第一大淡水湖泊滇池流域为研究对象，从自然特征、资源禀赋、经济社会功能、人类活动影响、水资源开发利用、水质污染、生态退化、污染控制、治理历程、监督与管理等方面系统介绍了滇池流域环境演变的过程以及水环境治理与改善的实践经验。滇池曾经是国家"三河三湖"治理的重点，本书的撰写和出版旨在为国内富营养化湖泊治理提供理论指导和实践经验。

本书将湖泊治理中的科学思维、政府行动、工程实践、监督管理四者紧密结合，较好地体现了科学性、政策性和实践性的有机统一，可供生态环境、自然资源、水利等部门管理人员和工程技术人员参考，也可供高等学校环境科学与工程、生态学、水文水资源、水利工程及相关专业师生参阅。

图书在版编目（CIP）数据

流域环境演变与污染治理：以滇池为例/张乃明等著 .—北京：化学工业出版社，2023.6
ISBN 978-7-122-43298-8

Ⅰ.①流⋯　Ⅱ.①张⋯　Ⅲ.①滇池-流域环境-环境演化②滇池-湖泊污染-污染防治　Ⅳ.①X524

中国国家版本馆 CIP 数据核字（2023）第 065034 号

责任编辑：刘兴春　卢萌萌　　　　文字编辑：郭丽芹　陈小滔
责任校对：李雨函　　　　　　　　装帧设计：王晓宇

出版发行：化学工业出版社（北京市东城区青年湖南街 13 号　邮政编码 100011）
印　　装：北京虎彩文化传播有限公司
787mm×1092mm　1/16　印张 14　彩插 2　字数 279 千字
2023 年 10 月北京第 1 版第 1 次印刷

购书咨询：010-64518888　　　　　售后服务：010-64518899
网　　址：http://www.cip.com.cn
凡购买本书，如有缺损质量问题，本社销售中心负责调换。

定　　价：98.00 元

《流域环境演变与污染治理
——以滇池为例》

著者名单

张乃明：教授，云南农业大学资源与环境学院

杜劲松：正高级工程师，昆明市滇池高原湖泊研究院

徐晓梅：正高级工程师，昆明市生态环境科学研究院

韩亚平：正高级工程师，昆明市滇池高原湖泊研究院

何　佳：正高级工程师，昆明市生态环境科学研究院

潘　珉：高级工程师，昆明市滇池高原湖泊研究院

包　立：副教授，云南农业大学资源与环境学院

王　晟：博士，云南农业大学植物保护学院

陈立琼：高级工程师，昆明市水利水电工程建设质量监督站

苏友波：副教授，云南农业大学资源与环境学院

杨　艳：高级工程师，昆明市生态环境科学研究院

吴　雪：高级工程师，昆明市生态环境科学研究院

张　英：高级工程师，昆明市生态环境科学研究院

谷　雨：硕士研究生，云南农业大学资源与环境学院

前　言

　　水体富营养化是全球面临最突出的水环境污染问题之一，湖泊是地球重要的淡水资源库，我国湖泊众多，总面积达 $8.3×10^4km^2$，其中有 60% 以上的湖泊存在不同程度的富营养化，因此科学认识湖泊流域环境演变规律，做好富营养化湖泊的治理与保护已成为我国生态环境保护工作不可或缺的重要内容。国家高度重视水污染防治工作，并在 2015 年 4 月出台《水污染防治行动计划》（简称"水十条"），针对水污染防治的紧迫性、复杂性、艰巨性、长期性，"水十条"突出深化改革和创新驱动思路，坚持系统治理、改革创新理念，按照"节水优先、空间均衡、系统治理、两手发力"的原则，突出重点污染物、重点行业和重点区域，注重发挥市场机制的决定性作用、科技的支撑作用和法规标准的引领作用，加快推进水环境质量改善。

　　滇池作为我国内陆高原湖泊的代表，是全国第六大、西南水域面积第一大淡水湖泊，滇池曾经是全国水体富营养化最严重的湖泊，被列为全国"三湖三河"治理的重点。值得关注的是滇池水质由 20 世纪 60 年代的 Ⅱ 类水，在 70 年代降为 Ⅲ 类，到 90 年代后期水质快速降为劣 Ⅴ 类后，经过 20 多年的持续治理，2018 年滇池外海水质恢复为 Ⅳ 类。因此有必要从理论与实践相结合的视角，总结滇池水污染防治的经验教训，为我国富营养化湖泊的治理与保护提供理论指导和工程治理案例，这也正是本书撰写出版的宗旨所在。

　　本书的著者来自云南农业大学、昆明市滇池高原湖泊研究院（原昆明市滇池生态研究所）、昆明市生态环境科学研究院，都是长期从事高原湖泊治理与保护的一线科技工作者，同时也是滇池治理保护 20 多年来的见证者和参与者。2012 年研究团队承担了云南省九大高原湖泊治理专项资金支持项目"滇池流域社会文化与生态文明研究"，为本书的编撰奠定了很好的基础，书中的许多资料来源于该项目的研究成果。

　　本书的撰写提纲由张乃明教授提出，经杜劲松、徐晓梅、韩亚平三位高级工程师补充完善后开始撰写。全书共分为十一章，各章撰写分工如下：第一章由张乃明著；第二章由张乃明、王晟著；第三章由包立、韩亚平、苏友波、张乃明、王晟著；第四章由杜劲松著；第五章、第六章由杜劲松、陈立琼著；第七章由徐晓梅、何佳、张乃明、谷雨著；第八章由韩亚平、潘珉著；第九章由徐晓梅、何佳、杜劲松、陈立琼、杨艳、吴雪著；第十章由徐晓梅、何佳、杨艳、张英、潘珉著；第十一章由徐晓梅、杜劲松著。张乃明教授负责全书的统稿定稿和修改完善工作，农药学专业在读博士生王晟为书稿的整理、排版、图文校核付出了巨大的努力。

本书的出版得到昆明市滇池高原湖泊研究院、昆明市生态环境科学研究院、云南农业大学等参加单位领导的关心支持，化学工业出版社为完善本书内容提出许多宝贵意见，云南农业大学土壤与水环境实验室的研究生做了大量文献查阅与资料整理工作，在此一并表示衷心感谢！

限于著者水平以及所研究问题时间跨度较长，书中存在不足和疏漏之处在所难免，敬请读者批评指正。

张乃明

2022 年 11 月于昆明

目 录

第一章　　　　　第一节　高原湖泊治理保护问题　　　　／001
绪　论　　　　　第二节　滇池治理需要持之以恒　　　　／009

第二章　　　　　第一节　滇池形成　　　　　　　　　　／012
滇池流域　　　　第二节　地理位置　　　　　　　　　　／013
自然特征　　　　第三节　地质地貌　　　　　　　　　　／013
　　　　　　　　第四节　气候特征　　　　　　　　　　／016
　　　　　　　　第五节　河流水系　　　　　　　　　　／017

第三章　　　　　第一节　森林资源　　　　　　　　　　／020
滇池流域　　　　第二节　土壤资源　　　　　　　　　　／025
资源禀赋　　　　第三节　水资源　　　　　　　　　　　／035
　　　　　　　　第四节　矿产资源　　　　　　　　　　／038
　　　　　　　　第五节　水生生物资源　　　　　　　　／041

第四章　　　　　第一节　水资源利用　　　　　　　　　／046
滇池的经济　　　第二节　渔业　　　　　　　　　　　　／049
社会功能　　　　第三节　航运　　　　　　　　　　　　／051
　　　　　　　　第四节　旅游　　　　　　　　　　　　／052

第五章　　　　　第一节　滇池水域历史变迁　　　　　　／053
人类活动对　　　第二节　海口河整治和海口闸建设　　　／055
滇池的影响　　　第三节　滇池防护堤修建　　　　　　　／056
　　　　　　　　第四节　围垦及围海造田　　　　　　　／058

第六章
流域水资源
开发利用

第一节 滇池入湖河流水系历史变迁和
　　　整治 / 060
第二节 滇池流域水资源开发 / 068
第三节 外流域调水 / 070

第七章
滇池污染
的历程

第一节 滇池水质变化 / 073
第二节 工业污染源 / 076
第三节 城市生活污染源 / 078
第四节 农业农村面源污染 / 082
第五节 城市面源污染 / 083
第六节 污染类型变化 / 090

第八章
滇池水生
生态退化

第一节 水生植物 / 092
第二节 浮游植物 / 095
第三节 浮游动物 / 098
第四节 底栖动物 / 099
第五节 鱼类 / 101
第六节 水禽 / 105

第九章
滇池点源污
染治理进展

第一节 滇池治理思路 / 106
第二节 工业污染防治 / 107
第三节 城镇污水治理 / 121
第四节 河道治理 / 153

第十章
滇池面源及
内源污染治
理进展

第一节 农村农业污染防治 / 165
第二节 生态修复 / 187
第三节 内源污染治理 / 192

第十一章
**滇池保护
监督与管理**

参考文献

第一节　政策法规　　　　　　　　　/ 195
第二节　机构与监管　　　　　　　　/ 203
第三节　滇池流域河道生态补偿　　　/ 208

第一章

绪　论

高原湖泊治理保护问题

一、云南九大高原湖泊概述

云南省是我国天然湖泊较多的省份之一，湖泊面积大于 1 平方公里的有 37 个，其中滇池、洱海、抚仙湖、程海、泸沽湖、阳宗海、星云湖、杞麓湖、异龙湖 9 个湖泊水域面积大于 30 平方公里，被称为九大高原湖泊，湖泊水域总面积 1042 平方公里，流域面积 8110 平方公里，湖容量达 302 亿立方米。云南省九大高原湖泊分布在滇中、滇南、滇西和滇西北，分属昆明市、玉溪市、大理白族自治州、丽江市和红河哈尼族彝族自治州；其中滇池、程海和泸沽湖属长江水系，抚仙湖、杞麓湖、异龙湖、星云湖和阳宗海属珠江水系，洱海属澜沧江水系。

九大高原湖泊流域面积约占全省总面积的 2%，但是 GDP 却占全省的 35% 左右，可见九大高原湖泊区域是否能够实现高质量可持续发展对云南省经济社会发展和生态文明排头兵建设都至关重要。以滇池为代表的云南九大高原湖泊流域是全省人口聚居最多、经济社会发展较快的中心区域，承担着经济、生态、社会等多种功能，但同时也是发展与保护矛盾最突出的区域。在云南九大高原湖泊中流域和水域面积最大的是滇池；湖泊水容量最大的是抚仙湖；水质最好的是泸沽湖、抚仙湖，较好的是洱海、程海、阳宗海，水质较差的是滇池、星云湖、杞麓湖、异龙湖。自"九五"以来，历届省委、省政府高度重视九大高原湖泊治理与保护工作，水质良好湖泊和水质较好湖泊在经济快速发展的同时水质得以持续保持稳定，污染较重湖泊水质也实现了历史性转变，滇池和星云湖先后成功摆脱劣 V 类。但是我们也要清醒地认识到，2021 年云南省生态环境状况公报数据显示九大高原湖泊中只有泸沽湖、抚仙湖、洱海 3 个湖泊达到水环境功能要求，其余 6 个湖泊均未到达水环境功能要求，九湖治理与保护仍然任重道远。

云南高原湖泊的先天缺陷，决定了污染治理的制约条件多、困难大。一是云南高原湖泊均属封闭半封闭湖泊，没有大江大河的导入，汇水面积小，入湖河流源近流短、产水量少，蒸发量大、降雨集中，受西南季风控制，水位随季节变化较大，大多要依靠回归水的循环和外流域调水才能维持水量平衡，水资源十分短缺，湖泊调蓄能力差，水资源供需矛盾突出。二是随着城镇化和工业化的发展，也挤占了流域内的部分水资源量，入湖清水流量急剧减少，缺乏充足的洁净水对湖泊水体进行补充置换，水体对污染物的稀释与自净能力下降。三是云南高原湖泊多数处于城市下游，是城市和沿湖地区各类污水及地表径流最终归宿的受纳水体。同时入湖河道流程短。九湖主要入湖河道有180多条，最长的河道仅有40km，短的只3km，这些河道大都流经城镇、村庄和农田，入湖河流水质污染较为严重。污染控制特别是对面源污染的控制难度较大。四是污水处理率还不高。由于城市化进程快速推进，存在部分城市生活污水未经处理就被排放到自然水体的现象，即使经过处理后达到一级A标准的尾水仍属于地表水劣Ⅴ类，使得湖泊面临的污染负荷较大，常常超过湖泊自身的净化能力，从而使湖泊生态难以恢复。五是在长期的自然演化过程和频繁的人类活动中，由于大量泥沙和污染物排入湖中，加上历史原因造成的"围湖造田"等不合理的开发活动，致使湖泊水面缩小，湖盆变浅，进入老龄化阶段，个别湖泊出现沼泽化趋势。六是由于历史上对森林资源的过度砍伐，致使流域森林植被遭到破坏。九湖流域森林覆盖率低于全省平均水平，流域林种单一，大多以针叶林为主，植被蓄水保土性能较差。通过水土流失输入湖泊的污染负荷不容忽视。

习近平总书记两次来云南都十分关心关注包括滇池、洱海在内的高原湖泊保护。2015年1月20日，习近平总书记考察云南来到大理市湾桥镇古生村考察时，在洱海边"立此存照"，并殷殷嘱托：一定要把洱海保护好，让"苍山不墨千秋画，洱海无弦万古琴"的自然美景永驻人间。时隔五年，2020年1月20日，习近平总书记再次到云南考察时来到滇池星海半岛生态湿地时指出："滇池是镶嵌在昆明的一颗宝石，要拿出咬定青山不放松的劲头，按照山水林田湖草是一个生命共同体的理念，加强综合治理、系统治理、源头治理，再接再厉，把滇池治理工作做得更好。"

二、高原湖泊治理保护需要习近平生态文明思想指导

为深入贯彻落实习近平生态文明思想和习近平总书记考察云南重要讲话精神，努力成为全国生态文明建设排头兵，坚决扭转湖泊保护治理的严峻形势，保护好"高原明珠"，云南省委、省政府2021年出台《中共云南省委 云南省人民政府 关于"湖泊革命"攻坚战的实施意见》。在此背景下认真梳理总结二十多年来滇池治理保护的经

验教训，学习领会习近平生态文明思想，探讨以习近平生态文明思想来指导高原湖泊治理保护意义特别重大。

1. 以"两山"理论指导高原湖泊流域实现绿色发展

"绿水青山就是金山银山"是习近平生态文明思想的核心内容之一，简称"两山"理论，科学阐述了经济发展和生态环境保护的关系，揭示了保护生态环境就是保护生产力、改善生态环境就是发展生产力的道理，指明了实现发展和保护协同共生的新路径。绿水青山既是自然财富、生态财富，又是社会财富、经济财富。保护生态环境就是保护自然价值和增值自然资本，就是保护经济社会发展潜力和后劲，使绿水青山持续发挥生态效益、经济效益和社会效益。"两山"理论对于指导今天云南省九大高原湖泊的治理与保护工作有着十分重要的现实意义。

九大高原湖泊流域人口密集、活动频繁、经济活跃，湖泊保护治理工作艰巨而复杂。在九大高原湖泊所在流域都存在经济发展、改善民生与湖泊保护之间的矛盾，如何在经济实现健康可持续发展的同时治理保护好九大高原湖泊是云南省实施"湖泊革命"必须要解答的命题。面对依然严峻的治理形势，云南省不断正视问题、深刻反思，增强高原湖泊保护治理的责任感、紧迫感，出台了一系列政策措施，找准湖泊治理的路径，努力提高治理成效，制定出台了一系列政策措施。具体包括：2019年《云南省九大高原湖泊保护治理攻坚战实施方案》，2021年《中共云南省委　云南省人民政府　关于"湖泊革命"攻坚战的实施意见》，2021年《关于进一步加强九大高原湖泊生态环境监管工作的通知》，2022年《云南省九大高原湖泊省级财政奖补资金考核管理办法》，2022年《关于全面推行"河（湖）长＋检察长"协作机制的意见》。

就在2022年4月28日《云南省人民政府关于九大高原湖泊"三区"管控的指导意见》（以下简称《指导意见》）正式下发，《指导意见》进一步明确了"两线""三区"名称及功能定位。

"两线"分别是：湖滨生态红线，是具有生态功能的湿地、林地、草地、耕地、荒地（未利用地）等湖滨空间的管控边界线，是维系湖泊生态安全的生命线；湖泊生态黄线，是实现湖泊生态扩容增量、维持生态系统稳定的缓冲空间管控边界线，是严禁开发建设的控制线。

"三区"分别是生态保护核心区、生态保护缓冲区、绿色发展区。其中生态保护核心区是流域生态安全格局体系的核心区域，是湖泊生态空间管控最严格的主导功能区，禁止开展与生态保护无关的建设活动，实现清零留白，还复自然生态。生态保护缓冲区是湖泊的重要保护区域，是严禁开发建设的区域，以生态修复为重点，提高湖泊生态环境承载能力。绿色发展区是控制开发利用强度、调整开发利用方式、实现流域保护和开发利用协调发展的区域，以提升生态涵养功能、促进富民就业为重点，完善生态补偿和后期管护机制，建设生态特色城镇和美丽乡村，构建绿色高质量发展的生产生活方式。

《指导意见》针对"三区"的不同定位分别提出了 10 条管控的具体指导意见。这其中：生态保护核心区是湖泊岸线与湖滨生态红线之间的区域，生态保护缓冲区是湖滨生态红线与湖泊生态黄线之间的区域，绿色发展区是湖泊生态黄线与湖泊流域分水线之间的区域。要求涉及九湖的州、市人民政府要认真对照《指导意见》，按照"管控措施内容条款只能增加、不能减少"的原则和"管控标准只能更严、不能降低"的要求，结合各湖实际，"一湖一策"，从严制定"三区"管控实施细则。管控措施要明确到人、到房、到村庄、到地块、到企事业单位等，同时要明确责任单位。

总之，云南省上下认真吸取中央生态环境保护督察指出的经验教训，牢固树立"绿水青山就是金山银山"的理念，全面打响"湖泊革命"攻坚战，坚持"一湖一策"分类施策，开展九大高原湖泊"两线"划定，彻底转变环湖造城、贴线开发格局。九湖水质总体平稳向好，抚仙湖流域治理被自然资源部列入 10 个中国特色生态修复典型案例，洱海流域被纳入全国第二批流域水环境综合治理与可持续发展试点。

2. 以最严格制度最严密法治保障湖泊水质改善

我国是在全球首届人类环境会议（1972 年斯德哥尔摩会议）之后，就开始重视环境保护问题，在 1979 年就通过了《中华人民共和国环境保护法》（试行），之后大气污染防治法、水污染防治法、固废法、噪声法、环评法相继出台，具有中国特色的资源环境保护法制体系基本建立。

进入 21 世纪的头十年，我国经济多年保持了两位数的高速增长，"十五""十一五"期间经济目标全面完成，但环境保护的许多目标并没有如期实现。这其中原因是多方面的，但已经制定的一系列资源环境保护法律法规没有得到严格执行是重要原因之一。

党的十八大以来，扎实推进绿色发展。我国生态环境状况实现历史性转折，雾霾天气和黑臭水体越来越少，蓝天白云、绿水青山越来越多。植树造林占全球人工造林的 1/4 左右，单位国内生产总值二氧化碳排放量累计下降约 34%，风电、光伏发电等绿色电力装机总量和新能源汽车产销量世界第一，美丽中国建设取得突破性进展。根据生态环境部公布的 2022 年 1~3 月全国地表水环境质量状况数据显示：1~3 月，3641 个国家地表水考核断面中，水质优良（Ⅰ~Ⅲ类）断面比例为 88.2%，同比上升 5.2 个百分点；劣Ⅴ类断面比例为 1.0%，同比下降 1.1 个百分点。重点湖（库）水质状况及营养状态总体保持稳定。1~3 月，监测的 192 个重点湖（库）中，水质优良（Ⅰ~Ⅲ类）湖库个数占比 78.1%，同比上升 2.7 个百分点；劣Ⅴ类水质湖库个数占比 4.7%，同比上升 1.0 个百分点。主要污染指标为总磷、化学需氧量和高锰酸盐指数。

176个监测营养状态的湖（库）中，中度富营养8个，占4.5％；轻度富营养32个，占18.2％；其余湖（库）为中营养或贫营养状态。其中，太湖和巢湖均为轻度污染、轻度富营养，主要污染指标为总磷；滇池为轻度污染、轻度富营养，主要污染指标为化学需氧量；洱海、丹江口水库和白洋淀水质均良好、为中营养。

总结党的十八大以来生态环境保护取得的成就，其中最重要的一条就是中央生态环境保护督察制度的建立和实施。2019年6月中共中央办公厅、国务院办公厅印发了《中央生态环境保护督察工作规定》（以下简称《规定》），这是为了规范生态环境保护督察工作，压实生态环境保护责任，推进生态文明建设，建设美丽中国。《规定》明确中央实行生态环境保护督察制度，设立专职督察机构，对省（自治区、直辖市）党委和政府、国务院有关部门以及有关中央企业等组织开展生态环境保护督察。

我国第一轮中央环保督察始于2015年7月，中央深改组第十四次会议审议通过《环境保护督察方案（试行）》，明确建立环保督察机制。督察工作将以中央环境保护督察组的形式，对省区市党委和政府及其有关部门开展，并下沉至部分地市级党委政府部门。到2018年1月中央环保督察完成全国31个省（区、市）的全覆盖，并公布了所有督察情况反馈。第一轮中央环保督察开出约14.3亿元"环保罚单"，问责超1.8万人，中央环保督察组在地方掀起"环保风暴"的同时，也落实了严抓严管严问责。第一轮督察共受理群众信访举报13.5万余件，累计立案处罚2.9万家，罚款约14.3亿元；立案侦查1518件，拘留1527人；约谈党政领导干部18448人，问责18199人。在问责的18199人中，处级以上领导干部875人，科级6386人，其他人员10938人。第一轮中央环保专项督察共与768名省级及以上领导干部、677名厅级领导干部开展个别谈话，对689个省级部门和单位进行走访问询，使地方领导普遍受到教育，特别是通过督察问责，一批领导干部受到警醒，环保压力得到有效传导。针对督察过程中发现的问题，中央环保督察组在给出的反馈中也直戳痛点，不留情面。

在湖泊水环境治理方面也同样存在有法不依、执法不严的情况。以滇池为例，中央环保督察第二轮第八生态环境保护督察组曝光"云南昆明晋宁长腰山过度开发严重影响滇池生态系统完整性"，调查发现确实有少数领导干部存在贯彻习近平生态文明思想浮于表面、对中央环保督察指出的问题整改不力、政绩观扭曲、与民争湖、与民争利，公众利益让步于私人利益等问题。2022年2月18日，中央纪委国家监委网站通报了云南"古滇名城"长腰山片区及滇池南湾未来城五渔邨项目违规违建问题追责问责情况。

回过头来我们再认真学习深刻领会习近平生态文明思想。习近平总书记2018年5月18日在全国生态环境保护大会上的讲话提出了新时代推进生态文明建设必须坚持的六项原则，其中第五项是"用最严格制度最严密法治保护生态环境"。保护生态环境必须依靠制度、依靠法治。我国生态环境保护中存在的突出问题多数同体制不健全、制度不严格、法治不严密、执行不到位、惩处不得力有关。要加快制度创新，增加制度供给，完善制度配套，强化制度执行，让制度成为刚性的约束和不可触碰的高压线。要严格用制度管权治吏、护蓝增绿，有权必有责、有责必担当、失责必追究，保证党中央关于生态文明建设决策部署落地、生根、见效。

2021 年在全国生态环境保护执法工作会暨生态环境执法大练兵总结部署会上，生态环境部部长黄润秋指出，"十四五"时期我国将进入新发展阶段，高水平的生态环境保护既是贯彻新发展理念的必然要求，也是构建新发展格局的基础支撑和关键保障。生态环境保护执法工作是生态环境保护的基础性工作，是实现高水平保护的有力武器。深入打好污染防治攻坚战，必须用好、用足生态环境保护执法这个"利器"和"重器"。习近平总书记高度重视生态环境保护执法工作，作出一系列重要指示批示和重大部署。加强生态环境保护执法，坚决制止和惩处破坏生态环境行为，既是习近平生态文明思想的内在要求，也是习近平法治思想在生态环境保护领域的深刻实践。

3. 以山水林田湖草生命共同体理念科学治湖

习近平总书记指出山水林田湖草是生命共同体。生态是统一的自然系统，是相互依存、紧密联系的有机链条。人的命脉在田，田的命脉在水，水的命脉在山，山的命脉在土，土的命脉在林和草。这个生命共同体是人类生存发展的物质基础。一定要算大账、算长远账、算整体账、算综合账，如果因小失大、顾此失彼，最终必然对生态环境造成系统性、长期性破坏。要从系统工程和全局角度寻求新的治理之道，不能再是头痛医头、脚痛医脚，各管一摊、相互掣肘，而必须统筹兼顾、整体施策、多措并举，全方位、全地域、全过程开展生态文明建设。

山水林田湖草生命共同体理念用于指导高原湖泊治理非常贴切，这就是要提醒我们要有全域观和系统观。云南省委省政府关于"湖泊革命"攻坚战的实施意见中明确指出：坚决摒弃"就湖治湖"思维，树立"流域治理"思想，实现从"一湖之治"到"流域之治"转变。坚持山水林田湖草沙冰一体化保护和系统治理，由点上"治湖"转变为面上"治域"。

抚仙湖在这方面开展了试点，积累了经验。抚仙湖是珠江源头第一大湖，被誉为"高原明珠"，流域面积 674.69 平方公里，最高蓄水量达 206.2 亿立方米，占云南省九大高原湖泊总蓄水量的 68.2%，占全国淡水湖蓄水总量的 9.2%，占全部国控重点湖泊 I 类水质的 91.4%，是我国目前内陆淡水湖中水质最好、蓄水量最大的深水型贫营养淡水湖泊，总体水质保持 I 类。云南省政府长期以来高度重视抚仙湖生态环境的保护，为使抚仙湖一湾碧水得以永续，多年来做出了不懈努力。2017 年，抚仙湖流域生态保护修复工程纳入国家第二批山水林田湖草生态保护修复工程试点，工程总投资97.28 亿元，其中中央财政奖补资金 20 亿元，极大地推动了抚仙湖流域山水林田湖草生态修复工程的开展实施。作为国家第二批山水林田湖草生态保护修复工程试点，云南省聚焦水生态安全的重大挑战，利用基于自然的解决方案，扭转了生态系统退化趋势，逐步恢复生物多样性，构建了生态服务功能良好的社会—经济—自然复合生态系统，成为山水林田湖草生命共同体的活样板。主要做法包括以下 4 个方面。

（1）山上修山扩林　为强化山区水源涵养与水土保持功能，因地制宜采取必要措施。在退耕还林方面，按照适地适树、乡土树种优先原则，开展退耕还林 4.05 万亩（1 亩＝666.67 平方米）。

（2）调整坝区农业产业结构　为有效削减农业面源污染，开展抚仙湖径流区耕地休耕轮作和产业结构调整，流转大水大肥蔬菜种植，种植烤烟等节肥节药型作物以及水稻等具有湿地净化功能的水生作物，发展绿色农业。

（3）湖滨缓冲带建设　为提升湖滨缓冲带的污染过滤功能，在完成缓冲带内 8400 亩退田还湖和村庄搬迁的基础上开展缓冲带规模化生态修复工程、环湖低污染水净化工程和已建河口湿地与湖滨带优化工程。

（4）湖体保护治理　抚仙湖流域土著鱼种类数不断减少，外来鱼种类数不断增加。据调查，1983～2015 年的土著鱼减少了 11 种，降幅 44％；外来鱼增加了 17 种，增幅 167％。为此，抚仙湖流域湖体保护治理工作主要是生境保护与土著鱼类增殖放流。

通过基于自然的解决方案的实施，抚仙湖项目在扭转生态系统退化趋势及实现绿色高质量发展等方面取得了显著成效。2020 年 4 月 23 日，自然资源部公布《生态产品价值实现典型案例》（第一批），抚仙湖山水林田湖草综合治理案例名列全国十大典型案例之一。生态环境持续向好，抚仙湖流域生态恶化势头得到根本扭转，抚仙湖水质持续保持Ⅰ类标准。用地结构持续优化，生态用地和建设用地实现"一增一减"，成功实施抚仙湖北岸生态湿地项目，实现了入湖水体的自然净化，生物多样性明显增加，径流区森林覆盖率和生态承载力显著提高。促进第一、第二、第三产业和谐发展，严格按照农业产业规划布局和种植标准，发展生态苗木、荷藕、蓝莓、水稻、烤烟、小麦、油菜等节水节药节肥型高原特色生态绿色循环农业，推动生态文化旅游产业持续发展，群众生产生活方式从农业劳动向旅游服务转变。

4. 以最普惠的民生福祉调动公众参与湖泊保护

习近平总书记指出良好生态环境是最普惠的民生福祉。民之所好好之，民之所恶恶之。环境就是民生，青山就是美丽，蓝天也是幸福。发展经济是为了民生，保护生态环境同样也是为了民生。既要创造更多的物质财富和精神财富以满足人民日益增长的美好生活需要，也要提供更多优质生态产品以满足人民日益增长的优美生态环境需要。要坚持生态惠民、生态利民、生态为民，重点解决损害群众健康的突出环境问题，加快改善生态环境质量，提供更多优质生态产品，努力实现社会公平正义。

生态文明是人民群众共同参与共同建设共同享有的事业，要把建设美丽中国转化为全体人民自觉行动。同样对于云南九大高原湖泊治理与保护事业而言，单靠生态环境、自然资源、水利、林草等行政部门有限的执法队伍来做好湖泊治理保护的工作是远远不够的，只有把全流域、全社会的普通大众的积极性和主观能动性调动起来，湖泊治理与保护才能最终获得成功。

在全民参与湖泊保护方面，大理白族自治州洱海治理保护的实践充分证明了公众参与的重要作用，实际上从政府主导走向全民参与就是洱海保护的成功经验之一。洱海，古称昆明池、洱河、叶榆泽等。位于云南省大理白族自治州大理市。流域面积为 2565km²，湖水面积约 252km²，蓄水量约 29.5×10⁸m³，呈狭长形，北起洱源县南端，南至大理市下关，南北长 40km，是仅次于滇池的云南第二大湖，在中国淡水湖中居第 7 位。随着流域经济发展和人口增长，洱海污染逐步加剧，水质整体由Ⅰ类向Ⅲ类转变。1996 年和 2003 年洱海曾经两次暴发全湖性蓝藻，水质急剧下降。大理坚持全民治湖，厚植洱海全民保护意识，并最终形成全民共建共享共赢的生态文明建设共识，促进绿色生产生活方式的形成，推动生态文明理念的落地生根。"保护洱海，人人有责"，全民治湖活动持续深化，共建共治共享格局不断完善。大理白族自治州充分发挥人民群众在洱海保护治理工作中的主体作用，"洱海保护日"系列活动有序开展，"开学第一课"、"小手拉大手"、条例宣传宣讲、科普宣教基地挂牌等工作有力推进，全民参与洱海保护治理的激励约束机制不断健全，群众监督举报渠道持续畅通，"保护优先、绿色发展"和"洱海清、大理兴"的生态文明理念更加深入人心。2021 年云南生态环境公报数据显示洱海水质是九大高原湖泊中达到水环境功能要求仅有的三个湖泊之一。

总之，湖泊不仅是人类可以利用的重要淡水资源之一，而且也具有调蓄防洪、水产养殖、用水供水、气候调节、旅游观光、生态服务等多种功能。云南九大高原湖泊流域面积仅占全省总面积的 2%，但 GDP 占比超了全省的 35%，因此，我们需要充分认识九大高原湖泊的治理与保护在全省经济社会发展中的重要地位，按照"绿水青山就是金山银山"的绿色发展观来处理九湖流域经济发展与湖泊保护的关系。深入打好九大高原湖泊污染防治攻坚战，必须用好、用足生态环境保护执法这个关键武器，通过最严格制度最严密法治保障高原湖泊水质改善。把山水林田湖草作为一个整体来考虑，树立湖泊治理保护整体的系统观，科学诊断湖泊水质变化的原因，真正实现由"一湖之治"向"流域之治"转变。牢记总书记关于"良好生态环境是最普惠的民生福祉"的基本民生观，充分调动全社会、全流域人民群众参与湖泊水环境治理保护工作的积极性和主动性，营造"湖泊保护人人有责"的良好社会氛围，形成水环境保护共建、共治、共享的新格局。

第二节

滇池治理需要持之以恒

被誉为"高原明珠"的滇池，是云贵高原乃至西南地区最大的淡水湖泊，同时也是全国第六大淡水湖泊。滇池水污染问题得到国家和云南省的高度重视，特别是在"九五"期间被国家列为"三河三湖"治理的重点，经过20多年来的不懈努力，滇池水质终于迎来历史性转机，滇池保护治理取得了实实在在的成效：2016年滇池外海和草海水质类别由劣Ⅴ类提升为Ⅴ类，实现20多年来的首次突破，摘掉了"劣"的帽子；2017年滇池全湖水质类别保持为Ⅴ类；2018年，滇池全湖水质达到Ⅳ类。但是，2019年部分月份滇池水质出现反弹，可见大型湖泊水环境治理的艰巨性。在滇池治理取得初步成效的阶段，习近平总书记在2020年初对滇池治理的谆谆嘱托，为扎实抓好滇池治理工作提供了根本遵循和行动指南。我们必须对滇池治理重要性、长期性、艰巨性和复杂性有充分的认识，凝心聚力、苦干实干，守护好滇池这颗高原明珠。

1. 对滇池水环境治理重要性的认识需再提升

滇池治理工作备受党中央、国务院和省委、省政府重视，"九五"以来连续4个五年规划中均被纳入国家重点流域治理规划。党的十八大以来，特别是2018年7月，云南提出"把云南建设成为中国最美丽省份"的目标，提出要坚决打好加强湖泊流域空间管控、水资源保护、水污染防治、水环境整治、水生态修复等环境保护治理攻坚战，打造以滇池为代表的一批最美湖泊，为"建设中国最美丽省份"擦亮九颗"高原明珠"。这是云南省委、省政府认真贯彻落实习近平生态文明思想和党的十八大、十九大精神的重要举措。为此，要深化对滇池水环境治理重要性的认识，坚持把滇池治理与保护作为努力成为生态文明建设排头兵的标志性工程，打好污染防治攻坚战的亮点工程，建设最美丽省份的民心工程，持续抓紧、抓好、抓出成效。

2. 对大型湖泊治理长期性的认识需再加强

大型湖泊水体富营养化的治理是一个世界性难题，国内外的湖泊恢复治理的实践经验证明，大型湖泊水环境恶化、水生态破坏之后，要想短期实现恢复和改善几乎是不可能的，必须做好打持久战的准备。大型湖泊治理不可能一蹴而就，湖泊治理长期性的特点十分突出。无论是瑞士的日内瓦湖还是日本的琵琶湖，湖水的水质改善和水生态恢复都经历了几十年的时间。实际上滇池在云南九大高原湖泊中治理难度相对较大。

（1）滇池流域人口密度最大　流域土地面积占全省的 0.75％，但流域人口占全省的 8.5％，人口密度高达 1289 人每平方公里，而且人口还在逐年增加，相应的污水排放量必然增大。

（2）经济高度发达　滇池流域是云南省经济最发达的区域之一，滇池流域面积占昆明市面积的 13.6％，但 GDP 却占昆明市 78％ 以上，占全云南省的 23％。

（3）水资源短缺　滇池处在金沙江、珠江、红河云南三大水系分水岭地带，湖盆径流区面积小，自然补水量小，人均水资源量仅 $300m^3$，按照国际缺水城市划分标准，昆明也属于全国最缺水的城市之一。

（4）污染物易积累　滇池处在典型的低纬度、高海拔的地理位置，形成湖区温和、温差小，日照长的气候特征，特别适合藻类生长繁殖；再加上滇池位于昆明市主城区的下游，入湖河流流程短，湖体水流方向和主导风向相反，使得滇池水体交换时间长、污染物容易累积。

总之，滇池流域经济社会发展与水资源、水环境承载力之间的矛盾较为突出，一定程度上增加了滇池治理的难度，对此必须要有清醒的认识。

3. 对高原湖泊治理艰巨性的认识需再深入

云南省九大高原湖泊都具有一些共同的特征，主要表现在：湖盆结构上多为封闭、半封闭状态，入湖河流普遍具有"源近流短"的特征，湖泊径流区面积小，湖泊水面面积与流域总面积的比值大都小于 10％，来自天然降水的补给量都比较少，气候条件是蒸发量远远大于降雨量，湖泊的换水周期比较长。就滇池而言，流域径流区面积仅 $2920km^2$，仅有海口方向一个天然出水口流入下游螳螂川，汇入滇池的 35 条河流中流域面积大于 $100km^2$ 的仅 4 条，河长最长的盘龙江也才 108 公里，最短的仅几公里，湖泊年天然补水量约为 4 亿立方米，换水周期需要 3～4 年的时间。再加上滇池是流域范围内海拔最低的区域，处在昆明这个 400 多万人口超大型城市的下游，于是就成为全流域生活污水、生产污水、地表径流污水的最终汇聚之地。可以说滇池已具有城市湖泊的一些特性，所有这些特点决定了滇池不具备像长江中下游湖泊那样，换水周期短（1 年左右）、自然来水量大的优势，这就决定了滇池水污染治理的难度非常大。经过多年努力，滇池水质虽然有所改善，但我们必须充分认识到要使滇池水质稳定向好难度依然很大，绝不能盲目乐观。

4. 对湖泊生态系统恢复的复杂性认识需再强化

湖泊水生态环境修复治理需要一个漫长的过程，在外源污染初步得到控制的基础上湖泊水体表观水质指标的改善仅仅是第一步。湖泊水生态系统恢复、水环境治理修复的最终目标是要建立健康的水生态系统，包括物理完整性、化学完整性、生物完整性。其中物理完整性指标包括水文指标和物理栖息地，化学指标包括营养盐指标和基本水体理化指标，生物完整性包括藻类、大型底栖动物以及鱼类。滇池水生态系统曾遭严重破坏，生物多样性几近丧失，加之滇池属于浅水型湖泊，水体置换周期长、自净能力弱、水资源严重短缺等原因使得滇池生态系统恢复重建的难度极大。健康水生态系统恢复不仅需要资金技术，更需要时间，以健康水生态构建技术为例：调整水体中的植物类型与植物结构，根据能量塔原理和食物链食物网的物质流动原理，配置一定的水生植被群落，并搭配腐食性、草食性、植食性、肉食性鱼类及其他水生动物，充分利用动植物之间的交互作用，促进生物多样性恢复，维持生态系统的稳定性，抑制藻类暴发，这都需要较长的时间才能逐步实现。

第二章
滇池流域自然特征

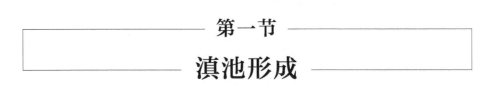

滇池形成

　　滇池,地质上属于地震断层陷落型湖泊,学术界一般认为,距今七千万年左右,中生代末期,新生代初期,古盘龙江已经发育形成,长期的流水侵蚀作用,使昆明附近成为宽浅的谷地。上新世以后的构造运动对滇池的形成演变也起了不小的作用。

　　云南是新构造运动强烈隆起的地区之一。自中新世、上新世以来云南高原面上升不下2km。如果没有后期的构建运动,滇池就失却了高原湖泊的性质。滇池附近河流普遍有三四级阶地和许多裂点,喀斯特洞穴也呈不同高度的成层分布(如花红洞地下暗河在最低一层发育),地震频繁,温泉众多都说明了新构造运动是很强烈的。新构造运动总的趋势是上升,不过相对静止和相对下降还是有的,如滇池中第三纪、第四纪的沉积物厚达三四百米。总之,滇池的形成就是这样长期经过内力以间隙性不等量上升、断裂、褶皱为主和外力以流水侵蚀沉积为主的内外营力相互作用,在形成过程和破坏过程的矛盾斗争中演变而来。

　　云南晋宁梅树村震旦系-寒武系界线层型剖面,是中国发育最好的重要地质剖面之一,位于云南省晋宁区昆阳镇梅树村,是中国下寒武统梅树村阶的层型剖面和震旦系-寒武系界线层型剖面。

　　滇池周边及附近地区是地球生物起源地之一,云南晋宁梅树村界线层型剖面,整个地层构造连续,层次清晰鲜明,具有目前世界上最原始的小壳化石和地球史中最早的带壳化石动物群,揭示了5.65亿年前地球生物爆炸式的演化事件。

　　现在的滇池是古滇池经历自然演变与人为影响形成的。构造运动使地面不断抬升,泥沙、生物体沉积等原因使滇池水位下降。

　　与此同时,近千年来人类不断扩大滇池出口,经涸水谋田、围海造田,以及工业用水、生活用水影响，水位也在逐年下降，水面由大变小，形成现在的滇池。

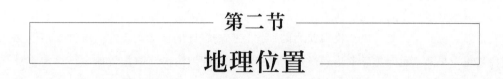

第二节
地理位置

滇池流域地处云南高原中部，东经 $102°36'\sim102°47'$，北纬 $24°40'\sim25°02'$。综合自然区划属东部季风区、中亚热带、云南高原-察隅区的滇中高原及滇东湖盆小区。行政区划属昆明市，包括昆明市的盘龙区、五华区、官渡区、呈贡区、晋宁区的大部分以及西山区和嵩明县的部分地区。滇池，是我国西南第一大湖，也是全国第六大的淡水湖。流域面积（不包括海口以下河道流域面积）为 $2920km^2$，南北长约 $109km$，东西约 $52km$。滇池位于流域中南部，呈南北向分布，湖体略呈弓形，弓背向东。

滇池湖面南北长 $40km$（含草海）；东西平均宽 $7km$，最宽处 $12.5km$。湖体北部有横亘东西的海埂，是长 $3.5km$、宽 $300m$ 的障壁沙坝。东端与盘龙江三角洲相连，西端伸入滇池，将湖体分为内外两部分，有"一线平分秋色"之美称。海埂以南称外海，是滇池的主体部分，面积 $289.065km^2$ 占滇池总面积的 97.2%；海埂以北称内海，又名草海，面积约为 $10km^2$。滇池平均深度约 $5m$，最深处为 $8m$ 左右，北部草海较浅，只有 $1m$ 多深。主水源出于嵩明县西北梁王山（又名东葛勒山）的黄龙潭地下暗河，流经牧羊河，并与源出于邵甸村的邵甸河汇合乃名盘龙江，多行山谷间，到了松华坝，地势豁然开朗，并分支为金汁河、明通河等河流汇入滇池，出水经安宁的螳螂川、普渡河，经东川与禄劝交界处的三江口注入金沙江。

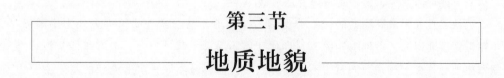

第三节
地质地貌

一、地质历史

滇池是受第三纪喜马拉雅山地壳运动的影响而构成的高原石灰岩断层断陷湖。断陷湖（sag pond）主要是由断裂构造形成的。由地壳运动内力的作用包括地质构造运动所产生的地壳断陷、坳陷和沉陷等所形成的各种构造凹地，如向斜凹地、地堑及其他断裂凹地所产生的构造湖盆，经贮水、积水而形成的湖泊称为断陷湖。

滇池地区位于扬子地台西南缘，属扬子准地台之滇东台褶带。该地台西缘有南北向展布的拉张与裂陷，川滇也因此坳陷，并且有晚震旦世、早寒武世的第二次广泛海侵出现，早寒武世筇竹寺期达到巅峰。上扬子地台的川滇黔碳酸盐台地主要是晚震旦世海侵下产生的，而海退事件主要集中在震旦纪末期。早寒武世早期海侵的出现，其实是对基底层古构造格局以及碳酸盐台的继承与发展，同时有包括硅质岩、磷块岩、碳酸盐岩等为主的沉积物。在上述磷块岩的岩石组合中形成了本区大型浅海沉积层状磷块岩矿床。

区内出露的地层大都为沉积岩，由老至新为：前震旦系昆阳群浅变质砂板岩、碳酸盐岩；震旦系（Z）陆相碎屑岩及浅海-滨海相碳酸盐岩、碎屑岩；下寒武统（$\in_1$）浅海相泥质岩、磷酸盐岩；泥盆系（D）滨海-浅海相碎屑岩、碳酸盐岩；石炭系（C）浅海-滨海相碳酸盐岩、泥质岩；二叠系（P）浅海-滨海相碳酸盐岩、玄武岩；三叠系滨海相泥质岩、碳酸盐岩；侏罗系至第四系均为陆相碎屑岩。区内地层具双层结构：其基底为昆阳群，并不全出露，厚度较大，由地槽型海相碎屑岩夹碳酸盐沉积形成，有浅变质岩系出现，而且形状十分有序。地台型沉积属于上沉积盖层，不论是横向还是竖向底层的相变都很快，而且有十分明显的分界标识，地层累计厚度达 4616m。区内震旦系、二叠系、侏罗系的地层发育齐全，分布广泛，生物化石丰富。

二、岩层分布

滇池流域内地层发育比较齐全，四周山地及底部分布着元古界、古生界、中生界地层，流域中心及上部为古近系、新近系及第四系地层。这些地层主要由碳酸盐岩、松散岩、碎屑岩及火山喷出岩组成。

滇池盆地是云南高原上的一个典型的山间盆地。整个盆地的轮廓大致为半圆形，长轴近似南北走向。各种基岩由于其理化性质不同而引起风化壳、土壤属性及植被类型发生差异；由于抗侵蚀能力的不同而导致水土流失量不同。滇池流域的基岩主要由石灰岩、玄武岩、泥质岩（包括砂岩和页岩）、紫色岩等组成。如图 2-1 所示，根据各类岩石抗侵蚀特性和在流域中的分布特点，将流域的岩石组成分为石灰岩、石英砂岩、泥质岩、玄武岩四类。

滇池地区磷矿形成于早寒武世中谊村（渔户村）期，属沉积型磷块岩矿床，含磷岩系厚度 0.12～70 m，由白云岩、含磷白云岩、含砂白云质磷块岩、磷块岩、硅质磷

(a) 石灰岩　　　　　　(b) 石英砂岩

(c) 泥质岩　　　　　　(d) 玄武岩

图 2-1　滇池流域主要基岩类型

块岩及硅质岩等组成。工业矿体与含矿层产状一致，多为层状或似层状。滇池西侧，昆阳磷矿、尘山磷矿、海口磷矿一带，矿层为双层型结构，具有上、下两层矿层，在正常层序下（不发生倒转），由上至下依次为：顶板—上层矿贫矿—上层矿富矿—上层矿贫矿—夹层（白云岩）—下层矿富矿—底板。滇池以南，晋宁磷矿、化乐磷矿、清水沟磷矿一带，矿层为单层型结构，只有一层矿层，在正常层序下（不发生倒转）由上至下依次为：顶板—贫矿—富矿—贫矿—底板（表外矿）。

三、地貌特征

滇池流域西边紧靠山峰，滇池流域的北面、南面与东面这三面由河流冲积和湖积平原环绕，从而形成了滇池流域以湖为中心，周边环绕着平坝、丘陵和山地，并呈现半环形分布的自然地理特征。滇池流域内最高处与最低处的高差相差将近 1000m。

滇池流域的地貌层次依次为：

① 分布在分水岭一带的盆地边缘准平原化地貌；

② 处于盆地边缘山地到盆底堆积地貌之间的盆底斜坡的层状地貌过渡带，盆底斜坡的层状地貌由二级剥蚀面和一系列呈梯级的堆积地貌所组成；

③ 由扇三角形、河流泛滥平原、河流三角洲与湖滨平原组成的滇池湖盆盆底堆积地貌；

④ 分布于昆明盆地周围山地的岩溶地貌，该岩溶地貌由石灰岩等组成。

滇池流域内平地的占地面积较多，这些地区也正好是坡度较小的区域。滇池流域坡度较大的区域占有面积并不多，但是比较集中，均分布于滇池流域的周边，呈环状展开。这主要是因为滇池流域湖泊面积占去了整个流域面积的大部分，并且滇池流域其他坡度的变化都是在围绕着平地坡度最小区而产生变化。

滇池流域土地坡度统计见表 2-1。

表 2-1　滇池流域土地坡度统计

坡度	≤5°	5°～8°	8°～15°	15°～25°	25°～35°	≥35°
面积/hm²	176149	40619	60185	14274	625	146
占坡地总面积/%	60.33	13.91	20.61	4.89	0.21	0.05

第四节
气候特征

滇池流域所处区域属于亚热带湿润季风气候区，气候变化主要受西南季风和热带大陆气候交替控制。如图 2-2 所示，流域年平均气温 14.9℃，多年平均降水量 982 mm（1951～2010 年平均，昆明气象站）。流域干湿季分明，降雨年内分配不均，主要集中于汛期 5～10 月，降水占全年总量的 89%。流域多年平均水面蒸发量为 1361 mm，高于降水量。

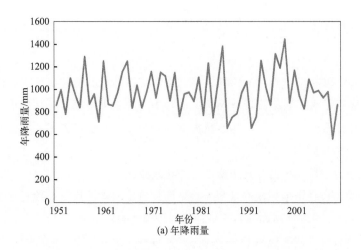

(a) 年降雨量

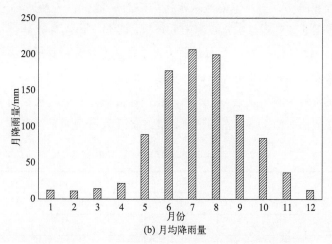

(b) 月均降雨量

图 2-2　1951～2010 年滇池流域年降雨量与月均降雨量

滇池流域的气温年较差小，日较差相对较大。年平均气温 14.5℃，最热月平均气温 19.7℃，最冷月平均气温 7.5℃，极端最高温 31.5℃，极端最低温－7.8℃，年平均日照 2329h，≥10℃积温 4490.3℃，年平均相对湿度 74%，常年风向以西南风为多，频率为 18%，年平均风速 2.2m/s，春季风大，可达到 4～5 级。整个流域的北部以及 2100m 以上地区，温度稍低，降雨较多。

第五节

河流水系

滇池流域属金沙江水系，由入湖河流、滇池和出湖河流组成。汇入滇池的主要入湖河流汇水面积超过 100km² 的有 8 条。历史上昆明城区河流水系密布，滇池流域水系发达。其中，盘龙江、宝象河、金汁河、银汁河、马料河、海源河被称为"古六河"，随着城市的发展，六河水系也发生了巨大的变化。

滇池的主要入湖河流有 35 条，大多源近流短，均沿湖的北、东、南方向呈向心状汇入湖内，多年平均入湖水量为 $6.65×10^8m^3$。其中，集水面积较大的河流为盘龙江、宝象河、捞鱼河、茨巷河和白鱼河。1995 年以前，滇池仅有一条出湖河流，为西南的海口河。1996 年新开挖西园隧洞，成为草海的出流河道。据统计，滇池多年平均出流量为 $4.29×10^8m^3$，变化范围为 $(0.24～10.02)×10^8m^3$。滇池的平均水深 5.3m，最深 8.0m，最大容水量 $15.7×10^8m^3$。草海位于滇池北部，面积 10.8km²，平均水深 2.5m，占全湖面积的 3.6%；外海为滇池的主体，面积 289.065km²，平均水深 4.4m，面积约占全湖面积的 97.2%（滇池流域水污染防治规划 2011～2015）。受限于自然条件和经济社会发展，滇池流域的水资源十分短缺，多年平均水资源量为 $5.30 \times 10^8 m^3$，2010 年人均水资源量仅 $144 m^3$，是西南地区水资源最为短缺的区域之一。随着流域人口的增长，水资源短缺形势将更加严峻，并进一步威胁水环境质量。

滇池流域的河网复杂，如表 2-2 所列，在滇池流域 110 个集水区划分成果的基础上，根据 110 个集水区的上下游拓扑结构，最终获得 15 个子流域特征值。

表 2-2 滇池流域及 15 个子流域特征值

名称	面积/km²	坡度/(°)	降雨量[1]/mm	河网密度/(m/km²)	人口数量[2]/万人
东大河	188.2	11.5	920	340	13.8
南冲河	44.4	6.9	889	346	2.1
古城河	49.9	11.3	894	155	2.2
大清河	99.9	7.3	909	444	53.6
宝象河	316.3	9.3	909	331	20.1
捞鱼河	263.5	11.2	917	314	9.9
洛龙河	79.0	5.9	886	182	9.0
海河	59.3	6.1	893	823	11.1
淤泥河	74.7	7.2	849	479	5.2
滇池西岸	65.0	12.9	929	—	3.0
白鱼河	205.0	15.6	840	322	8.1
盘龙江	740.7	13.2	941	258	97.7
茨巷河	217.5	12.7	893	204	7.7
草海	145.6	9.4	884	351	76.6
马料河	84.8	6.0	864	247	7.5
滇池流域	2920.0	11.1	909	308	327.6

① 1999～2010 年 17 个降雨站点数据。

② 2010 年常住人口，采用 7 县区的人口数据按居住面积权重分配。

盘龙江流域是滇池流域最大的子流域，占流域总面积的 25%。盘龙江发源于嵩明县梁王山北麓，从源头至滇池入口全长 108km。松华坝以上为山区，河道呈树枝状，主要土地利用类型为林地，人类活动干扰较少。松华坝以下河道比较顺直，河流水系发达，呈羽状分布，流向复杂。

宝象河流域是滇池流域的第二大子流域，面积占流域总面积的 11%。宝象河源于官渡区东南部老爷山，上游建有宝象河水库，出库后在宝丰村附近汇入滇池。宝象河的下游有多条入湖口，如老宝象河（干流）、新宝象河（分洪河）、织布营河、五甲宝象河和六甲宝象河等。

捞鱼河发源于澄江县响水，经大河口在王家村入滇池。捞鱼河流域的水利工程众多，有中型水库1座，小型水库9座，小坝塘58个，流量主要受到人为闸坝控制。

茨巷河是滇池南岸的最大河流，发源于晋宁区六街镇上街新寨和干海。茨巷河上游称柴河，建有柴河水库，入湖河道为茨巷河（主河道）和大河。

白鱼河（又称大河）是大河下游的入滇主河道，大河发源于化乐干洞、关岭、大陷塘和菖蒲塘。上游建有大河水库。大河在小寨村与柴河的一支汇合，并在此分出分洪河道淤泥河。

东大河（又称晋宁东大河）发源于晋宁区宝峰镇海龙村的白泥箐，由昆阳镇兴旺村流入滇池。

草海的入湖河流主要为王家堆渠、运粮河、新运粮河、乌龙河、大观河、西坝河和船房河，基本为排污河道。

滇池西岸产流面积较小，无明显入湖河流。

第三章
滇池流域资源禀赋

第一节
森林资源

生态系统服务功能是指生态系统与生态过程所形成和维持的人类赖以生存的自然环境条件与效用。森林生态系统作为陆地生态系统的主体，对人类社会及经济发展有着不可替代的作用。在人类活动中，大量温室气体的排放使得全球气候变暖等问题日益突出，二氧化碳是诸多温室气体中数量最多、对增强温室效应影响最大的气体之一。森林生态系统土壤碳库和生物碳库分别占陆地植被碳库的49％和73％，其在全球碳循环中扮演着重要的角色。滇池流域是昆明市乃至云南省经济和社会发展的核心地区，滇池流域位于云贵高原中部，地处长江、珠江和红河三大水系分水岭地带。地势由北向南逐渐降低，流域总面积2920km²，其中滇池水面面积298km²，占流域总面积的10.1％。流域涉及五华、盘龙、官渡、西山、嵩明、晋宁、呈贡7个区（县）所辖的56个乡（镇、街道办）。流域内的地貌以丘陵和山地为主，主要土壤为红壤。大部分山地植被覆盖较好，以针叶林为主。部分丘陵的植被遭到了破坏，以自然生长的草本植物为主。滇池流域的森林覆盖率由1950年的58.21％下降至1998年的35％。而后随着退耕还林等政策措施的实施，截至"十二五"结束，滇池流域森林覆盖率由2011年的46.06％增加到2015年的48％。根据2008年完成的滇池流域森林资源最新调查数据显示，滇池流域森林面积115969.8hm²，其中云南松林面积最大，占滇池流域森林面积的24.16％；华山松林其次，占滇池流域森林面积的15.71％。总体来看，滇池流域陆生植被可划分为半湿润常绿阔叶林、暖温性针叶林、暖温性落叶林、暖温性灌丛、人工用材林5个植被亚型。

滇池流域的地带性植被是典型的亚热带西部半湿润常绿阔叶林，如图3-1所示，地带性植被类型是滇青冈林、高山锥林、元江锥林和黄毛青冈林。乔木层以壳斗科的常绿树种为优势，樟科、山茶科、木兰科的植被种类较少。乔木层的主要树种是滇青冈（*Cyclobalanopsis glaucoides*）、元江锥（*Castanopsis orthacantha*）、高山锥（*Castanopsis delavayi*）、白柯（*Lithocarpus dealbatus*）、黄毛青冈（*Cyclobalanopsis delavayi*）以及光叶柯（*Lithocarpus mairei*）等，通常以其中的一种或两种树种组成群落的优势种。

(a) 滇青冈林　　　　　　　　　(b) 高山锥林

(c) 元江锥林　　　　　　　　　(d) 黄毛青冈林

图 3-1　滇池流域地带性植物类型

　　滇池流域开发历史悠久，在长期的人类活动影响下，常绿阔叶林仅有少数以风景林、庙宇林和水源林的形式保存下来，在交通不便的偏远山地亦有分布。流域的现存植被主要是针叶林（大部分为云南松林和华山松林）、灌丛及稀树灌草丛等。

　　虽然滇池流域的地带性植被是半湿润常绿阔叶林，但现存植被大部分是原生植被破坏后生长起来的云南松林、萌生栎类灌丛和稀树灌草丛。如图 3-2 所示，根据流域现存的植被状态，植被因子的选择以植物群落外貌和优势种的生活型为依据，共划分为一级类型 5 个，二级类型 11 个。

一、森林资源现状

1. 各类森林资源土地概况

　　滇池流域土地总面积 284395.5hm²。其中：林地面积 130665.1hm²，占土地总面积的 45.94%；非林地面积 153730.4hm²，占土地总面积的 54.06%。林地面积中有林地面积 115697.9hm²，占林地的 88.55%；疏林地面积 260.9hm²，占林地面积的

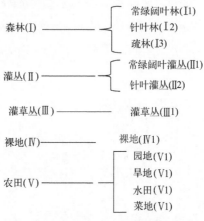

图 3-2   生态系统类型植被因素的划分

0.20%；灌木林地面积 5058.4hm²，占林地面积的 3.87%；未成林造林地面积 3194.6hm²，占林地面积的 2.44%；苗圃地面积 66.2hm²，占林地面积的 0.05%；无立木林地面积 3181.9hm²，占林地面积的 2.44%；宜林地面积 3205.2hm²，占林地面积的 2.45%。

2. 森林面积及蓄积

滇池流域森林面积 115969.8hm²，占林地面积的 88.75%。其中：有林地面积 115697.9hm²；国家特别规定灌木林地面积 271.9hm²。森林蓄积 6185810m³，占滇池流域活立木总蓄积的 96.35%。流域森林覆盖率 40.78%，林木绿化率为 43.02%。

3. 森林质量

滇池流域乔木林分面积 104837.3hm²，蓄积 6181410m³。其中：按龄组幼、中、近、成、过熟林面积比例为 33∶36∶15∶14∶2；按地类纯林、混交林面积比例为 77∶23；按起源天然、人工、人工促进面积比例为 57∶37∶6。流域内乔木林分单位面积平均蓄积量为 59.0m³/hm²，乔木林分林木年净生长量为 265193m³，净生长率 4.29%。

二、森林资源特点

1. 森林资源分布不均、呈森林包围城市趋势

滇池流域林地面积 130665.1hm²，林地与非林地的面积比例约为 46∶54，森林面积 115969.8hm²，森林覆盖率 40.78%。其中，滇池面山土地面积 165718.5hm²，林地

面积 44403.9hm²，森林覆盖率 26.79％；滇池流域内滇池面山以外土地面积 118677hm²，森林面积 71565.9hm²，森林覆盖率达 60.30％。流域内森林资源主要分布在滇池面山外缘，滇池流域内滇池面山森林面积约是滇池面山森林面积的 2.3 倍，呈现出森林包围城市的趋势。

2. 纯林比例较大

滇池流域乔木林分面积 104837.3hm²，其中纯林占 76.73％，混交林占 23.27％，纯林混交林比例为 77：23。流域内主要树种为云南松、华山松、栎类和桉木，面积分别占乔木林面积的 30.65％、20.74％、11.34％、10.80％。

3. 天然林和人工林区隔明显

在滇池流域的森林资源中，天然林主要分布在流域北部山区，滇池面山区域以人工林为主。从林地起源空间分布来看，滇池面山范围内起源为天然的林地面积 15958.9hm²，起源为人工和人工促进林地面积 32275.3hm²，比例为 33：67；滇池流域内滇池面山以外起源为天然的林地面积 47924.6hm²，起源为人工和人工促进林地面积 28053.0hm²，比例为 63：37。滇池流域天然林主要分布在盘龙区以北的山区，主要优势树种为云南松、栎类、华山松、桉木、油杉等；人工林主要分布在滇池面山区附近，多数为近 30 年新造林，主要优势树种为华山松、圣诞树、柏木、蓝桉、云南松、桉木等。

4. 中幼林多而熟林少

在滇池流域乔木林（纯林和混交林）中，幼龄林、中龄林、近熟林、成熟林和过熟林的面积比例分别为 32.55％、36.24％、14.94％、13.74％和 2.52％。中幼林的比例高达 68.79％，近成过熟林的比例仅占 31.21％。

三、森林资源保护建议

1. 持续加强绿化造林力度，逐步推广科技示范造林技术，消除绿化盲区

据调查数据显示，滇池流域现有 3181.9hm² 的无立木林地、3205.2hm² 的宜林地和 3194.6hm² 的未成林造林地，多数地块为"五采区"或石漠化地区。这些林地的立地条件多数土层贫瘠、坡度较陡、石砾含量大，造林难度大。根据昆明市相关部门要求，以"两环、八廊"、主要城镇面山、市域高速公路两侧、重点水源保护区、主要江河流域、乡村周边为造林绿化重点区域，继续实施退耕还林、天然林保护、低效林改

造等林业重点生态工程；重点抓陡坡地、石漠化、"五采区"等难造林地的综合治理和退化防护林抚育改造，重点督办流域内"五采区"植被修复任务。建议逐步推广"重点水源周边石漠化及难造林地植被恢复技术示范"项目等成果，加大"五采区"和石漠化地区造林投入。在树种选择、造林方式、技术措施等方面提高对专业技术人员的要求，并加大后期造林成果巩固的力度。另外，完善城市（镇）和村庄绿化、道路绿化、农田防护林绿化、荒山绿化等方面的绿化工作，形成一套完整的城乡绿化体系；协调各级部门，规范资金渠道、投资标准及建设要求；统一指挥，消除绿化盲区，尤其是公路、荒山、城市、村庄、矿山等接合部，使林业生态建设和城乡绿化建设连续，绿化景观完整。

2. 逐步改善林分结构，提高林分质量

结合流域内纯林比例大，主要树种为云南松、华山松、栎类和桤木的特点，通过林分改造、封山育林、人工促进天然更新等措施，提高混交林比重，提升森林质量；在今后各种工程造林的树种选择上，按照适地适树原则选择造林树种，尽量营造混交林；同时，根据植物生长规律，在不同时期采取不同经营措施，合理调整采伐对象和采伐强度，使滇池流域林分结构趋于合理，最大限度提高林地生产力。

3. 加强非木质资源保护，合理解决保护与利用关系

流域内地形地貌复杂、海拔相对高差较大、森林类型多样以及得天独厚的立体气候条件，孕育了丰富的林下资源，如野生食用菌、食用蕨类和中药材等。近年来，出现村民过度采集食用菌、野果、花卉、药材、竹笋、藤条等情况，对流域内植物资源具有一定的破坏性。建议加强对非木质资源的培育和保护、减少村民对天然非木质资源的破坏，使森林食品、药材、花卉、野生动植物资源为主的非木质资源实现健康可持续发展；结合精准扶贫项目，以市场为导向，重点开展以林菌、林药、林游为主的模式，适当发展林菜、林下种植、林下养殖等模式，为全民提供生态产品。

4. 持续加强滇池流域生物多样性保护力度

滇池流域有湿地植物 94 种，其中国家 II 级保护 2 种；土著鱼类 11 种，其中滇池特有种 4 种；两栖爬行类 60 种，其中国家 II 级保护 3 种，特有种 9 种；底栖动物 61 种，其中特有种 7 种；鸟类 303 种，其中水禽 80 种，国家 II 级保护 28 种；浮游生物 183 种。滇池流域丰富的物种多样性携带了丰富的遗传资源，尤其是滇池流域较高比例的现存特有物种，保存了我国乃至世界上最为稀有的遗传基因，所携带的遗传信息是人类极为珍贵的战略资源。保护滇池就是为国家保护了这些珍稀的战略资源。保护滇池是昆明市所有单位、个人的责任和义务，应进一步保护好滇池面山及滇池流域内自然资源。

5. 建立生态屏障，降低流域内耕地、水体污染

滇池流域耕地面积为 47928.4hm²，面状水域面积 32984.3hm²，分别占总面积的 16.85% 和 11.60%，其中滇池水域面积约占总水域面积的 91%。滇池是昆明市的主要水体之一，位于昆明市地势较低处，流域内排放的生活污水和农业污染最终都汇集于滇池。因此降低流域内耕地、水体污染至关重要。建议在水源区周边建立 2km² 绿化林体系，构建生态屏障，以减少农田径流等非点源对水库水体的影响，减轻氮、磷污染，减缓水库周边的水土流失；继续实施坡耕地治理工程，对大于 25° 以上的坡耕地进行植树造林，减少水土流失，降低有害物质污染；大力发展如核桃、板栗等木质化经济作物为主的农林混合型农业，充分利用农作物和林木两种不同性质，在养分供给与水土保护两方面相互补充，进而减少农作物废弃物排放和耕地水土流失。

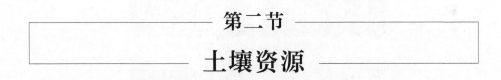

第二节
土壤资源

一、土壤类型分布

土壤资源是承担农林牧和再生产的各种土壤的总称。土地资源的位置固定、面积有限，最重要的是不可代替，正因它承担着农林牧和再生产的土壤所以它和人类的生活密切相关。滇池流域包括五华、盘龙、官渡、西山、呈贡、晋宁的 7 个区（县）54 个办事处，面积达 2920km²，整个流域的地势东北高，西南低，区内沿东北西南向发育一条沟，以沟为轴，两侧对称呈阶梯状分布有低山地、台地、冲沟等地貌类型。成土母质为石灰岩、砂岩的残积物、坡积物和冲积洪积物。流域内出露地表的岩石经风化和成土过程作用，逐步发育形成砂岩红壤、石灰岩红壤或红色石灰土。砂岩红壤、石灰岩红壤经开垦后演化为红砂土或红土，岩石风化壳和各种土壤表土经流水侵蚀搬运堆积逐步演化为冲积土。此外，人为耕作和放牧活动对土壤形成演化有重要影响。

根据第二次土壤普查成果，滇池流域的土壤分布有棕壤、黄棕壤、红壤、紫色土、新积土、沼泽土、水稻土 7 个土类，其中以红壤、棕壤、水稻土、紫色土四个类型为主（图 3-3）。台地和山地上的水稻土成因复杂，再进一步划分为红壤性水稻土、紫色土性水稻土和冲积土性水稻土三个亚类。根据滇池流域的立地条件进行划分，第一级以地貌为依据，第二级以基岩为依据，第三级以土壤类型为依据，共划分为一级类型 2 个、二级类型 9 个、三级类型 18 个。

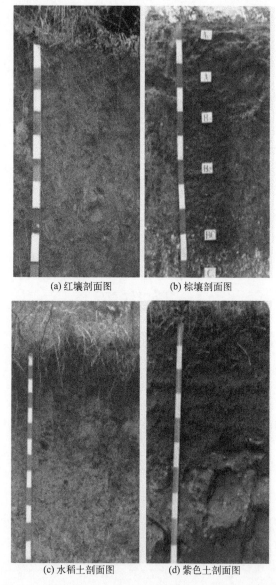

(a) 红壤剖面图　　　　　(b) 棕壤剖面图

(c) 水稻土剖面图　　　　(d) 紫色土剖面图

图 3-3　滇池流域分布的主要土壤类型（书后另见彩图）

　　滇池流域的主要土壤类型有新积土、棕壤、水稻土、沼泽土、紫色土、红壤和黄棕壤七种（城市和水域区域除外），红壤是主要的地带性土壤类型，面积 1632km²，占流域面积的 56%；其次是水稻土（646km²；占 22%）、紫色土（144km²；占 5%）和黄棕壤（131km²；占 4%），其他土壤类型在滇池流域的分布相对稀少。从空间分布看，红壤的分布区域主要在山地，遍及全流域范围；水稻土主要分布在地势较低的湖滨区；紫色土则主要分布于流域东南山区。

如表 3-1 所列，滇池流域的土地利用与土壤类型呈现一定的相关性，以林地为主，占流域总面积的 47.3%；其次是耕地、建设用地、水域和草地，分别占 19.9%、16.5%、10.8% 和 2.5%。

表 3-1　2008 年滇池流域及 15 个子流域土地利用构成

编号	名称	面积/km²	土地利用比例/%					
			耕地	林地	草地	水域	建设用地	未利用地
1	东大河	188.2	24.1	58.3	5.3	1.3	8.3	2.7
2	南冲河	44.4	44.8	34.7	0.3	1.3	15.9	3.1
3	古城河	49.9	23.5	48.4	4.2	2.6	14.3	7.1
4	大清河	99.9	8.0	34.1	2.4	0.2	51.9	3.3
5	宝象河	316.3	20.6	51.8	2.4	0.5	20.5	4.2
6	捞鱼河	263.5	29.9	48.2	1.4	1.0	15.5	4.0
7	洛龙河	79.0	35.4	24.1	0.7	0.6	33.4	6.0
8	海口河	59.3	15.3	36.4	1.7	0.8	41.2	4.6
9	淤泥河	74.7	47.7	35.2	0.4	1.0	14.4	1.3
10	滇池西岸	65.0	15.0	66.8	4.5	1.0	9.6	3.1
11	白鱼河	205.0	23.9	60.2	2.0	0.5	11.1	2.3
12	盘龙江	740.7	16.6	65.4	2.4	0.7	12.9	2.1
13	茨巷河	217.5	27.0	54.2	7.3	1.1	6.2	4.3
14	草海	145.7	7.6	35.5	1.7	0.4	51.4	3.4
15	马料河	84.8	35.2	30.9	2.2	0.7	22.9	8.1
	滇池流域	2920.0	19.9	47.3	2.5	10.8	16.5	3.0

二、土壤氮磷含量

（一）土壤氮含量

氮（nitrogen）是地球系统中最常见的元素之一，在植物干物质中是继氧（450g/kg）和碳（400g/kg）之后的丰度最高的元素。氮被认为是控制陆地生态系统生产力的主要元素，提高氮输入水平可有效提升生态系统生产能力。然而，环境中绝大部分的氮以惰性形式存在于大气和岩石中，活性氮（reactive nitrogen species）仅占地球所有氮量的极小部分。除少部分固氮微生物外，地球上绝大多数的动植物只能利用活性氮。活性氮含量控制着众多陆地和海洋生态系统的动态、功能和生态过程。活性氮的主要产生方式有生物固氮、工业固氮、燃料燃烧和大气固氮四种。在 Haber-Bosch 工业固氮法应用以前，生物固氮是自然环境中活性氮的主要来源，此外还有少量来自大气固氮作用，此时地球氮循环主要受自然过程驱动，人类活动的影响十分有限。研究表明20世纪以前，人类活动导致的固氮量输入主要来自农作物种植（98%，其余2%来自于化石燃料燃烧），仅相当于天然陆地生态系统生物固氮量的13%。20世纪以来，随着工业固氮技术的应用、大量化石燃料的使用和固氮作物的大面积种植，人类活动导致的活性氮输入量不断提高，已经超过自然固氮量，成为地球系统中最大的活性氮来源。人类活动对自然氮循环的干扰引发了一系列环境问题，包括海岸富营养化、淡水湖泊与河流的酸化、森林退化、种群结构和生态系统功能变化，同时也对碳循环产生影响。

氮也是植物生长必需的大量营养元素，增加有机肥料和化学氮肥的投入，提高土壤氮供应能力，是农业生产采取的主要增产措施之一。农田生态系统中，无机氮肥的损失途径主要包括氨挥发、硝化-反硝化、淋洗、径流、侧渗以及通过作物地上部分直接损失。一般随着土壤pH值的升高，无机氮肥损失率增大而利用率降低。朱兆良等用 ^{15}N 田间微区试验中测得的无机氮损失的结果表明，水田种稻的条件下，氮肥的水稻回收率变动于17%~75%之间，土壤中残留率为5%~68%，损失率30%~70%。在淹水种稻条件下，硝态氮肥利用率很低，经反硝化作用造成的氮损失严重。土壤氮主要通过农田排水和土壤地表径流两个途径进入水体，一般说来，封闭性湖泊和水库的水中含氮量超过0.2mg/L时就可能引起富营养化，滇池污染就是严重的水体富营养化的体现。

1. 土壤氮

氮是生态系统中不可或缺的一部分，是维持土壤微生物生存和活动的重要因素，控制着陆地生态系统生物多样性。土壤中氮的含量范围为0.02%~0.50%，表层土壤含氮量高于其他土层含氮量。耕地土壤表层含氮量一般0.05%~0.3%，少数肥沃的耕地、草原、林地的表层土壤可达0.5%~0.6%以上，而冲刷严重、贫瘠的荒地表土层则可低至0.05%以下。氮素循环形式包括生物固氮作用、氨化作用、硝化作用、反硝化作用，作用之间转化紧密联系、缺一不可，形成自然界的氮循环。自然环境中约有90%的氮以有机态存在于土壤中，特别是易于矿化分解的有机态氮在很大程度上决定了土壤的氮供应能力。植物能够吸收利用的有效氮则主要以铵态氮（NH_4^+-N）和硝态氮（NO_3^--N）等无机态存在，有机土壤的含氮量可高达1%~3.5%，如腐殖土、泥炭土等。随着现代环境气候的变化，原本保存在土壤中的氮会以气态形式逸出土层，导致越来越多的温室气体被释放到大气层。还有一些地区土壤贫瘠，土层较薄，水土流失严重，土壤氮作为植物生长发育所必需的大量元素极易通过淋溶作用损失，进而进入水体污染生态环境，使全球生态系统紊乱。随着社会经济的发展，农业也加速发展，土壤中的氮的输入不断增加，引起生态系统环境因子和生物因素的改变，进而影响土壤氮循环。

2. 滇池流域土壤氮含量

滇池流域属于喀斯特地貌，喀斯特生态系统的特殊性决定了该类系统中农田土壤氮含量的分布可能有别于其他生态系统，岩石广泛出露，裸露基岩与土壤镶嵌分布，原生土壤全氮含量显著高于同地区红壤。然而随着石漠化程度增加，退化生态系统土壤氮含量急剧降低。喀斯特地区土层浅薄、二元结构发育，水文过程迅速，径流及土壤可溶性物质易通过裂隙进入水生系统。

滇池土壤中的总氮（TN）的含量范围为 0.31～4.53g/kg，平均值为 1.2g/kg；土壤中的碱解氮的含量为 121.4～412.8mg/kg，平均值为 225.6mg/kg。根据全国第二次土壤普查结果，南方地区土壤总氮含量平均为 0.87g/kg，碱解氮平均含量为 109.9mg/kg，可见滇池流域土壤总氮和碱解氮的含量显著高于我国南方地区平均水平，在这样严重营养过剩的土壤上继续投入农用化学物质，必然增加氮流失对水环境的污染负荷。

滇池流域土壤总氮监测分析表明，滇池周边的土壤样点的总氮的变化范围为 0.53～3.47g/kg，平均值为 1.80g/kg；远湖农田的土壤样点的总氮的变化范围为 0.41～3.04g/kg，平均值为 2.07g/kg；昆明市市区周边的土壤样点的平均值为 2.54g/kg。滇池流域近昆明市城区总氮平均累积水平高于滇池周边的土壤，这与土壤的耕作历史有关，所调查研究的区域都是围湖造田的土壤，靠近昆明城区的土壤较早被人们施肥耕作，历史较长，总氮累积的量相比近滇池湖区而言较大。而靠近湖区土壤耕作历史较短，总氮的积累量偏低。

滇池流域土壤碱解氮监测结果表明，滇池周边的土壤样点的碱解氮的变化范围为 171.4～428.6mg/kg，平均值为 251.6mg/kg；远湖农田的土壤样点的碱解氮的变化范围为 180.1～462.8mg/kg，平均值为 295.9mg/kg；昆明市市区周边的土壤样点的碱解氮的变化范围为 221.3～327.1mg/kg，平均值为 246.9mg/kg。在靠近城区土壤的碱解氮含量比近湖区的土壤低，这主要受近城区经济发展趋势影响，近城区农业种植的投入逐渐削弱，较长期的低农化投入和作物种植，使得农田土壤中速效态氮总体累积不如滇池周边高。

（二）土壤磷含量

磷是构成生物有机体的一个重要元素。磷的主要来源是磷酸盐类岩石和含磷的沉积物（如鸟粪等）。它们通过风化和采矿进入水循环，变成可溶性磷酸盐被植物吸收利用，进入食物链。之后各类生物的排泄物和尸体被分解者微生物分解，把其中的有机磷转化为无机形态的可溶性磷酸盐。接着其中的一部分再次被植物利用，纳入食物链进行循环；另一部分随水流进入海洋，长期保存在沉积岩中，结束循环。土壤全磷量即磷的总储量，包括有机磷和无机磷两大类。土壤中的磷大部分是以迟效性状态存在，因此土壤全磷含量并不能作为土壤磷供应的指标，全磷含量高时并不意味着磷供应充足，而全磷含量低于某一水平时，却可能意味着磷供应不足，这在滇池流域尤其显著。

大量研究发现，我国的化肥投入量和投入强度呈现逐年剧增趋势。进入 21 世纪后，磷肥的施用量大约是 19 世纪 80 年代的 4 倍。研究结果显示，我国的磷肥利用率仅达到 10%～25%，磷的输入量远远大于输出量。磷肥的高投入量和低利用率导致农田土壤磷不断累积，全国大概有 1.037×10^7 t 磷肥发生累积，成为农田面源污染的重要源头。谢如林等通过对不同作物磷肥利用率的差异性研究发现，虽然磷肥利用率随着作物的变化而变化，但是总体来说普遍较低。通过对向日葵的磷利用率研究，也得出相近结论。随着含 P 化肥和有机肥应用的不断增加，土壤（尤其是耕层土壤）逐渐处于富磷状态，很大程度上增加了农田土壤磷流失至水体的风险和数量。磷是水体富营养化的限制因子。土壤有效磷是土壤磷养分供应水平高低的指标，土壤磷含量高低在一定程度反映了土壤中磷的贮量和供应能力。

磷肥施到土壤后易被固定，应用 ^{32}P 示踪研究石灰性土壤磷的形态及其有效性表明，水溶性磷肥施入土壤后，有效性随时间的延长而降低，在两个月内有 2/3 变成不可提取态磷，其主要形态是 Ca_8-P、Al-P、Fe-P 型磷酸盐。磷在土壤中扩散移动极弱，$H_2PO_4^-$ 在土壤中的扩散系数为 $0.0005 \times 10^{-5} \sim 0.001 \times 10^{-5}$ cm^2/s，相当于 NO_3^--N 离子扩散系数的千万分之一或万分之一。磷在土壤中迁移一般主要集中在表土层，较难穿透较厚的土层，据英国洛桑试验站进行的 100 多年的研究结果表明：磷的移动每年不超过 $0.1 \sim 0.5$ mm，它只能从施肥点向外移动 $1 \sim 3$cm 的距离。作物对磷肥的利用率很低，通常情况下，当季作物只有 5%～15%，所以占施肥总量 75%～90% 的磷滞留在土壤中，长期而过量地施用磷肥，常导致农田耕层土壤处于富磷状态，从而可通过径流等途径加速磷向水体迁移。据估计全世界每年有 $(3.0 \sim 4.0) \times 10^6$ t P_2O_5 从土壤迁移到水体中，美国每年由化肥和土壤进入水生态系统的磷达 0.45×10^8 kg 左右，日本水田磷的排出负荷量为 $0.3 \sim 8.4$ kg/（hm^2·a）。农田磷素流失已成为全世界一个共性的问题。

1. 滇池流域不同行政区土壤磷含量

从表 3-2 中的测定结果来看，整个滇池流域表层土壤全磷累积量在 0.05%～0.70% 之间，平均值为 0.215%，超过全国平均值。在所有调查地区，全磷含量超过 0.20% 的样点占 38%，其中晋宁区土壤全磷大于 0.20% 的占 40%，呈贡区占 60%。官渡、西山两区的样点土壤全磷含量都未超过 0.20%。

表 3-2　滇池流域表层土壤全磷累积量　　　　　单位：%

区域	范围	平均值	样点数
官渡区	0.05~0.15	0.103	6
西山区	0.12~0.20	0.15	3
呈贡区	0.12~0.54	0.434	15
晋宁区	0.05~0.70	0.175	21
整个流域	0.05~0.70	0.215	45

2. 滇池流域土壤有效磷累积状况

由表 3-3 中的测定数据可看出，整个流域表层土壤有效磷含量为 26.7~598.3mg/kg，平均值为 151.04mg/kg，远高于全国土壤有效磷的平均值。而且在这 4 个行政区域，土壤有效磷含量都明显高于国家土壤肥力标准的高水平（20mg/kg）。就区域而言呈贡区和晋宁区土壤中有效磷的含量比官渡区和西山区明显偏高，分别比官渡区高出 454.78% 和 241.59%，分别比西山区高出 176.95% 和 70.52%。从土壤利用作物布局与养分平衡方面分析可以解释这一现象，主要是因为呈贡区和晋宁区是以种植花卉、蔬菜为主，而花卉、蔬菜都是以高投入、高产出为特征的，农民为了获得高的经济效益，除了付出大量劳动外，就是大量施肥。

表 3-3　滇池流域表层土壤有效磷含量　　　　　单位：mg/kg

区域	范围	平均值	样点数
官渡区	7.2~66.7	50.47	6
西山区	53.0~181.1	101.1	3
呈贡区	54.1~549.7	280.0	15
晋宁区	26.7~598.3	172.4	21
整个流域	26.7~598.3	151.04	45

3. 滇池流域大棚土壤磷含量

2014 年滇池流域大棚土壤全磷的含量为 0.49~2.34g/kg，平均值为 0.84g/kg，显著高于南方第二次全国土壤普查结果（0.56g/kg），全磷含量极高；土壤中有效磷含量 15.14~131.33mg/kg，平均值为 42.94mg/kg，土壤中水溶性磷含量 12.99~94.56mg/kg，平均值为 26.40mg/kg。

滇池流域土壤全磷分布具有明显的空间特征，全流域尺度上含量高、变幅大，累积量最大的地区为东岸湖滨种植区，显著高于其他区域，随着远离，全磷含量均匀地向远离滇池的方向降低，呈显著的条带状分布。土壤有效磷分布具有明显的空间特征，从整个区域尺度看，含量高、变幅大的区域为流域典型种植区，但变化程度不如全磷明显，种植区的有效磷含量差异不显著，这是由种植区复种指数高，有效磷多被作物利用，不易累积造成的。

图3-4、图3-5分别反映了滇池流域1985年代以来农田土壤中全磷、有效磷的含量的变化，全磷和有效磷在土壤中的含量关系均为：2006年＞2014年＞1985年。1985年到2006年全磷显著增长13.45％，2006～2014年全磷略有下降。2006年有效磷含量比1985年增长了727.18％，到2014年有效磷含量比2006年下降了46.98％。随着时间的推移，农田有效磷占全磷的比例反而降低，1985年有效磷的含量占全磷含量的1.21％，2006年有效磷含量占全磷含量的8.79％，2014年有效磷含量占全磷含量的4.70％。在2006年以后，全磷含量保持不变，但有效磷含量显著下降，说明磷的有效性降低，磷对于农业生产的投入产出比下降，更多的有效磷不被作物利用。

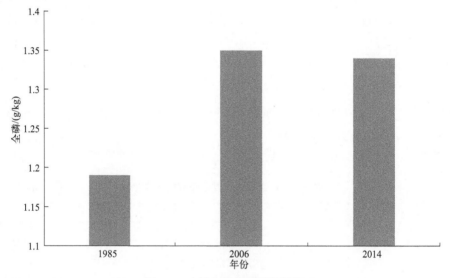

图3-4　大棚土壤全磷时间累积

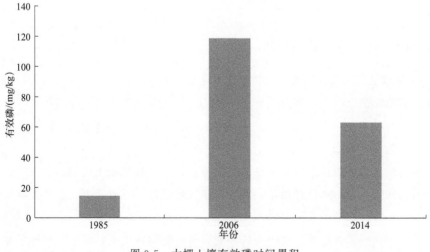

图3-5　大棚土壤有效磷时间累积

由此可知，在滇池流域，土壤中的磷显著累积，均处于极高水平，其中到 2014 年农田土壤全磷含量 1.34g/kg，有效磷含量 62.94mg/kg。从地统计学分析来看，大棚土壤全磷和有效磷受自然因素的影响较大。从空间分布看，全磷含量在滇池东岸农田区最高，有效磷含量在滇池西岸磷矿区最高。从 1985 年到 2006 年，农田土壤全磷和有效磷迅速增加。从 2006 年到 2014 年，农田土壤全磷保持不变，有效磷降低，但是变异系数增大。

滇池流域土壤磷非常丰富，对滇池的非点源污染的贡献不可忽视。土壤中磷的累积必然会加速磷向水体迁移的速度。滇池流域有很大面积的磷含量高值区，与自然土壤相比，农田土壤磷含量非常大，磷进入水体导致滇池水体富营养化的风险很大。

4. 化肥使用与土壤磷累积

大量研究表明化肥的投入量特别是磷肥的施用量与土壤磷累积量具有极显著的相关性（详见图 3-6，图中 Olsen-P 是采用碳酸氢钠浸提的方法进行土壤有效磷测定的结果），但随着种植作物种类、地域、耕作制度等的不同存在着明显的差异。在几种土地利用类型中，化肥投入量依次是花卉地＞蔬菜地＞旱地＞水田。这与所测得的土壤总磷含量与土地利用类型的关系十分相似。土壤总磷累积量仍为花卉地＞蔬菜地＞旱地＞水田。

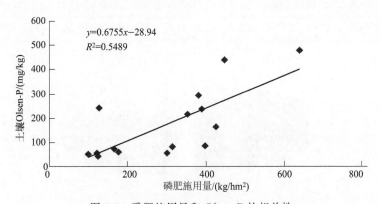

图 3-6　磷肥施用量和 Olsen-P 的相关性

5. 滇池流域土壤磷累积释放风险评价

农业用地特别是集约化农田普遍存在的磷的投入量大大高于其带出量，导致磷在土壤中不断累积，随着累积量的增加，释放到环境中的风险也逐渐增大。虽然土壤磷的累积与释放受多种因素的影响，土壤类型、质地、pH 值、土壤有机质含量、黏土矿物种类、耕作方式、施肥水平、气候条件等都会影响土壤磷的累积和释放。为科学准确评价滇池流域土壤磷释放的环境风险，我们在研究区采集土壤有效磷含量水平不同的四个原状土，在室内进行模拟试验，通过测定径流液中总磷的浓度来判断土壤磷释放对水环境的污染风险。

土壤磷释放风险模拟试验结果见表3-4。

表3-4　土壤磷释放风险模拟试验

土壤编号	Olsen-P/(mg/kg)	降雨强度/(mm/min)	降雨时间/min	径流中 TP/(mg/kg)
1	26.7	50	60	0.131
2	57.1	50	60	0.210
3	110.3	50	60	0.452
4	208.4	50	60	0.564

由表3-4试验结果可见，当土壤中 Olsen-P 为 57.1mg/kg 时，降雨 1h 径流中 TP 浓度已达 0.210mg/kg。在水土界面迁移过程中，径流中 TP 的浓度会降低，即使在流入滇池时磷的浓度降为农田径流浓度的 1/10，入湖水中磷浓度也超过了蓝藻产生的临界值 0.05mg/kg。据此把 57.1mg/kg 作为土壤磷的临界值，这与英国报道的 60mg/kg 十分相近，按此临界值，将土壤磷释放风险分为三级：A. Olsen-P＜60mg/kg，无风险；B. Olsen-P 在 60~100mg/kg 之间，有风险；C. Olsen-P＞100mg/kg，风险较高。

根据不同土地利用类型对磷需求的不同，我们可将有效磷含量分为三个等级，分别为：A. Olsen-P＜60mg/kg，无流失；B. 60mg/kg≤Olsen-P≤100mg/kg，有流失；C. Olsen-P＞100mg/kg，严重流失。根据这样的分级，可得出如图3-7所示的风险图。

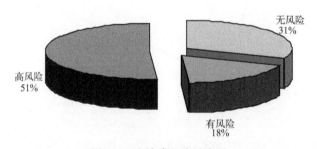

图3-7　流域磷释放风险图

从图3-7中可以看出，在滇池流域所有样点土壤中有 51% 土壤的磷释放具有较高的环境风险，且对滇池水体富营养化有很大的影响；有 18% 的土壤磷具有一定风险；仅有 31% 的土壤磷释放的环境风险基本不存在。当 Olsen-P 超过 60mg/kg 时，土壤对施磷非常敏感，磷流失量将随施磷量的增加而呈上升趋势。这不仅增加了农业生产投入，降低了施用磷肥的产出，同时也加大了水体富营养化的风险。

第三节
水资源

滇池是昆明的母亲湖，是昆明人民繁衍生息的摇篮（见图 3-8）；昆明城更是依滇池而建，因滇池而兴。在漫长的历史长河中，滇池为昆明的发展提供了重要的水资源保障。

图 3-8　滇池——昆明人民繁衍生息的摇篮（滇池水利志，1995）

一、滇池流域水资源概况

滇池流域位于云南中部偏北，是中国著名的高原淡水湖泊和西南地区最大的内陆湖泊，属于长江流域金沙江水系。滇池水域分为草海和外海两部分，现由人工闸分隔，草海面积 $10.67km^2$，占滇池总面积的 3.5%，而外海为滇池的主体，面积为 $289km^2$，约占全湖的 96.5%。滇池具有城市供水、工农业生产用水、调蓄、防洪、旅游、航运、水产养殖、调节气候、水力发电等多种功能，被誉为云贵高原的"掌上明珠"。

滇池流域水资源具有以下几个特点。

（1）水资源缺乏　滇池流域虽然是云南省人口最稠密、社会经济最发达的地区，但同时也是全省乃至全国水资源严重紧缺的地区。滇池多年平均产生的地表水资源量为 $5.73×10^8m^3$。其中，流域及其补给区的地下水天然补给量每年为 $2.58×10^8m^3$，可开采的地下水资源量为 $1.86×10^8m^3$。因此，滇池流域的人均水资源占有量为

301.5m³，占云南省人均水资源的 1/18，占全国人均水资源量的 1/8，占世界人均水资源量的 1/31，资源型和水质型缺水是制约区内经济可持续发展的主要因素之一。

（2）水资源量分布极不均匀　滇池流域水资源量主要靠降雨。昆明地区常年干雨季分明，干季降雨极少，常引起大气、土壤干旱，农业用水紧张；雨季地表径流量大，水土流失严重。据近 40 年资料统计，5～10 月径流量占全年总量的 86%，干季径流量仅占全年总量的 14%，干季缺水严重。水资源年际变化大，受连续枯水和连续丰水的长周期气候变化的影响。

（3）滇池水污染问题不容忽视　滇池水污染问题也是制约区域内经济可持续发展的主要因素。据资料推算，每年排入滇池的工业和生活废水大约 $2 \times 10^8 m^3$，其中 COD 超过 40000t、TN 9000t、重金属超过 300t。每年排入滇池的面源污染物为：TN 3325t，占入湖总量的 34% 以上；TP 1158t，占入湖总量的 60% 以上。在面源污染物中，农村污染物产生总量为 $2.057 \times 10^7 t$，其中，固体废物 $2.9 \times 10^6 t$、生活污水 $1.759 \times 10^7 t$、化肥施用量 $8.57 \times 10^4 t$、农药施用量 750t、农膜 7210t。污染物进入滇池后，长期的沉积使大量污染物沉淀于湖底，腐质面积达 $2.97 \times 10^8 m^2$，底泥中含有大量的重金属以及氮、磷，在一定条件下底泥向湖水释放污染物，形成巨大的湖内污染。

此外，城市化进程加快对水资源需求量增大、滇池流域水资源供需平衡大量靠滇池回归水重复利用也是滇池水资源面临的问题。

二、滇池流域水文水系

1. 湖泊水文特征

如表 3-5 所列，滇池是一个断层构造湖泊，地势北高南低，相对高差 100～1000 mm，湖体呈弓形，湖体南北长约 40km，东西最宽 12.5km，平均湖宽 7km，湖岸线长 163.2km，湖面面积约 309.5km²，平均水深 5.3 m，库容为 $1.56 \times 10^9 m^3$。

表 3-5　滇池流域湖泊特征值

项目	数值	项目	数值
所属水系	长江流域金沙江水系	平均水深/m	5.3
流域面积/km²	2920	湖岸线长/km	163.2
湖面面积/km²	330	湖面海拔/m	1887
湖长/km	40	年径流量/10⁸m³	1.65
平均湖宽/km	7	最高水位/m	1887.5
最大水深/m	8.0	最低水位/m	1885.5

2. 入湖河流水文

滇池流域位于云贵高原中部，地处长江、珠江和红河三大水系分水岭地带，含昆明下辖的六区一县，流域面积为2920km²，整个流域分为山地丘陵、坝区和滇池水域三个层次。其中滇池水域面积约309.5km²，滇池周边坝区面积969km²，山地丘陵面积1651km²。滇池流域入湖河流及沟渠共有120多条，分别从北、东、南三面呈向心状汇入滇池，滇池流域入湖河流如表3-6所列，其中"十一五""十二五"期间纳入滇池流域重点监测的河流主要有35条，径流面积大于100km²的主要河流有盘龙江、宝象河、柴河、东大河等。在各大小河流水系上已建成松花坝、宝象河、柴河等中型水库8座，小（一）型水库和小（二）型水库128座，总库容约为2.47×10⁸m³。

表3-6　滇池流域入湖河流一览表

河名	河长/km	流域面积/km²	发源地	注入地	流经县区
王家堆渠	2.0	1.0	普坪村电厂	草海	西山区
新运粮河	19.7	83.4	车头山	草海	五华区、高新区、西山区
老运粮河	11.3	18.7	王家桥山箐	草海	五华区、高新区、西山区
乌龙河	3.7	2.61	云大医院片	草海	五华区、西山区
大观河	4.0	2.75	小西门	草海	五华区、西山区
西坝河	11.5	5.38	南环桥	草海	五华区、西山区
船房河	11.4	7.42	圆通街东口	草海	五华区、西山区、滇池度假区
采莲河	12.5	19.4	黄瓜营	外海	五华区、西山区、滇池度假区
金家河	6.9	9.03	黄瓜营	外海	西山区、滇池度假区
正大河	5.2	3.59	花庄分洪闸	外海	西山区、滇池度假区
盘龙江	108	847	白沙坡	外海	五华区、盘龙区、官渡区、西山区
老盘龙江	2.7	1.02	洪家村闸	外海	官渡区
大清河	29.4	48.4	松花坝水库	外海	五华区、盘龙区、官渡区
海河	16.2	68.7	一撮云	外海	官渡区、滇池度假区
六甲宝象河	10.8	2.63	永丰村	外海	官渡区、滇池度假区
小清河	8.2	3.18	小板桥云溪	外海	官渡区、滇池度假区
五甲宝象河	9.4	3.28	世纪城	外海	官渡区、滇池度假区
虾坝河	10.6	5.50	世纪城	外海	官渡区、滇池度假区
姚安河	3.7	3.60	世纪城	外海	官渡区、滇池度假区
老宝象河	10.1	3.94	羊甫分洪闸	外海	官渡区、滇池度假区
宝象河	47.1	292	石灰窑村	外海	空港区、经开区、官渡区
老河	11.5	21.1	小板桥撒梅	外海	官渡区
关锁马料河	2.92	1.75	小新村闸	外海	官渡区

续表

河名	河长/km	流域面积/km²	发源地	注入地	流经县区
马料河	22.5	69.4	犀牛塘龙潭	外海	官渡区、呈贡区、经开区
洛龙河	29.3	132	呈贡向阳山	外海	经开区、呈贡区
捞鱼河	30.9	123	呈贡赵家山	外海	呈贡区、滇池度假区
梁王河	23.3	57.5	梁王山	外海	高新区、滇池度假区
南冲河	14.4	56.9	黑汉山	外海	高新区、呈贡区、晋宁区
淤泥河	11.0	69.9	老虎山	外海	晋宁区
晋宁大河	35.3	189	晋宁老君山	外海	晋宁区
白鱼河	35.3	5.33	天城门村闸	外海	晋宁区
柴河	4.2	190	晋宁甸头	外海	晋宁区
东大河	23.3	158	晋宁宝峰魏	外海	晋宁区
中河	7.3	25.3	晋宁沙妈顶	外海	晋宁区
古城河	11.0	18.3	晋宁老高山	外海	晋宁区

3. 出湖河流水文

海口河是滇池唯一的出湖河流，因河道中有形若螳螂的沙滩分布而名螳螂川。螳螂川，由滇池出口的海口河流到安宁境内起，经石龙坝电厂至通仙桥。通仙桥、温泉、青龙寺至富民县永定桥止称螳螂川，全长97.6km，流域高程1700～1884m，流域面积5178km²，沿途汇入的主要支流有鸣矣河、双河、马料河、沙河、县街河、禄脿河、甸尾箐河、律则河等。较大支流鸣矣河全长77km，流域面积908km²，多年平均年径流量$1.87×10^8 m^3$，是安宁市的主要灌溉河流。

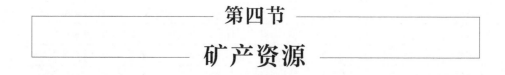

第四节
矿产资源

一、泥炭资源

昆明盆地的古泥炭（埋藏的）和现代泥炭（表露的）主要分布于滇池湖滨及其三角洲地带。其形成又与滇池的环境演变有直接或间接的联系，故称为滇池泥炭。据近几年来的最新调查结果，滇池泥炭的泥炭地面积有30余万平方公里，泥炭储量1000余万吨，主要为低位型的草本泥炭。本区属于中分解、中灰分、热值较高、含硫量低的泥炭。其中以草海、海埂的泥炭质量最好。由于滇池泥炭富含有机质、腐殖酸，且各种营养元素也较丰富。因而在工农医诸方面有着广泛的用途，成为该区宝贵的自然资源。

滇池泥炭有较明显的赋存特征：

① 泥炭主要集中分布在滇池的北岸和南岸的湖滨及湖滨三角洲地带。北岸自西向东由草海、海埂、六甲三部分组成。南岸自西往东由古城、晋宁县城东南和晋城的新街至团山一带组成。北岸泥炭储量多于南岸，约占泥炭总储量的91%。北岸的泥炭又多集中分布于草海地区，占北岸总储量的70%。所以，滇池泥炭储量丰富、质量较佳的区域主要分布在滇池北岸。

② 从水系上看，在赋存泥炭的湖滨及其三角洲地带，又主要集中分布于南北纵向河流的湖湾或间湾地区。例如，北岸主要集中分布在盘龙江三角洲，那里鸟爪状三角洲的湖湾或间湾地区是滇池泥炭中炭层厚、储量大、质量好且以表露为主的泥炭地。南岸亦主要分布于晋宁大河等南北纵向河流三角洲的突出朵叶体两侧的湖湾区，炭层厚0.8~3m。

③ 滇池泥炭的赋存状态属表露型或埋藏型。其中表露的现代泥炭主要分布于滇池北岸的草海、海埂一带，尤其草海一带，分布面积达5km²，泥炭层厚一般达4~5m，最厚为11.56m。南岸晋宁地区的湖滨地带有零星分布。泥炭埋深0.4~20.0m。

④ 垂向上，泥炭层的厚度变化特点是：滇池北岸厚、南岸薄。北岸由西向东厚度递减，如草海，泥炭层最厚达1.56m，至海埂最厚为6.3m，到六甲一带递减到1.2m左右。南岸亦表现出西侧相对比东侧增厚的趋向，最厚在晋宁区兴旺乡达3m左右。

⑤ 盆地的第四纪煤系地层中发现有褐煤至泥炭连续沉积的特征。如滇池北岸的滇科一孔，第四系地层厚近500m，泥炭与褐煤有30多层，在孔深25.7m以上有三层泥炭，以下则为相间出现的软褐煤-褐煤-暗褐煤层。

二、磷矿资源

在全国磷矿资源储量中，云南占有很大比例，在云南磷矿资源分布中又以滇池流域为主。最近几十年来，云南大力发展磷矿深加工，磷肥、磷化工产业的规模都已居全国首位，磷矿就地加工，在经济技术、社会效益等方面得到了更大的提升。

1. 云南昆阳磷矿

昆阳磷矿为大型沉积磷矿床，矿体贮存于下寒武纪岩系底部，呈层状产出，矿层为上下两层，倾角平均15°，是典型的缓倾斜中薄矿层并带有夹层的矿体。

2. 海口磷矿

海口磷矿为下寒武统沉积层状磷块岩，矿区共有十七个矿石自然类型，均属低碳氟磷灰石，不同矿石类型的胶磷矿的物化性质基本相同。

3. 安宁磷矿

安宁县街磷矿是云南省滇池地区又一大型沉积磷块岩矿床，贮存于下寒武统梅村组中谊村段，磷矿分上下两层，利于露天开采。在云南磷矿资源分布中，又以滇池西岸的晋宁、安宁为主，晋宁更是因此有了"磷都"的美誉。云南省每年磷矿产量的90%以上，都来自晋宁、安宁地区。在计划经济年代，云南生产的磷矿属国家统配物资之列，每年都要通过铁路运输，运送出省，供应给分布在全国的磷肥厂。

三、铝土矿资源

（1）云南省官渡区大板桥铝土矿核查（矿）区

区内累计查明铝土矿资源量 5.53×10^6 t，出露地层由老到新有下寒武统、泥盆系、中上石炭系、二叠系、三叠系、古近系、新近系、第四系，大板桥矿区为一北东走向的单斜构造。其中：大板桥矿段 1.804×10^6 t，占总资源储量的 33%；清水沟矿段 1.632×10^6 t，占总资源储量的 30%；沙沟矿段 1.801×10^6 t；占总资源储量的 32%；大板桥地表矿段 2.93×10^5 t，占总资源储量的 5%。属未利用矿山，区内资源量均为未占有保有资源量。

（2）昆明市西山沙朗铝土矿区

地理坐标东经 $102°39'13'' \sim 102°40'11''$，北纬 $25°10'54'' \sim 25°12'06''$。本区铝土矿及耐火黏土矿赋存于石炭纪地层中，其上下盘岩层均为碳酸盐岩系，矿系为一厚层不同浅海相页砂岩层，厚 $0 \sim 20$m，矿体位于其上部。全区断裂构造共计发现六条，核查区范围内未见岩浆岩出露。昆明市西山沙朗铝土矿截至 2009 年 12 月，核查区范围内累计探明资源量为 333 类，铝土矿石量 2.51×10^5 t，因矿山尚未开采，矿区保有铝土矿石资源量 2.51×10^5 t。

（3）安宁市温泉铝土矿核查矿区

地理坐标东经 $102°22'14.5'' \sim 102°23'47.2''$，北纬 $24°53'46.5'' \sim 24°56'39.5''$。矿区地层出露不佳，除下寒武统、上泥盆统、上三叠统清晰外，其他多为浮土所掩盖。核查矿区范围内主要出露石炭系地层及第四系地层。矿区构造主要受区域控制，为一近南北向延展的单斜。核查区附近，岩层走向 335°，以倾角 $10° \sim 25°$ 向东北倾斜。除上述单斜外，矿区另见有平缓的纵向小褶曲及走向横向断裂，后者断距较小，对矿体无影响。矿区内未见岩浆岩分布。根据本次核查，截至 2009 年 12 月 31 日矿区范围内累计查明：C2 级铝土矿矿石资源量 $3.06×10^5$ t。

—— 第五节 ——

水生生物资源

一、浮游植物组成

根据施择等 2012 年开展的全湖两次调查发现优势藻类仍为蓝藻和绿藻，鉴定出浮游藻类 66 属 159 种及变种，隶属于金藻门、甲藻门、裸藻门、绿藻门、黄藻门、硅藻门、蓝藻门、隐藻门等 8 门。其中，绿藻门藻类在种类组成上占绝对优势，有 32 属、85 种及变种，占 53.46%；其次是蓝藻门藻类，有 12 属、32 种及变种，占 20.12%；再次是硅藻门藻类，有 13 属、28 种及变种，占 17.61%；金藻门藻类的种类最少，仅有 1 属、1 种，占 0.63%。

滇池优势藻类蓝藻和绿藻的具体组成见表 3-7。

表 3-7　滇池浮游藻类的种类组成

门	属		种及变种	
	数量	占比/%	数量	占比/%
金藻门	1	1.52	1	0.63
甲藻门	2	3.03	2	1.26
裸藻门	3	4.54	5	3.14
绿藻门	32	48.48	85	53.46
黄藻门	1	1.52	2	1.26
硅藻门	13	19.70	28	17.61
蓝藻门	12	18.18	32	20.12
隐藻门	2	3.03	4	2.52
合计	66	100	159	100

二、浮游动物组成

浮游动物是水域生态系统中的生物组成部分，作为生态系统中重要次级生产力，在物质转化、能量流动、信息传递等生态过程中起着关键的作用，对维持整个水域生态系统的平衡至关重要。据 2013 年 3 月和 7 月的调查，滇池浮游动物有 31 种，其中轮虫类 14 种，占 45.2%；枝角类 9 种，占 29.0%；原生动物 5 种，占 16.1%；桡足类 3 种，占 9.7%。

浮游动物的具体名录如表 3-8 所列。

表 3-8　滇池浮游动物种类目录

类目	编号	物种名	学名
轮虫类 Rotifera	1	剪形臂尾轮虫	*Brachionus forficula*
	2	花篋臂尾轮虫	*Bmchionus capsuliflorus*
	3	壶状臂尾轮虫	*Brachionus urceus*
	4	螺形龟甲轮虫	*Keratella cochlearis*
	5	曲腿龟甲轮虫	*Keratella valga*
	6	盖氏晶囊轮虫	*Asplachna girodi*
	7	针簇多肢轮虫	*Polyarthra trigla*
	8	沟痕泡轮虫	*Pompholyx sulcata*
	9	长三肢轮虫	*Filinia longiseta*
	10	长足轮虫	*Rotaria neptunia*
	11	萼花臂尾轮虫	*Brachionus calyciflorus*
	12	刺盖异尾轮虫	*Trichocerca capucina*
	13	单肢轮虫	*Limb rotifers*
	14	矩形龟甲轮虫	*Keratella quadrata*
原生动物 Protozoa	15	球形沙壳虫	*Difflugia gloulosa*
	16	壶形沙壳虫	*Difflugia lebes*
	17	钟虫	*Vorticella*
	18	双刺板壳虫	*Coleps bicuspis*
	19	小单环栉毛虫	*Didinium balbianii nanum*
枝角类 Cladocera	20	蚤状蚤	*Daphnia pulex*
	21	透明蚤	*Daphnia hyalina*
	22	方形网纹蚤	*Ceriodaphnia quadrangula*
	23	角突网纹蚤	*Ceriodaphnia cornuta*
	24	长额象鼻蚤	*Gryptomonas erosa*
	25	卵形盘肠蚤	*Chydorus ovalis*
	26	长肢秀体蚤	*Diaphanosoma leuchtenbergianum*
	27	僧帽蚤	*Daphnia cucullata*
	28	圆形盘肠蚤	*Chydorus sphaericus*

续表

类目	编号	物种名	学名
桡足类 Copepods	29	英勇剑水蚤	*Cyclops strennus*
	30	锥肢蒙镖水蚤	*Mongolodiaptomus birulai*
	31	无节幼体	*Nauplii larve*

三、底栖动物组成

滇池底栖动物的组成结果见表3-9,全湖广泛分布的种类有苏氏尾鳃蚓、中国圆田螺、中华圆田螺、螺蛳、椭圆萝卜螺、耳萝卜螺、大脐圆扁螺、日本沼虾、羽摇蚊、卵形沼梭、水龟、小头水甲,共12种。其中日本沼虾、中国圆田螺、中华圆田螺、螺蛳、羽摇蚊、卵形沼梭6种不仅分布广泛而且种群数量大构成湖中的优势种群。

表3-9　滇池底栖动物种类组成

序号	物种名	学名
1	宽体金线蛭	*Whitmania pigra*
2	宽身舌蛭	*Glossiphonia lata*
3	淡色舌蛭	*Glossiphonia weberi*
4	苏氏尾鳃蚓	*Branchiura sowerbyi*
5	奥特开水丝蚓	*Limnodrilus udekemianus*
6	霍甫水丝蚓	*Limnodrilus hoffmeister*
7	中国圆田螺	*Cipangopaludina chinensis*
8	中华圆田螺	*Cipangopaludina cathayensis*
9	球圆田螺	*Cipangopaludina ampulliformis*
10	膨胀圆田螺	*Cipangopaludina ampullacea*
11	螺蛳	*Margarya melanioides*
12	牟氏螺蛳	*Margarya mondi*
13	长螺蛳	*Margarya elongata*
14	乳顶螺蛳	*Margarya tropidophora*
15	纹沼螺	*Parafossarulus striatulus*
16	美丽短沟蜷	*Semisulcospira dulcis*
17	粗短沟蜷	*Semisulcospira iuflata*
18	伏雅短沟蜷	*Semisulcospira lauta*
19	云南萝卜螺	*Radxi yunnanensis*
20	椭圆萝卜螺	*Radxi swinhoei*
21	耳萝卜螺	*Radxi auricularia*

续表

序号	物种名	学名
22	卵萝卜螺	*Radxi ovata*
23	折叠萝卜螺	*Radxi plicatula*
24	凸旋螺	*Gyraulus convexiusculus*
25	大脐圆扁螺	*Hippeutis umbilicalis*
26	背角无齿蚌	*Anodonta woodiana*
27	圆背角无齿蚌	*Anodonta woodiana pacifica*
28	椭圆背角无齿蚌	*Anodonta woodiane elliptica*
29	黄蚬	*Corbicula fluminea*
30	刻纹蚬	*Corbicula largillierti*
31	日本沼虾	*Macrobrachium nipponense*
32	秀丽白虾	*Plaemon(Exopalaemon) modestus*
33	中华小长臂虾	*Palaemonetes sinensis*
34	细足虾米	*Caridina nilotica gracilipes*
35	美丽拟溪蟹	*Endymion parapotamon*
36	负子虫	*Sphaeroderma japonicum*
37	田鳖	*Belostoma deyrollei*
38	红娘华	*Notonecta triguttata*
39	水斧虫	*Kanatra chinenesis*
40	水黾	*Aquarium paludum*(Fabricius)
41	松藻虫	*Notonecta triguttata*
42	小划蝽	*Corixa substriata*
43	气球虫	*Sigara sbustriata*
44	羽摇蚊	*Chironomus plumosus*
45	侧叶雕翅摇蚊	*Glyptotendipes lobiferus*
46	异腹鳃摇蚊	*Tendipes insolita*
47	暗黑摇蚊	*Tendipes lugubris*
48	龙虱	*Cybister* sp.
49	东方豉甲	*Dineutus orientalis*
50	小头水甲	*Haliplus sauteri*
51	水甲	*Haliplus* sp.
52	卵形沼梭	*Haliplidae Aube*

四、鱼类组成

由于环境污染、引种不慎、围湖造田、酷渔滥捕等众多因素影响，滇池土著鱼类资源急剧减少，一些种类甚至绝迹。滇池土著鱼类由 20 世纪 60 年代的 26 种（表 3-10）减少到目前的 11 种。这 11 种滇池土著鱼类中，仅有 4 种生活于滇池湖体，其余 7 种均生活于滇池周围一些溪流的上游或溶洞中。

表 3-10　滇池土著鱼种组成

序号	物种名	拉丁学名
1	多鳞白鱼	*Anabarilius polylepis*
2	银白鱼	*Anabarilius alburnops*
3	云南鲴	*Xenocypris yunnanensis Nichols*
4	长身鳊	*Acheilognathus elongatus*
5	中华倒刺鲃	*Spinibarbus sinensis*
6	滇池金线鲃	*Sinocyclocheilus grahami*
7	云南光唇鱼	*Acrossocheilus yunnanensis*
8	云南盘鮈	*Discogobio yunnanensis*
9	昆明裂腹鱼	*Schizothorax grahami*
10	中鲤	*Cyprinus micristius*
11	杞麓鲤	*Cyprinus carpio chilia*
12	鲫鱼	*Carassius auratus*
13	黑斑云南鳅	*Yunnanilus nigromaculatus*
14	侧纹云南鳅	*Yunnanilus plenrotaenia*
15	异色云南鳅	*Yunnanilus discoloris*
16	滇池球鳔鳅	*Sphaerophysa dianchiensis*
17	红尾副鳅	*Paracobitis variegatus*
18	昆明高原鳅	*Triplophysa grahami*
19	泥鳅	*Misgurnus anguillicaudatus*
20	昆明鲇	*Silurus mento*
21	中臀拟鲿	*Pseudobagrus medianalis*
22	金氏鉠	*Liobagrus kingi*
23	黑尾鉠	*Liobagrus nigricauda*
24	青鳉	*Oryzias latipes*
25	黄鳝	*Monopterus albus*
26	乌鳢	*Channa argus*

第四章

滇池的经济社会功能

　　滇池作为云贵高原上的一颗明珠，兼有城市供水、工农业用水、旅游、航运、水产养殖、气候调节等功能，在昆明市的国民经济和社会发展中起着极其重要的作用。在漫长的历史长河中，滇池为昆明的发展提供了重要的水资源保障，而昆明人对滇池水资源的利用更是可以追溯到 4000 多年前。在水资源利用上，滇池在农业灌溉、工业供水、生活供水等方面发挥着重要作用。在经济价值上，滇池渔业发展、旅游业创收为流域内经济建设提供了优良的资源。以气候为例，昆明成为冬无严寒、夏无酷暑的"春城"，一个重要原因就是滇池的气候调节作用。其次，滇池是云南文化的发祥地，可以说整个云南文化基本都是围绕滇池而延展。环绕着滇池，大观楼、运粮河、睡美人、官渡古镇、中国远征军司令部等文化设施、历史遗迹比比皆是。可以说，滇池是昆明的文化图腾和文化象征。

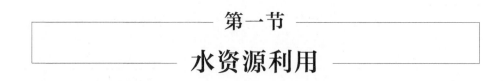

第一节

水资源利用

一、农业灌溉

　　滇池地区在 4000 多年前即开始种植水稻，进行农业生产。农业用水主要依靠从河流引水灌溉。西汉新莽时期地皇二年（公元 21 年），益州太守文齐，在今呈贡、晋城一带，倡导"造起陂池，开通溉灌，垦田二千余顷"，是昆明地区蓄水工程建设的开始；南宋大理国时，滇池地区已有较大的人工开挖的金汁河引水工程，元代赛典赤修建松华坝，疏挖海口河，疏浚金汁河，筑土堤，"灌溉滋益，大有殊功"。

　　明代，云南大量屯兵，收纳移民，广开屯田，中原地区的先进农业技术逐步传入云南，滇池沿岸用木制龙骨水车由滇池或注入滇池的河道提水灌溉，直到 1950 年后仍继续使用龙骨水车，是提水灌溉的主要工具。1953 年昆明大旱，沿滇池即有 10 多万张龙骨水车车水，最多的用 15 级水车提滇池水进行抗旱。1912 年建成海口石龙坝电厂，建海源河电力抽水站，成为全省第一座电力抽水站。至建国前夕，抽滇池水的抽水站共有 20 站，灌田 1 万多亩。

新中国成立后，在发展小型水利的同时，积极开展抽水工程的建设，排灌站相继增加，至 1988 年年底，沿滇池的 16 座抽水站和 600 多台抽水机共灌溉农田 23.2 万亩，每年耗用滇池水约 $1.13 \times 10^8 \, m^3$（滇池水利志，1995）。

二、工业供水

滇池工业供水是从民国时期开始的。民国元年（1912）建成石龙坝水力发电厂，就用滇池水进行发电。抗日战争时期，昆明工业进一步发展，环湖地区及滇池出口的下游螳螂川沿线，又先后建立水泥厂、造纸厂、印染厂、冶炼厂、电缆厂、钢铁厂等，工业用水逐渐增加。新中国成立后随着经济社会的发展，环湖地区建设了普坪村电厂、云南冶炼厂、昆明水泥厂、昆阳磷肥厂、云南轮胎厂、昆明化肥厂、三聚磷酸钠厂、云南磷肥厂等主要用水企业，工业用水量迅速增长。

滇池环湖地区取用滇池水量（不包括从螳螂川取用水量），1952 年为 $1.016 \times 10^7 \, m^3$，1962 年为 $1.856 \times 10^7 \, m^3$，1972 年为 $4.32 \times 10^7 \, m^3$，1982 年为 $8.732 \times 10^7 \, m^3$，1985 年为 $1.245 \times 10^8 \, m^3$，每年增长率接近 10%。1988 年随着昆明市五水厂取用滇池水，年取滇池水量达 $1.5 \times 10^8 \, m^3$ 左右（滇池水利志，1995）。

1990 年后，随着滇池治理的深入，污染企业被关停和外迁，滇池工业用水也发生了明显减少。2000 年滇池沿湖及下游螳螂川工业取用水量为 $4.5 \times 10^7 \, m^3$。2005 年，被监管的滇池及螳螂川取水单位为 43 户，达历史最高。此后，由于产业结构调整，部分企业关停，到 2015 年，监管取水单位 33 户，向企业供水 $3.3577 \times 10^7 \, m^3$，其中地表水 $3.0712 \times 10^7 \, m^3$、地下水 $2.865 \times 10^6 \, m^3$（滇池管理局资料，2015）。

三、生活供水

1959 年以前，昆明市区的生产生活用水，主要由以翠湖九龙池为水源的昆明老自来水厂进行供给。1959 年后，改为以松华坝水库为主要水源，先后于 1957 年、1960 年、1980 年、1991 年建设了一、二、四、北教场和第六水厂北分厂 5 座水厂，设计日

供水能力为 $5.6 \times 10^5 \mathrm{m}^3$（滇池水利志，1995）。

随着城市的发展，昆明市建设了一批以滇池为水源的自来水厂，包括三水厂、五水厂、六水厂南分厂和六甲乡水厂，日总供水能力为 $3.05 \times 10^5 \mathrm{m}^3$。相关情况如下：

① 昆明市第三自来水厂位于西山脚山邑村，以滇池水作水源，1973 年 9 月开工，1974 年 3 月建成，供西山区马街地区的工业和人民生活用水，设计日供水 $3 \times 10^4 \mathrm{m}^3$。后经几次扩建，日供水能力达 $1.0 \times 10^5 \mathrm{m}^3$，每年向滇池取水约 $3.0 \times 10^7 \mathrm{m}^3$。

② 第五自来水厂位于官渡区福德村，以滇池水为水源。1987 年 12 月 31 日兴建第五水厂，1990 年 3 月 1 日向城市供水，日供水能力 $2.0 \times 10^5 \mathrm{m}^3$，主要供关上片区及南市区生产生活用水。

③ 六甲乡自来水厂位于滇池北岸的海埂东面，以滇池水为水源。1984 年 10 月开工，1987 年 12 月 30 日竣工，每天处理净水量 5000t。主要供六甲乡村民和附近省（区、市）企业、机关、学校及体育训练基地等 40 个单位的生活生产用水。

④ 第六自来水厂包括北分厂和南分厂两部分，日供水能力为 $2.0 \times 10^5 \mathrm{m}^3$。其中南分厂以滇池为水源，于 1995 年 9 月 15 日开工，1996 年 12 月 26 日竣工投产，日供水能力为 $1.0 \times 10^5 \mathrm{m}^3$。

20 世纪 90 年代后，由于滇池水质污染，上述以滇池为水源的自来水厂逐步被迫停产，以 1994 年 10 月第三自来水厂停产起。随后，昆明市实施了一系列外流域引水工程解决城市饮用水问题。

1998 年昆明市水利局完成了"2258"引水工程，每年从柴河水库、大河水库、明朗水库引水 $5.0 \times 10^7 \mathrm{m}^3$，解决 80 多万人的饮水问题。2000 年以后，夏秋季节逐渐减少滇池向城市的供水量（昆明市水务局，1998）。

1999 年 12 月掌鸠河引水供水工程开工建设，2007 年 3 月工程完工通水，每年向昆明城市提供 $2.5 \times 10^8 \mathrm{m}^3$ 优质水，该工程新建的第七自来水水厂，设计供水能力为 $6.0 \times 10^5 \mathrm{t/d}$（昆明市水务局，2007）。2007 年 3 月第五自来水厂停止从滇池取水，昆明市基本结束了饮用滇池水的历史。

2007 年 10 月清水海引水工程开工，2012 年 4 月完工。每年向昆明输水 $1.7 \times 10^8 \mathrm{m}^3$，主要供水范围为昆明市主城、呈贡新城及空港经济区。

2019 年 12 月，牛栏江—清水海引水线路（上对龙）连通应急工程开工建设，2020 年 5 月完工，将牛栏江水输送到第八水厂，设计日供水能力 $3.0 \times 10^5 \mathrm{m}^3$（调水中心，2020）。使呈贡区、经开区、滇中新区东片区、马金铺片区实现双水源保障供水，提升昆明城市供水保障能力。

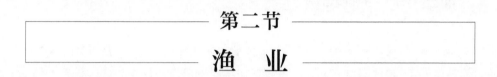

第二节

渔　业

滇池渔业是开发利用滇池最早的项目。远古时期，古滇人即在滇池进行渔猎，滇池周围尚存的 16 个较大的螺壳堆，是古滇人捞食滇池螺蛳的遗物。从小古城天子庙出土的铜器，距今已 2800 多年，看铜器上的图纹，当时已能编织渔网，剜木为船，入滇池捕捞。

元代意大利旅行家马可·波罗在游记中说：滇池的鱼，大而味美。清代渔业有了发展，"半江渔火"，晚捕早售。民国时期直至建国初期，草海中的小白荡、新河村一带还有在滇池专业捕捞的渔民。

20 世纪 40～50 年代，滇池中的水藻较多，"海菜"是滇池的特产，滇池曾被称作"海菜花型湖泊"，1949 年前滇池鱼类靠自然繁殖，只捕捞不管理。1949 年后逐步加强滇池渔业管理，投放鱼种鱼苗，推广人工养殖，滇池渔业的社会效益、经济效益不断增加。

一、滇池主要经济鱼种

明万历四十八年（1620）《云南通志》载："滇池鱼分属十七种：鲤、鲫、金线、金鱼、鳅、虾、鳖、白鱼涤、鲇、银白鱼、鳝、黑鱼、花鱼、螺、蚬、蟹、龟"。

按民国编《续云南通志长编》记载：常见的有鲤鱼、白鱼、金线鱼、鳝鱼、鲇鱼、鲫鱼、黑鱼、鲢鱼、细鳞鱼、红鱼、花鱼、海鳅、匾鱼、小虾、螺蛳、小蟹、龟、鳖等 18 种。鱼类以鲤鱼为大宗。

20 世纪 50～80 年代，滇池的鱼类种群变化很大，50 年代以银白鱼、云南密鲴、鲤、鲇、鲫等 18 种鱼类为主，60 年代云南密鲴逐渐增多，70 年代初达到高峰。1973 年后滇池鱼类资源又有很大变化，虾类大量繁殖，以青虾、白虾为主的 7 种虾成为滇池的主要渔产品。鱼类中以滇池原产鲫鱼为主（俗称高背鲫），繁殖力强，群体补充量大，至今仍是滇池的主产鱼类。1979 年引进太湖短吻银鱼，1984 年最高产量 3200t，平均每亩单产 7.8kg，成为滇池水域的主要鱼种（滇池水利志，1995）。滇池现存鱼种以太湖短吻银鱼、鲫、鲤、鲢、草、银白鱼、云南密鲴 7 种为主要经济鱼类。

二、捕捞生产与渔获量

20世纪40年代，滇池渔业生产落后。元明时期官渡、呈贡乌龙是当时的渔港，遂有"官渡渔火""渔浦星灯"之景。民国末期统计滇池渔船仅347只，渔民2200人，年产量620t。50年代滇池渔船约800多只，年产量在700～800t之间（滇池水利志，1995）。

1958年成立了滇池渔业管理委员会以后，开始实行定期封湖禁渔，保护资源，保护鱼群繁殖地。自1958～1985年的28年间向滇池投放草、青、鲢、鳙4大类鱼种。滇池船只大量增加，渔具不断改善，捕捞产量不断上升。1975年最高9964t，其中虾的产量为8008t（滇池水利志，1995）。

1981年滇池中有专业捕鱼队两个，人员4000多人，渔船1954只，年产量8000～10000t之间，比50年代增长20多倍。1981年发出捕捞许可证1201本，以后逐年增加，到1990年达到3789本，1990年产量为8700t，1993年降为7510t（滇池水利志，1995）。

2000年前后，滇池污染达到最严重时期，藻类水华滋生，水葫芦疯长，导致银鱼、鲫等经济鱼类产量大幅度下降，滇池渔业深受影响，2000年产量为8700t。随后，滇池实施封湖禁渔，每年定期开湖捕捞。2012年，开湖捕捞期间共捕捞滇池水产品3680t。2013年，实行大型经济鱼类开湖分类控制捕捞，开湖期间共捕捞鲢、鳙、鲤、鲫、红鳍鲌等大型经济鱼类2735t。

三、滇池养殖

在发展滇池鱼类捕捞事业的同时，滇池鱼类养殖事业逐步兴起，1980年省水产科学研究所在草海水域内推广网箱养鱼，随后逐步向海口、西华乡一带大水面发展，1985年开始又在滇池开展网箱投饵养鱼和围栏养鱼的试验。

滇池边及草海内还建立了大观鱼场、昆湖鱼场、草海鱼场3个国营鱼场，共有亲鱼池48亩、苗种池435亩，直接利用草海进行水面养殖11500亩（滇池水利志，1995）。随着滇池污染治理的不断推进，水产养殖的功能逐渐被淡化，上述渔场被收回还湖。

1993年，市政府决定滇池全部取消外海的网箱养鱼，以清除网箱养鱼对滇池的污染，共取缔养鱼网箱5000多个（滇池水利志，1995）。2003年，彻底清除草海东风坝水域的168户养殖户，1200多个网箱；至此，滇池水域网箱养鱼全部被取缔。

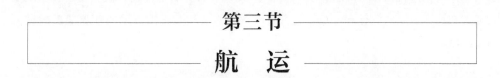

第三节
航　运

战国时期楚将庄蹻率兵入滇，带来造船、修船工匠，操舟驾船水手，开辟滇池航运。唐代南诏国于昆明筑拓东城，滇池航运逐步发展；元朝以后随着滇池地区社会经济的发展，航运也相应在发展。

元代王升在《滇池赋》中记载"千艘蚁聚于云津……"，形象地描绘了昆明云津码头的繁盛景象。云津桥即今得胜桥，滇池船只可常年航行到云津，入夜灯火辉煌，"云津夜市"遂成昆明八景之一。沿湖还设有众多码头、渡口，见于记载的有金沙渡、安江渡、高跷渡、昆阳渡等。

明代滇池航运进一步发展。西面碧鸡关下的高跷，自明朝时期为滇西客货往来的水陆交通交汇地；昆阳为滇南交通要道，也是滇池南岸之著名港口，因此形成滇池到昆明城的两条航道。

清初，吴三桂据云南时，开挖运粮河、篆塘，运粮船可由滇池进运粮河直抵篆塘。至清康熙时滇池已有东路南坝上船至呈贡江尾村、马金铺乡入晋宁，西路由西坝河上船经草海行至高跷，南路由南坝上船，经灰湾（今晖湾）、观音山、白鱼口入昆阳三条固定航线。

民国 18 年（1929）"西山轮"下水，滇池上第一次出现了昆明市自己建造的轮船，每日由昆明至昆阳往返一次；其他昆明至呈贡、晋城至呈贡、昆阳至晋城等线的木帆船运输仍居主导地位。据历史资料，1950 年滇池共有民船 3859 只，从事专业运输的有460 只。20 世纪 40 年代后因公路增多，滇池航运逐步由陆地运输代替。

1950 年昆明市成立滇池民船委员会，共有 650 多只木船，会员 1630 多人。1960年以后的客运保持在每年十五六万人次，1966 年曾达 30 万人次，1970 年以后每年上升到 40 多万人次。滇池货运量于 20 世纪 50 年代大幅度上升，到 1959 年达到 1313 万吨每千米，随后因公路货运发展，滇池货运量大幅度下降。

随着经济的发展，以滇池旅游为中心的水上客运发展较快，船型向大型（大功率）和舒适豪华型发展。昆明市自 1980 年起至 2004 年，先后建造了"昆明"号、"樱花"号、"郑和"号、"龙门"号，后又购买了"孔雀公主"号、"常波"号、"香格里拉"号等大型豪华客轮投放滇池航行，先后接待过英国女王伊丽莎白、缅甸总统、总理、泰国国会主席等国际友人。滇池营运的机动船只达 146 艘。

为保护和治理滇池，控制营运性燃油机动船舶对滇池的污染，2006 年市人民政府以"昆政发"文件发布了《关于禁止营运性燃油机动船舶在滇池水域航行和作业的通告》(以下简称《通告》);《通告》明确,自 2007 年 1 月 1 日零点起,禁止营运性燃油机动船舶在滇池水域内航行和作业。只准许非燃油型、满足标准要求的环保船舶的进入滇池水域。

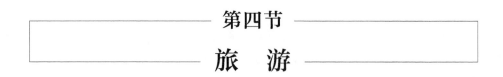

第四节
旅　游

　　滇池不仅以山清水秀、四季如春的高原湖泊驰名中外,更以历史悠久、名胜众多、文物奇罕和浓郁的民族风情吸引着越来越多的国内外宾客,为昆明市的旅游事业奠定了雄厚的物质基础。

　　2021 年以来,滇池度假区紧扣"建设成为旅游产业转型升级示范区、康养产业创新基地"的定位,按照"集点、连线、汇面"的要求,着力完善景点、线路、区域规划,做好旅游线路和景区景点的串联,旅游经济持续稳定增长。在此基础上,度假区文旅投促局按照《昆明滇池国家旅游度假区"十四五"规划编制工作方案》和《国家全域旅游示范区验收标准(试行)》要求,开展度假区"十四五"文旅专项规划和度假区全域旅游规划编制工作,从顶层做好规划设计,助推度假区全域旅游建设向更高级迈进。围绕"大旅游、大健康、大文创"三大主攻产业,度假区重点推进旅游、康养、文创产业招商引资工作。同时,结合爱国卫生"7 个专项行动"以及 COP15,推进 A 级旅游厕所建设、辖区旅游公厕达标建设。开展旅游景区提升改造,逐一排查辖区 A 级景区、星级宾馆酒店及旅行社重大安全隐患,持续优化辖区旅游市场发展环境,进一步提升度假区旅游体验。作为全市旅游形象窗口之一,度假区牢固树立"大旅游"发展理念,以发展全域旅游为统领,充分发挥生态、文化、旅游方面的核心竞争力优势,整合旅游资源与其他资源要素,不断提升旅游支柱产业地位。目前,度假区已形成旅游休闲度假龙头项目带动,文化体育创意、总部经济基地、金融商贸服务、医疗健康养生等重点项目支撑,民俗旅游、老年旅游等一般项目补充的一体化、融合发展旅游产品供给体系。

　　据滇池度假区文旅投促局的数据显示:2021 年 1～6 月,度假区累计接待游客737.80 万人次,同比增长 23%;旅游总收入 28.36 亿元,同比增长 56.4%。按 2021年 20% 的增长指标预测,旅游总收入已完成全年目标的 65.17%,实现了"时间过半、任务过半"的目标。

第五章
人类活动对滇池的影响

从流域社会经济发展与滇池的变迁来看，基本是一个"城进湖退，水退田进"的过程；社会经济发展的不同时期对滇池有不同的需求，因而也就产生了不同的影响。

从 16 世纪至 20 世纪初漫长的农业文明时期，人们对水、对滇池更多的是一种敬畏和依赖；防治洪涝灾害，谋取更多土地是这一时期的头等大事，因此采取最多的工程措施就是疏挖河道和疏通滇池出水口，放水涸田；修建防浪堤，甚至围湖造田。所以，导致滇池水域面积由唐宋时期的 510.1km² 减少到现在的 310km²，水位下降约 3m。

近现代随着工业文明和城市建设的推进，对流域水资源的开发利用成了经济社会发展最重要的保障。人们秉承的是人定胜天，资源无限的观念，因此，短时间内滇池流域就建设了大批水库，滇池沿岸建设了众多自来水厂和抽水站，流域水资源开发利用程度高达 151%，远远超过国际公认合理开发 40% 的上限。

随着城市的迅速膨胀、工业的快速发展、农业生产的集约化，污染负荷也迅速增加，直接导致了滇池的水体污染。水污染和水资源的短缺成了制约昆明经济社会发展的重要因素，因此，昆明不得不实施高成本、长距离的外流域调水，投入大量财力、人力进行污染治理。滇池流域社会经济活动对滇池的影响是长久而深远的。

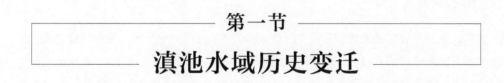

第一节
滇池水域历史变迁

1. 古滇池水域

滇池形成于 300 余万年前晚新生代因喜马拉雅断陷运动，据地理学家陈述彭推测，古滇池湖水位比现在高出 100m 左右，相当于今海拔 1980m 左右，估算古滇池水面积

约 $1260km^2$，蓄水量约 $8.46 \times 10^{10} m^3$。

2. 唐宋时期

据相关史料推算，唐宋时期滇池水位高程约在 1890m，水域面积约为 $510.1km^2$，南北长约 49km，湖泊容积为 $18.5 \times 10^8 m^3$。唐宋时期老昆明城东南西三面临水，现今的官渡古镇当时是滇池的渡口；唐南诏时修建的东、西寺塔和古幢公园均处于湖滨。

3. 元朝时期

元朝云南平章政事赛典赤下令疏挖海口河，湖面下降，得良田"万余顷"。该时期的滇池水位高程约在 1888.5m，水域面积约为 $410km^2$，南北长约 43km，湖岸线长 180km，湖泊容积为 $17 \times 10^8 m^3$。大船航运能达到如今的得胜桥渡口；弥勒寺在元朝形成，为滇池岸边的摆渡村。

4. 明朝时期

河床淤积增高，滇池出流阻塞，明朝时期滇池水位约为 1888m，水域面积为 $350km^2$，南北向长为 42km，湖岸线长 171km，库容积约 $16.8 \times 10^8 m^3$。当时滇池水域西北边在马街石咀、黑林铺、黄土坡一带；现主城区的土堆、倪家湾、潘家湾一带为滇池水岸；晋宁湖岸退到宋家营村一带。

5. 清朝时期

清朝道光十六年（1836）筑屡丰闸，以闸代坝，用来控制、调节滇池水位，致使清朝与现代滇池水位相差不大。据史料推算清朝时期滇池水位约在 1887.2m，水域面积为 $320.3km^2$，湖岸线长 164km，库容积 $16 \times 10^8 m^3$。清朝中叶草海与外海间的海埂逐渐露出水面。

6. 现代滇池水域

现代滇池水域变迁大致可分两个时段。如表 5-1 所列，中华人民共和国成立前，滇池水域与清朝时期基本相近，变化不大。然而，1958 年修筑海堤和 1970 年围海造田工程实施后，滇池水域发生了显著变化，现代滇池的水域基本定格。这两大工程的实施后，西山、官渡区的积上村、周家地、福海、杨家地、新河村、六甲、福保塘，呈贡的斗南，晋宁的大海晏等原来为滇池水域的地方，被人为改造成农田和村庄。根据 1988 年颁布的《滇池保护条例》，滇池的正常高水位为 1887.4m 时，水域面积为 $309.5km^2$，库容积为 $15.6 \times 10^8 m^3$；湖岸线长 163.2km，滇池南北向长 40km；平均深度为 5.3m，最深处为"海眼"（高程为 1876.2m），深 11.2m。

表 5-1 滇池水域变迁推算表（滇池水利志，1995）

时期	推算水位高程/m	水域面积/km²	水域南北长/km	湖岸线长/km	相应湖容/10⁸m³
唐宋	1890.00	510.10	49	190	18.5
元朝	1888.50	410.00	43	180	17.0
明朝	1888.00	350.00	42	171	16.8
清朝	1887.20	320.30	41	164	16.0
1988 年	1887.40	309.50	40	163	15.6

第二节
海口河整治和海口闸建设

一、海口河整治

海口河位于昆明市西山区海门乡，是滇池唯一的天然出水口。海口河从出口至石龙坝一段，水流缓慢，如遇有暴雨，两岸子河山洪直泄，泥沙俱下，造成正河淤塞，排水不畅，使滇池沿岸常遭洪涝灾害，因此历代均重视海口河的疏浚治理，其整治的结果是使出水口不断降低，滇池水位不断下降。

历史上主要整治情况如下：

① 元朝 1274 年，赛典赤·赡思丁面对"昆明池口塞，水及城市，大田废弃，正途壅底"的情况，对滇池进行系统地、有规划地治理。清除海口到石龙坝一带河底中的积沙淤泥，挖开鸡心、螺壳等险滩，开凿一条宽 180m，长 8.3km 的主河，滇池水顺畅流出，水位降低。

② 明代修挖子河，并在子河上筑泄水坝九座，防止沙砾淤泥充塞子河。清代 1731 年挖除海口河中的牛舌滩、牛舌洲和老海埂，1836 年修筑屡丰闸（川字闸），以闸代坝调节水位。

③ 1937 年，石龙坝发电厂在平地哨海口河上建成调节闸，共 6 孔和 1 个溢水口。1956 年重新成立海口河管理委员会，负责调节使用滇池水资源，管理工作经常化。1964 年，全面整修中滩闸（即屡丰闸），改装 5 孔机械闸门、增设闸门启闭装置等。

④ "十二五"（2011～2015 年）期间，实施了海口河综合整治工程，对 12.5km 河道开展清淤、护岸、绿化、道路及桥梁建设、水闸及泵站改造工程，拆除房屋 10.1×

$10^4 m^2$，清淤 $7.7 \times 10^4 m^3$，敷设 DN315~1000 截污管约 13.96km，建设绿化 $34.85 \times 10^4 m^2$，新建道路 63348m^2（海口河综合整治工程设计报告，2009）。

二、海口闸建设

海口闸又名屡丰闸，位于滇池出口的川字河段。清道光十六年（1836），于川字河建立石闸三座，即北河、中河、南河共 21 孔，以闸代坝便于调节、控制滇池水位。

20 世纪 60 年代初期至 80 年代后期，经过 20 多年陆续施工，在旧屡丰闸的原址上，将北河恢复建闸，重新建造中河闸，南河闸改建为机械闸，屡丰闸改名为海口闸。新建、改建后的海口闸（机械闸）21 孔与清代建造的屡丰闸（木闸）闸门总数相同，各河有所变动。南河闸：旧闸为 10 孔；机械闸亦为 10 孔。中河闸：旧闸为 7 孔；机械闸为 8 孔。北河闸：旧闸为 4 孔；机械闸为 3 孔。

2012 年，实施了滇池外海水位调控枢纽（海口闸）除险加固工程，在西山区海口镇原老海口闸上游500m处重建设计流量为$140m^3/s$的中型水闸，闸型采用液压启闭水下卧倒闸门，设置闸孔 6 孔，单孔净宽 17.4m，总净宽 104.4m，水闸总宽123.04m，闸底板顶高程1885.00m；闸上设检修桥接通南北两岸，桥净宽 7m。同时，拆除南河旧闸、中河旧闸、北河旧闸，建设南岸防汛公路，并对新老闸之间连接段进行护岸，使海口闸防洪标准从二十年一遇提高到五十年一遇［滇池外海水位调控枢纽（海口闸）除险加固工程设计报告，2012］。

第三节

滇池防护堤修建

为防止风浪袭击滇池沿岸农田，免除水土流失，从宋朝开始修筑滇池防护堤；其中，清咸丰九年（1859）在斗南、安江村筑堤、植树，便是后来呈贡著名的"柳林"一带。

20 世纪 50 年代起，西山区、官渡区、呈贡县、晋宁县就陆续修筑防护堤和围海造田的堤坝工程。自 1958 年起至 1988 年止，官渡、西山、呈贡、晋宁 4 县区共筑堤113.181km（包括护河、护沟堤），其中官渡区 32.942km，西山区 21.893km，呈贡县25.96km，晋宁县 32.386km。

一、官渡区防护堤

官渡区位于滇池东北岸，河道纵横，堰塘众多，历史上一些浅滩洼地随滇池水涨落而被围垦，1958年全区滇池自然海岸线长72.461km。区内有王家、张家、陈家、鱼堆等10多个被称为"堆"的滩涂地，农民隔水耕作，还有内陆堰塘，河湾沟渠，成为鱼类养殖水面。

官渡区有记载的规模化防护堤修建共3次：

① 1958年，从马家堆至韩家村，永昌河尾至渔户村，渔户村至海埂，东海堤段的大清河至六甲河嘴，六甲河嘴至小河嘴（福保塘）分段筑堤29.68km，共计造田1.06万亩；

② 1965年，在草海摆渡河与采莲河中，老马地至海埂围塘造田400亩，改水淹田变两堡田1000亩；

③ 1970年，自马家堆到海埂新庙，洪家村至呈贡彩龙村修建海堤4.82公里，将区内东、西亮塘，上、下五甲塘，福保塘，杨家塘等几个大的堰塘排水为田。

为了确保海堤在风浪袭击下能安全度汛，从1980年起对区内海堤进行分段治理，将一些抛石堆土的海堤采用水泥砂浆砌石护面夯土为堤，至1988年完成支砌堤长32.942km（其中入湖河口护堤3.709km）。围海、塘4万余亩，造田3.4万余亩，建鱼塘5655亩（滇池水利志，1995）。

二、西山区防护堤

西山区从1986年开始，至1987年共完成滇池防护堤7.862km，其中马街镇4.446km，碧鸡镇3.416km。1989年继续建成防护堤14.031km，其中马街镇完成10.615km，碧鸡镇完成3.415km。西山区共完成防护堤长21.893km，保护农田4000亩，养鱼塘水面972亩（滇池水利志，1995）。

三、呈贡县防护堤

呈贡县沿滇池村落在民国年间即订立了乡规民约，不得追水开耕，只能沿岸种树，以防止水土流失，保护耕地。1982~1986年，斗南村、下可乐村、新村等地兴建高3m的混凝土防护堤2.2km。1987年沿湖村庄全线动工，建成大堤9.352km，护河护沟堤

5.97km，保护耕地 2500 亩，新增鱼塘 260 亩。1988 年完成大堤 5.891km，护河沟堤 8.05km，呈贡县共修护堤（包括护河护沟堤）25.96 公里，保护耕地 4870 余亩（滇池水利志，1995）。

四、晋宁县防护堤

1987～1988 年，晋宁县在滇池沿岸易受风浪浸渍的地区，修筑防护堤 32.386km（滇池水利志，1995）。防护堤迎水面用水泥砂浆砌毛块石料，堤顶宽 0.6m，高程为 1888.7m，砌石堤后还培厚土堤，顶宽不小于 2.4m。

滇池防护堤的修建虽然保护了沿岸农田免受淹没，但同时也使原本属于滇池湖滨湿地的区域变成了农田，滇池失去了至关重要的水陆相接的湖滨带，滇池湿地被破坏消失殆尽，滇池水生态系统遭受致命打击。

第四节
围垦及围海造田

滇池的围垦及围海造田，经历了自然的"沧海变桑田"，元代以后的涸水谋田和新中国成立以后人为的围海造田几个阶段。据影像图片及相关资料统计，1938～1958 年滇池共围去水面 15.5km^2，其中外海 7.8km^2，草海 7.7km^2。70 年代初到 1978 年大规模围海造田又围去水面 23.3km^2，其中外海 9.9km^2，草海 13.4km^2。上述围海造田总计缩小滇池水面 38.8km^2，约占 1938 年时正常水位湖水面积的 12%；其中草海共围 21.1km^2，约占原来面积的 70%（滇池水利志，1995）。

1950 年后围湖造田活动增多，规模较大的如下。

1. 1958 年围海造田

为扩大水田面积，增加粮食产量，1958 年在大搞水利建设的同时，在官渡区滇池北岸从马家堆起经海埂至呈贡彩龙村进行筑堤围海造田，总共填筑海堤 27.46km，新增海田约 1 万亩，围湖面积 6.7km^2。

2. 20 世纪 70 年代围海造田

1970 年，在"大打一次围海造田的人民战争"的口号指引下，北从船房河口起，向南至海埂望云岛（今海埂西门）止实施围海，共计修筑堤坝 4.5km，其中海埂大坝长 2.7km。共围垦湖面 3 万亩，约 20km²。1985 年后，在围区成立了海埂国家旅游度假区，围海造田的土地逐步被开发利用。

1969～1970 年间，官渡区在今福保村东部湖面，围湖造田 2km²。

1969～1971 年间，西山区在今普坪村东南，围湖 3km²，后于 1980 年退田还湖。

1958～1973 年间，晋宁县原太史庄大队的太史村东部湖面围湖造田 0.33km²。

1953 年开始围湖至 1969 年，晋宁县在晋宁县以北湖面，共围湖造田 2.87km²，建成昆阳农场。

1964～1970 年，昆阳磷矿在晋宁县东北部湖面，共围湖造田 1.80km²。

以上 6 处围湖造田，除普坪村东南退田还湖 3km² 外，历时 20 多年，共使滇池水面减少 27km²。

3. 涸湖

涸湖就是人类有目的地疏浚和开挖滇池出口（海口河），加大下泄水量，降低滇池水位，以利防洪和造田。自元代以来，疏浚和开挖海口河的史实较多，对滇池水位影响较大的有如下几次：

1273 年（元至元十年），"凿海口、石龙坝，泄滇池水，得壤地万余顷，皆为良田"。开挖海口河内的鸡心、螺壳等险滩。在海口修建 3 座宏伟的水闸，共 21 孔，至今遗迹尚存。

1382 年（明洪武十五年），"滇池溢，末流浅狭，霖雨泛滥，濒池之田不可稼"。沐英帅万人，疏挖、拓宽滇池出口，开垦农田 97 万余亩，消除了水患。

1501～1502 年（明弘治十四年至十五年），疏浚海口螺壳滩至青鱼滩间 20 余里河道。出水河道通畅，使湖水下落数丈，得田百万余亩。

1729～1730 年（清雍正七年至八年），修海口水利，铲平老埂、牛舌洲、牛舌滩，并筑坝隔绝晋宁河水，在石龙坝下另开引河，涸出腴田甚广。

1785 年（清乾隆五十年），从龙王庙至石龙坝修海口河，长 9350m，挖深 0.3～1.7m，泄洪更加顺畅。

上述史料表明，在历经元明清三个朝代 600 多年的历史中，滇池水位是逐渐下降的，但幅度不是很大。

第六章
流域水资源开发利用

滇池入湖河流水系历史变迁和整治

一、入湖河流水系历史变迁

滇池流域面积 2920km²。注入滇池的大、小河流有 20 多条，径流面积大于 100km² 的主要河流有盘龙江、宝象河、运粮河、洛龙河、捞鱼河、大河、柴河、东大河等。

历史上昆明城区河流水系密布，"拓东古城"更是三面临水，泛舟河上即可到达城里的大部分地方，昆明俨然是一座高原"水城"。随着昆明城市的发展，河流水系也发生了巨大的变化。从西到东的河道水系情况及变迁记述如下。

（一）运粮河水系

1. 老运粮河

老运粮河由西支小路沟和东支七亩沟在土堆村交汇而成。主流七亩沟源头在昆明市大西门附近，与菜海子（翠湖）水系相连，延伸到小西门。经潘家湾、市体育场、菱角塘、红联至土堆村，在明波穿二环路，南流到积善村入滇池，河长 9.5km。西支小路沟发源于蚕虫山西麓，上游建有范家营水库，经王家桥、小屯、黄土坡立交、顺二环西路西侧至土堆村与运粮河交汇。历史上，运粮河可行驶大船，是军粮物资的重要水运通道。近代，老运粮河只作排洪、灌溉之用，随着城市的发展，运粮河已成为西市区的排污、排洪河道。

2. 新运粮河

新运粮河水系较复杂，上游支流及沟渠有西北沙河、海源河、白龙河、大（小）

沙沟、马街沙沟、扁担沟等，其中西北沙河、海源河汇水面积较大，是新运粮河的主要支流。两条支流情况如下：

（1）西北沙河　西北沙河发源于西山区西北清水塘，流经桃源、甸头、南流转河外、沙靠村入西北沙河水库（水库于1958年建成，蓄水$2.59 \times 10^6 \text{m}^3$，径流面积11.5$\text{km}^2$），出库后经普吉、上下沙河村、大桥村至海源北路转向东南流，以下称中干沟，到新发村后转向南顺海源北路流至人民西路交口，在此收汇海源河后称新运粮河，经梁家河、兴隆村、海源庄、苏家村、大渔村，由柳树坝注入草海。全长21km，径流面积106km^2。

（2）海源河　海源河发源于海源寺聚仙山脚黄龙潭，向东南流至昌源北路北侧，至昌源中路与海屯交叉口分左右两支，主流顺昌源中路南流过沙沟尾、张家村，在张峰村下汇入新运粮河。

新运粮河系的西北沙河、中干沟（原称新河）、海源河等历史上为排洪和灌溉河道，随着昆明城市的发展，已没有灌溉功能。目前，主干已变为西片区重要的排洪河道；其余支流收纳沿线污水，成了片区排污和排洪的沟渠。

（二）盘龙江水系

盘龙江是滇池流域最大的一条河流。主源为牧羊河，发源于梁王山北麓东葛勒山的喳啦箐，由黄石岩南流入官渡区小河乡，长54km，径流面积373km^2，最大过水流量122m^3/s。支源冷水河，源头在龙马寺山箐，穿白邑坝子，过甸尾峡谷经苏家坟南流入官渡区小河乡，长29.4km，径流面积149.5km^2，最大过水流量67.2m^3/s。两河在小河乡岔河嘴汇为一水后，始称盘龙江，东流穿蟠龙桥，三家村至松华坝水库。出库后经上坝、落索坡、北仓等村，穿霖雨桥，经金刀营、张官营等村进入昆明市区，过通济、敷润、南太、宝尚、得胜、双龙等桥至螺蛳湾，经南窑穿南坝走陈家营、张家庙、金家村至洪家村流入滇池；径流面积903km^2，多年平均年径流量$3.57 \times 10^8 \text{m}^3$。盘龙江松华坝水库到滇池全长26.3km，河道宽30~40m。

盘龙江水系复杂有许多支流，有的从主流中分出，有的汇入主流。松华坝水库下游河道水系的主要情况如下。

1. 汇入盘龙江的河道

（1）马溺河　发源于官渡区双龙乡圆宝山秋田冲龙潭，流经哨上村转入九龙湾村至大波村，穿东干渠经龙头街汇入金汁河由浪口村入盘龙江。全长10.6km，径流面积9km^2。

（2）清水河　发源于双龙乡圆宝山，经哈马者村、秧田坝、羊肠小村汇入金汁河。可由韩冕大闸西泄，在霖雨桥入盘龙江，全长10.4km，径流面积9km^2。

（3）羊清河　发源于双龙乡，经麦冲村入金殿水库，南流穿东干渠、金汁河，过地涵洞至席子营转西北由圆通山脚北河埂入盘龙江，全长14.2km，径流面积10.9km²。

2. 从盘龙江分出的河道

（1）东干渠　是松华坝水库至东白沙河水库的人工开挖供水渠道，全长32.8km，担负着渠道以下5000亩农田灌溉用水和供给东白沙河水库蓄水的输水任务。

（2）金汁河　由松华坝水库分引盘龙江水，沿盘龙江顺流东面山麓南流，至金马寺西流进东市区，流经董家湾、拓东路、吴井桥向南经福德、日新、双凤、小街等村，在宏德村分为东西两河，东名大金汁河，西名小金汁河。大金汁河在六甲郭家堆自然消失；小金汁河在前卫双凤村官塘子消失。金汁河为人工灌溉河道，是一条有头无尾的水利渠道。

（3）明通河　源头在金汁河石闸涵洞分引金汁河水灌溉东门一带农田。明通河过栗树头经交三桥、昆十五中、省建筑工程局、穿东风路过市人民政府大院、市公安局、塘子巷，沿塘双路经前卫营，出昆明火车南站，经小街、六甲入滇池，长14km。目前，金汁河石闸到南二环路均已覆盖，为排污暗河。

（4）银汁河　源于北郊黑龙潭，由龙泉坝子南行经长虫山脚，流经蒜村、岗头村、马村，于莲花池泄入盘龙江。因泉水减少，至岗头村堰塘后即行消失，故改引盘龙江水入银汁河进行灌溉，又称西干渠。

（5）玉带河　盘龙江在南部市区的分水河。由双龙桥分盘龙江水西流，经马蹄桥、土桥、柿花桥，至鸡鸣桥入西坝河，河长2km、宽10m。新中国成立后，鸡鸣桥以西一段覆盖成为暗河，上面建成街道。

（6）大观河　上接玉带河，为玉带河的分洪河，鸡鸣桥以下叫篆塘河，沿环城路转入新篆塘，经白马庙至大观楼入滇池草海，长10.12km，曾经是市区西部的排污、排洪河道。经截污整治，已成为牛栏江滇池补水进入草海的清水通道。

（7）永昌河　又称永畅河，为玉带河的分流河，从马蹄桥下分玉带河水流经严家地、余家沟、大坝村入滇池草海。

（8）西坝河　自鸡鸣桥连接玉带河，西流经弥勒寺、西坝、马家堆、福海村、韩家小村，至新河村入滇池草海，长6.7km。西坝河由西坝至西华园一段于1986年修建成暗河，上面建成街道；后经整治变为明河，分大观河牛栏江滇池补水，成为草海补水的清水通道。

（9）船房河　又名兰花沟，自柿花桥分玉带河水，经王家坝、刘家营、船房村、郑家村，在新河村南侧入滇池草海，全长7km，南二环以上为暗河，以下为明河段。船房河位于永昌河与西坝河之间，担负市区西南部排污及泄洪任务，因排放污水，又称臭水河。经截污整治，下段为一污厂尾水进入草海的通道。

（10）采莲河　自螺蛳湾、黄瓜营分盘龙江水西流，经豆腐营、卢家地、李家地、大坝村入滇池，全长 6.5km。

（11）太家河 自马洒营分盘龙江水西南流至平桥望城闸。分一支流为杨家河，经柿花桥转西南流，在四严庄分小上河（又称小杨家河），在周家地再与主河汇流。杨家河与采莲河汇合后入滇池。在四道坝东再分一流为金家河，流经孙家湾、金家村、河尾大村，在金太塘入滇池，长 5.1km。太家河从四道坝继续向西南流经红庙寺村、徐家院村、太家地村、永富村，于渔户村入海埂五七农场排水沟进滇池草海。全长 8.4km。

从盘龙江分出的河道历史上几乎都具有灌溉功能，随着昆明城市的发展，上述河道沿线的农田变为建设用地，郊区变城区，大部分河道均已没有灌溉功能，河道功能发生了显著变化。其中东干渠、金汁河、银汁河已成为沿线片区的重要截洪、排洪沟渠；玉带河、西坝河具有一定的分洪功能；明通河、西坝河城区段已被覆盖，变为沿线片区重要的排水、纳污河渠道；太家河、永昌河变为沿线片区重要的排水渠道；大观河、船房河、采莲河通过整治和污水厂尾水回补，变成了景观河道。

（三）大清河水系

大清河是明通河和枧槽河在张家庙汇流后至滇池入湖口之间的河道。大清河位于盘龙江东侧与盘龙江平行，在福保村汇入滇池，河道长 8.3km。历史上是六甲宝象河与盘龙江间低洼地的排涝河道，同时也承担沿途农田的灌溉任务。

汇入大清河的河道有 3 条。

（1）明通河 1958～1960 年，交三桥至塘子巷长 1596.16m 截直覆盖成暗河，塘子巷至原昆明站长 1618.3m 截直覆盖成暗河；1983 年，环城南路至前卫铁路新村段207.2m 覆盖成暗河；1988 年，环城南路至米轨铁路 657m 覆盖后命名为明通路。随着城镇的发展，明通河已变为城市排水、纳污河。

（2）海明河 是市东近郊金马镇的迎溪村、沐东村、大树营、金马寺、马金厂一带低洼处的排水河，于黑土凹汇集各排水沟后南流穿昆河铁路，贵昆公路，经关上镇，过关坡村、民航路在双桥村王宝海南汇入枧槽河。1980 年，穿金路与环城北路交岔口至东风东路北侧覆盖为暗河。

（3）枧槽河 起源为金汁河菊花村分洪闸，汛期可控制金汁河洪水不入市区。由菊花村分洪闸向南流穿昆河铁路，经菊花村在五里多过民航路，穿贵昆铁路入王宝海，在王宝海南端收汇海明河后，向南流经日新村、杨家头、何家塘等村，于张家庙汇入大清河，最终流入滇池。枧槽河长 6.8km。

历史上大清河水系的几条河道都具有灌溉、排洪功能，随着昆明城市的发展，上述河道沿线的农田变为建设用地，郊区变城区，上述河道均已没有灌溉功能，河道功能发生了显著变化。明通河、海明河、枧槽河和大清河均变为片区重要的排水和防洪河道。

（四）东白沙河（海河）

东白沙河位于主城区东部，上游建有东白沙河水库，全长18.9km，水库以上的径流面积为22.5km²。主源发源于一撮云山西麓，在小垮山收汇黄龙箐水，于苏家营进入东白沙河水库（1956年建，库容4.38×10⁶m³）。出库后主河道向南流经十里铺、羊方凹、鸣泉村、阿角村，于福宝村入滇池。该段河道长8km，径流面积20km²。

历史上东白沙河（海河）主要承担灌溉、排洪功能，随着昆明城市的发展，河道沿线的农田变为建设用地，郊区变城区；目前，东白沙河（海河）变为片区重要的排水和防洪河道。

（五）宝象河水系

宝象河是滇池流域内仅次于盘龙江的第二大河，从源头至福保村入滇池全长48.3km，径流面积344km²。发源于官渡区东南部老爷山麓的阿底、二京两村的板壁山。主源小寨河，支源小河，汇合后称热水河，长10km；后进入宝象河水库，源流长16km。出库后经坝口村、高石头，在大板桥明音寺后纳槽河，在瓦角村纳黄牛山小龙潭水，在高坡村前纳白沙河（铜牛寺沟）水，向西流至高桥村穿安留桥（高桥）向西南抵达白泥湾，分出麻线沟、顺山沟、广济沟，往西北流至小板桥，这一段称宝象河，长19.3km。流至宝象桥分为二流：一支叫老宝象河；另一为六甲宝象河。老宝象河经官渡镇下马村、宝丰村至化龙桥入滇池，长9.5km。

1. 汇入宝象河的河道

（1）槽河　发源于一撮云山北麓的东大龙潭村，经前卫屯、乌龙村、在歌乐资村纳一碗水龙潭，转南流过天生坝水库，在大村子纳板桥街七家龙潭后称槽河，于大板桥街明音寺汇入宝象河。径流面积68km²，年产水量1.292×10⁷m³

（2）白沙河　发源于一撮云山东麓，自北向南流经棠梨坡水库、棠梨坡村、铜牛寺水库，于阿拉乡高坡村汇入宝象河，全长6.6km，径流面积10.2km²，年产水量2×10⁶m³。

2. 从宝象河分出的河道

（1）新宝象　为缓解宝象河防洪压力，1977年从小羊浦村新挖排洪河，向西南流经西庄、官渡、季官营、中营、龙马、海东、宝丰村泄入滇池，长9.2km。

（2）六甲宝象河　宝象河在宝象桥东分出官渡河后，即称六甲河，过永丰村，流经云溪村、九门里、中闸、七甲、六甲、新一、新二等村至福保村入滇池，长11km。

（3）小清河　由九门里分流六甲宝象河水，排泄五甲、六甲宝象河间低洼地的积水，至六甲福保村入滇池，长 6km。

（4）五甲宝象河 为六甲宝象河的分流河道，在老坝头分六甲河（又名旧门河）后流经金刚村、余家村、熊家村、永胜村，在小河嘴入滇池，长 9km。

六甲、五甲宝象河历史上为分引宝象河水，人工筑堤的灌溉渠道。随着昆明城市的发展，上述河道沿线的农田变为建设用地，郊区变城区，大部分河道均已没有灌溉功能，河道功能发生了显著变化。六甲、五甲宝象河已成为沿线片区重要的排水、纳污河渠道；小清河除原有的排涝功能外，还承担着沿线片区的排污功能。

（六）马料河

发源于官渡区阿拉乡海子村附近的黄龙潭，经白水塘村入呈贡区，进入果林水库。出库后过大冲、倪家营、大倪家营，西流转望朔村、麻㷟村，至小机山再转入官渡区自卫村、矣六甲至回龙村入滇池。另一支流经小新村、关锁村入滇池。河长 20.2km，径流面积 81km²。

（七）洛龙河

洛龙河旧名倮锣河，清朝改为洛龙河，发源于呈贡区黑、白龙潭。黑龙潭出水点自东向南西流 1km，白龙潭出水点自东向西北流 3.7km，两潭泉水相交于大新册。流经大洛龙村、新草房村、龙市桥、下古城至江尾村入滇池。全长 13.7km，流域面积 115.52km²。1973 年内大新册改河到龙市桥。1978 年新开龙市桥至江尾段，名东大河，并在江尾建成二级提水站，使东大河在栽插季节成为提水输水干渠。1956 年在白龙潭兴建白龙潭水库，库容 $1.56×10^6m^3$。1959 年在小新册村建石龙坝水库，库容 $2.14×10^6m^3$。

（八）捞鱼河

捞鱼河原称三板桥河，发源于澄江县响水，经脚步哨北流至烟包山脚入呈贡区。经马寨子村、小松子园，入松茂水库（1958 年建，蓄水量 $8×10^6～1.14×10^7m^3$）。出库后经新村、段家营、郎家营、郑家营、前卫营、下庄、雨花、大河口、王家营村入滇池。总长 30.8km，径流面积 126.73km²。

（九）梁王河

梁王河源于澄江县老母猪山南，流 2.8km 进入呈贡区，经杨柳村进入横冲水库（1958 年建，库容 $1×10^7m^3$）。出库后流经上庄子、大营至月角村，向西南急转大渔村，在土罗村入滇池。全长 22.85km，流域面积 65.5km²。1973～1978 年间，将捞鱼河、梁王河改道在月角村下相交，新修 3.2km 河道至土罗村入滇池，名胜利河。

（十）南冲河

南冲河主要由呈贡区白云、哨山（原名大乡河）二支流交汇而成，流经美女山南，向北入白云水库（1958 年建成，库容 $3.57 \times 10^6 m^3$）。出库后经白云村至林塘入哨山水库（1973 年建，库容 $1.48 \times 10^6 m^3$），出库后流 3km 至白云村，转向中卫、左所、入晋宁区，经安江街大河尾入滇池。河长 14.4km（呈贡区内长 11.20km，区内径流面积 50.63km²）。

（十一）大　河

大河旧称大坝河，发源于晋宁区化乐乡干洞，经关岭、大陷塘、菖蒲塘入大河水库（1958 年兴建，总库容 $1.85 \times 10^7 m^3$，兴利库容 $1.6 \times 10^7 m^3$）。出水库后流经河涧铺、化乐、石碑至小寨，与柴河汇合。全长 31km，径流面积 171.11km²。

（十二）柴　河

柴河旧称大堡河，发源于晋宁六街上游新寨、干海，经六街入柴河水库（1956 年兴建，设计库容 $2.2 \times 10^7 m^3$，因淹没问题，蓄水限于 $1.6 \times 10 \sim 1.7 \times 10^7 m^3$，兴利库容 $1.67 \times 10^7 m^3$）。出库后流经李官营、段七、观音、小朴、牧羊至小寨，与大河汇流，全长 48km，径流面积 306.18km²。两河汇流后经河湾、城西大桥、王家坝、河西厂、侣家营、孙家坝、新街注入滇池，此段主河道也称柴河。经整治改道，流至观音村地界建茨巷河闸时，分为二流：一流经茨巷河、水泥厂、石将军、小渔村入滇池；另一流经小朴，在小寨拦河分洪闸下游左岸汇入大河。

（十三）东大河

东大河发源于晋宁区昆阳地区干海孜（海龙）白泥箐，流经清水河村、昌家营至双龙村北下，流至大沙滩汇集洛武河山箐水，行至乌龙再汇集老王坝河山箐水，经小普家村、兴旺入滇池。全长 21km，径流面积 195.44km²。

新中国成立后，在清水河村上游建大春河水库，库容 $3.3 \times 10^6 m^3$，兴利库容 $1.5 \times 10^6 m^3$；在挖矿坡村建团结、合作两水库；在双龙村建双龙水库，库容 $1.244 \times 10^7 m^3$，兴利库容 $1.216 \times 10^7 m^3$；在洛武河箐建洛武河水库，库容 $1.6 \times 10^6 m^3$，兴利库容 $1.5 \times 10^6 m^3$。使东大河干、支流基本被蓄水工程控制。河道仅汇集水库下游区间径流及泄水。

（十四）海口河

海口河是滇池唯一的出流河道，由滇池西南的海口中滩起，流经老街村、中兴街、平地哨、小海口、石龙坝至此为海口河。再经黄塘村入安宁县境，向北流经连城、草铺、温泉、青龙至箐门口再流入西山区谷律乡，至石楼梯入富民县境，经永定大桥、龙发村、沙坪进入禄劝彝族苗族自治县，经则黑小河坪子东北 1km 附近汇入金沙江。全长 252km，总落差 1136m，径流面积 11751km²。在西山区海口镇境内称海口河，长 14.4km。流经安宁、西山区谷律乡，至富民永定大桥一段称螳螂川，长 83.2km。永定大桥以下经禄劝县境汇入金沙江一段称普渡河。

二、入湖河道整治工程

滇池的主要入湖河道是滇池的主要补给水源，监测数据表明，由河道进入滇池的年均水量近 $9 \times 10^8 m^3$，约占滇池流域入湖水量的 73%。共有 120 余条（含支流、沟渠）大小不等的河道呈向心状汇入滇池，其中主城西部的河道主要进入草海，东部和北部的河道主要进入外海。河道主干长 543km，总径流面积超过 2500km²，占滇池流域面积的 87%。滇池的主要入湖河道由于水源性质、流经区域、污染物等的不同，其污染状况也各不相同。2008 年入滇池的主要河道除 3 条外，其余均为劣 V 类，主要是 TN、TP 超标，属重度污染，年均向滇池输送的 COD、TN 和 TP 分别占滇池流域污染物负荷量的 72%、79% 和 80%。

2009 年昆明市提出了"治湖先治水、治水先治河、治河先治污、治污先治人、治人先治官"滇池治理新思路，以河道截污、治污为核心，按照"158"原则实施河道整治，即围绕一个重中之重（堵口查污、截污导流、中水回用），突出五个重点（堵口查污、截污导流，两岸拆临、拆违、拆迁、岸线公共空间贯通，沿岸禁养、杜绝面源污染，沿岸绿化、生态修复、恢复湿地，河床清障、清淤），按照八个方面内容（堵口查污、截污导流，两岸拆迁、开辟空间，架桥修路、道路通达，河床清污、修复生态，绿化美化、恢复湿地，两岸禁养、净化环境，规划设计、配套设施，提升区位、有序开发），强调"堵口查污、截污导流、中水回用"一个重中之重开展综合整治工作。市级部门编制滇池入湖河道综合整治规划指导意见，指导滇池流域各县（市）区制定综合整治实施方案开展河道整治工作。

为推进河道治理工作，昆明市全面实行"河（段）长负责制"，由市级四套班子领导担任"河长"，河道流经区域的党政主要领导担任河"段长"具体组织实施，对辖区水质目标和截污目标负总责，实行分段监控、分段管理、分段考核、分段问责。严格按照以目标倒逼进度、以时间倒逼程序、以下级倒逼上级、以督察倒逼落实的工作方式抓好河道综合整治。同时，建立入湖河道综合整治定期观摩巡查制度，由市级四套班子领导每半个月对滇池主要河道整治进展情况按照同规模、同规格、同规程的"三同规"标准，对一条入湖河道进行集体观摩巡查。直观、详细地了解事实，发现问题，解决问题，创新工作方式，建立相互观摩、取长补短、争创特色的竞争机制。以检查加压力、以观摩促反思、以考核促落实，推动流域各县区滇池综合治理工作的进程。

河道流经各县（市）区结合滇池"十一五"规划河道项目，制定实施方案开展综合整治。2009年3月，河道整治引向纵深，启动了河道支流、沟渠综合整治工作。滇池流域各县区、三个开发区克服资金短缺、时间紧、任务重等诸多困难，均开展了河道支流（沟渠）综合整治工作，完成了实地踏勘、定点等调查统计工作，制定了《滇池流域河道支流（沟渠）综合整治方案》，并认真组织实施。同时，加强河道保洁管护和违法排污查处力度，广泛发动干部群众，开展清淤疏浚、铲除杂草、植树绿化等活动。

河道整治按照"市统筹、县实施"的原则，明确职责、分工协作，市级部门加强协调指导，滇池河道流经县（市）区具体实施，在堵口查污、拆临拆违拆迁、道路通达、两岸禁养、绿化美化等方面，取得突破性的进展。

通过几年的大力整治，滇池主要入湖河道水质得到明显改善，数条河道初步呈现河清、岸绿的景观，河道整治初见成效。河道沿岸环境得到较大的提升，市民对河道整治的共识逐步形成、参与率不断提高，增强了对河道整治和滇池保护治理的决心和信心。按照"十四五"规划，到2025年，滇池35条入湖河道消除Ⅴ类和劣Ⅴ类，19条达到Ⅲ类及以上；重构滇池水循环体系，生态补给水量进一步增加；滇池水生态修复实现突破，以水生态保护修复为核心的水环境、水生态、水资源等要素统筹推进格局基本形成。

第二节
滇池流域水资源开发

一、滇池流域水资源

1. 降雨

滇池流域多年平均年降雨量952.7mm，降雨年内分配不均，雨季5～10月，占年总降水量86%～90%。由于海拔高差大，随海拔升高，降雨量增加，山区迎风坡降水量大，坝区及河谷地区和背风坡降水量小。盘龙江上游海拔高程1900～2800m，多年平均降水量1000～1500mm；东面呈贡、官渡、大板桥多年平均降水量超过800mm。梁王山雨量气象站海拔2820m，年平均降水量1400mm以上；南面晋宁区一带多年平均降水量800～900mm；西面西山区约900mm；太华山气象站海拔2358m，年平均降水量1184mm。据1902～1980年78年资料统计，昆明多年平均降雨量1017mm（滇池水利志，1995）。

滇池流域洪涝记载：民国7年（1918）年降雨量1549.7mm，民国34年（1945）年降水1527.7mm，造成昆明地区洪涝灾害，滇池沿岸灾情严重，环湖村落无不受淹者。1957年9月大普吉暴雨，日最大降雨过程降雨248.9mm，一次最大降雨量257.2mm（滇池水利志，1995）。

严重干旱记载：清光绪三十二年（1906）年降水574mm；民国20年（1931）年降水量568mm，两年都造成昆明严重旱灾。

2. 水资源

滇池径流面积为2920km²，其中上游水库控制区，径流面积1380km²，占滇池流域面积的47%；水库以下至滇池沿岸，径流面积1240km²，占43%；滇池水面面积310km²，占10%。滇池流域多年平均水资源量为9.7×10^8m³，扣除湖面蒸发量4.3×10^8m³，多年平均实际水资源量为5.4×10^8m³。截至2020年，滇池流域共建设大、中、小型水库115座，总库容4.37×10^8m³，兴利库容2.71×10^8m³（流域内各区资料汇总，2022）。水利工程总供水量为8.13×10^8m³/a，大于滇池实际水资源量，通过滇池水的循环利用维持平衡。水资源开发利用程度高达151%，远远超过国际公认合理开发40%的上限，滇池流域的水安全形势非常严峻。

二、流域水资源开发

随着经济社会的发展，为满足工农业生产、生活供水和防洪保护的需要，新中国成立后滇池流域先后建设了大、中、小型水库110多座。这些水库的建设大量挤占了滇池的生态回补水，使滇池水资源平衡遭受严重破坏。

1. 松华坝水库

松华坝水库兴建于1959年，后经1988年扩建为大型水库。扩建后坝高61.7m，回水线长16.3km，总库容2.19×10^8m³。水库从1959年建成后的30多年间，先后进行了4次大的除险加固工程，兴修了电站，东、西干渠等配套工程，提高了工程标准，扩大了工程效益。自1980年以后，水库逐渐由农业灌溉为主，转变为城市供水为主，每年实际供水量达到（1.1～1.2）×10^{8}m^3，是昆明市重要的饮用水源地之一。

松华坝水库建于滇池流域最大的河流盘龙江上。盘龙江松华坝以上径流面积为593km^2，年平均降雨量958mm，年平均径流量2.13×10^{8}m^3。盘龙江雨季降水占全年的70%以上，到雨季洪水下泄极易造成下游水灾。因此在漫长的历史岁月里，治理盘龙江变害为利是昆明人民的重要任务。

松华坝水库于1958年年底开工建设，1959年7月完工。本次建成的水库大坝高47m，长152m；输水隧洞长407m，直径1.8m；溢洪道长1300m，过流量60m^3/s。松华坝水库建成后，因泄洪能力不足、防洪标准低，20年来不断进行除险加固。1988年10月，昆明市松华坝水库加固扩建工程开工，1992年年底完工；完工后大坝高62m（加高14.7m），坝顶高程为1976m，总库容为2.19×10^{8}m^3，正常蓄水位1965.5m，年供水量（1～1.1）×10^{8}m^3，淹没耕地2673亩，移民安置5606人。

2. 流域内水库群建设

经统计，截至2020年，滇池流域先后建成了小（二）型以上水库115座，主要用于农田灌溉和生产生活供水。相关统计情况见表6-1（流域内各区资料汇总，2022）。

表6-1 滇池流域已建水库统计表

县区	水库数/座	总库容/10^{4}m^3	兴利库容/10^{4}m^3	灌溉面积/万亩
大型	1	21900	10500	—
中型	6	9468	5274	19.73
小（一）型	29	6856	4397	6.92
小（二）型	79	1816	4397	3.26
合计	115	40040	24568	

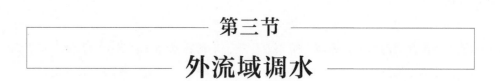

第三节

外流域调水

昆明是全国14个水资源严重短缺的城市之一，滇池流域年人均占有水资源量不足300m^3，仅为全国人均占有量的11%，与天津、北京、银川等城市相当。滇池一直以来是昆明重要的饮用水源，由于水体严重污染，直至2008年昆明市才暂停从滇池取水，但滇池仍是昆明市重要的备用水源。因此，随着滇池流域经济快速发展，人口迅速增加，昆明缺水问题就更加突出。

由于滇池流域内水资源的过度开发，昆明缺水问题已没有在流域内解决的可能。因此，为解决昆明未来较长时间内的城市供水问题，1993 年外流域引水济昆的战略决策正式列入省委、省政府和市委、市政府的议事日程，并逐步加以实施。截至 2013 年，已完成了掌鸠河引水供水工程、清水海引水工程、牛栏江—滇池补水工程几项重要的外流域引水供水工程，为昆明市城市供水和滇池生态补水发挥重要作用。

一、掌鸠河引水供水工程

掌鸠河引水供水工程于 1999 年 12 月开工建设，2007 年 3 月通水。掌鸠河引水供水工程建成后，每年可以向昆明城市提供 $2.5\times10^8\mathrm{m}^3$ 优质水。工程建设内容主要包括水源工程、输水工程、净水工程。

1. 水源工程

新建云龙水库，总库容 $4.48\times10^8\mathrm{m}^3$，坝高 77.33m，年自流引水量 $2.5\times10^8\mathrm{m}^3$。

2. 输水工程

输水管线长度 97.72km，按引水 $6\times10^5\mathrm{m}^3/\mathrm{d}$ 建设，采取以隧洞为主的输水线路。

3. 净水工程

新建第七自来水水厂 1 座，设计供水能力为 $6\times10^5\mathrm{t}/\mathrm{d}$，一期工程按 $4\times10^5\mathrm{t}/\mathrm{d}$ 实施。

二、清水海引水工程

清水海引水工程主要供给昆明市主城、呈贡新城及空港经济区的工业及城市生活用水，并增加寻甸县城工业及生活的供水量。

清水海引水工程设计总供水量 $1.7\times10^8\mathrm{m}^3$，工程主要是利用清水海作为多年调节水库，通过工程措施将清水海、板桥河、石桥河、新田河水库、塌鼻子龙潭、清水河左支和右支、恩则河及罗白河等水源的水量调往昆明，并在输水工程末端建设金钟山水库作为安全调节水库，实现稳定供水，工程分二期建设。一期工程包括修建清水海周边水库并对清水海进行扩容，建设引水、输水线路，完工后可确保每年向昆明输水 $1.04\times10^8\mathrm{m}^3$。一期水源工程于 2007 年 10 月开工，2012 年 4 月完工，清水海向昆明主城供水。

清水海水源工程总库容为 $1.7 \times 10^8 m^3$。其中：改扩建清水海水库，库容为 $1.5417 \times 10^8 m^3$；新建板桥河水库，库容为 $2.733 \times 10^6 m^3$；改扩建新田河水库，库容为 $1.737 \times 10^6 m^3$；新建石桥河取水枢纽，库容为 $1.36 \times 10^5 m^3$；新建金钟山水库，库容为 $1.026 \times 10^7 m^3$（清水海引水工程初步设计报告，2006）。

输水线路全长 63.18km，为自流引水。其中：石桥河—清水海输水干线总长 12.81km，清水海—金钟山分水口段输水工程线路总长 50.37km，其中隧洞 26 座，总长近 54km，占输水工程总长度的 85%。

二期净配水工程于 2009 年 12 月开工，新建输水管线总长 37.1km、新建 8.8km 输水隧道 1 条、新建净水厂两座，其中，南水厂处理能力 $2.5 \times 10^5 m^3/d$、北水厂处理能力 $2 \times 10^4 m^3/d$，新建供水配套管网共计 88.68km（清水海引水工程初步设计报告，2006）。

三、牛栏江—滇池补水工程

牛栏江—滇池补水工程是一项水资源综合利用工程，是滇中调水的近期工程，是近、中期云南省水资源优化配置的重大工程之一，是滇池水污染综合治理必不可少的措施，是昆明市滇池流域水资源保障体系的重要组成部分。近期任务是向滇池补水，改善滇池水环境和水资源条件，配合滇池水污染防治的其他措施，达到规划水质目标，并具备为昆明市应急供水的能力；远期任务主要是向曲靖市供水，并与金沙江调水工程共同向滇池补水，同时作为昆明市的备用水源。

牛栏江—滇池补水工程主要由德泽水库水源枢纽工程、干河提水泵站工程及输水线路工程组成。工程主要内容为：在德泽大桥上游 4.2km 的牛栏江干流上修建坝高 142m、总库容 $4.48 \times 10^8 m^3$ 的德泽水库；在距大坝 17.3km 的库区建设装机 $9.2 \times 10^4 kW$、扬程 233m 的干河提水泵站；建设总长为 115.85km 的输水线路，由泵站提水送到输水线路渠首，输水线路出口在盘龙江松华坝水库下游 2.2km 处，利用盘龙江河道输水到滇池。设计引水流量为 23m³/s，多年平均向滇池补水 $5.72 \times 10^8 m^3$（牛栏江—滇池补水工程设计报告，2007）。工程 2008 年 12 月开工，2013 年年底完工，正式向滇池补水。

第七章
滇池污染的历程

第一节
滇池水质变化
---

  20 世纪 50 年代以前滇池水质还多为Ⅰ～Ⅱ类，此后随着北部森林遭大量砍伐，以及围湖造田，缩减了滇池水域和湖滨湿地，滇池水质下降为Ⅲ类。到 20 世纪 80 年代，随着磷化工、冶炼、印染等企业的大量出现，以造纸、电镀为主的乡镇企业迅速发展。同时，城市人口急剧增加，旱厕变水冲厕、衣物手洗变机洗，用水量迅速增加，水资源过度开发，挤占了滇池生态用水。另一方面农田从施农家肥改施化肥，大量污染物进入滇池，超过了环境的承受能力，草海、外海水质分别下降为Ⅴ类、Ⅳ类。20 世纪 90 年代，滇池水体黑臭，水葫芦疯长，蓝藻水华如绿油漆，成为中国污染最严重的湖泊之一。自 1987 年有监测数据开始，1988 年和 1989 年滇池水质为Ⅴ类，之后的 26 年间（1989～2015 年）滇池水质均为劣Ⅴ类，直到 2016 年，全湖水质由持续了 26 年的劣Ⅴ类上升为Ⅴ类，2017 年保持Ⅴ类，2018 年上升为Ⅳ类，2019 年、2020 年继续保持Ⅳ类，综合营养状态指数 61，为中度富营养。

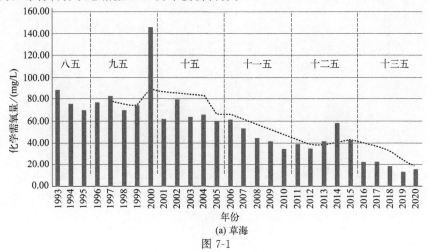

(a) 草海

图 7-1

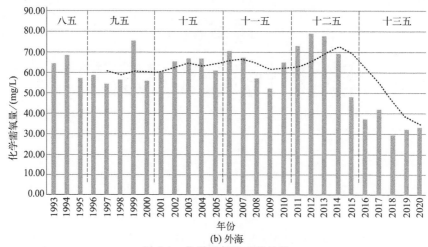

(b) 外海

图 7-1　化学需氧量变化趋势

总体上，滇池外海的化学需氧量改善程度优于草海，滇池草海的氨氮、总氮、总磷改善程度优于外海；"十二五"以来，外海化学需氧量、草海总磷、草海氨氮和草海总氮指标下降幅度大，见图 7-1～图 7-4。

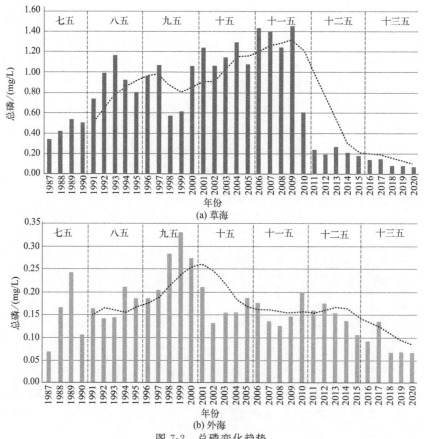

(a) 草海

(b) 外海

图 7-2　总磷变化趋势

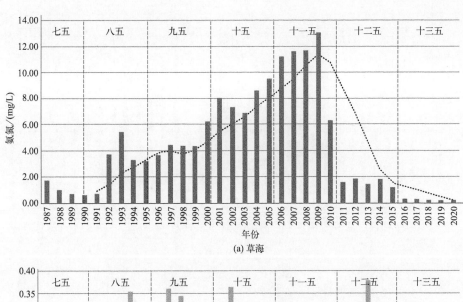

(a) 草海

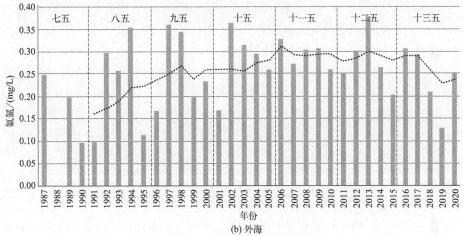

(b) 外海

图 7-3　氨氮变化趋势

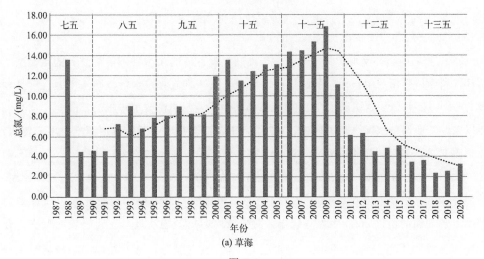

(a) 草海

图 7-4

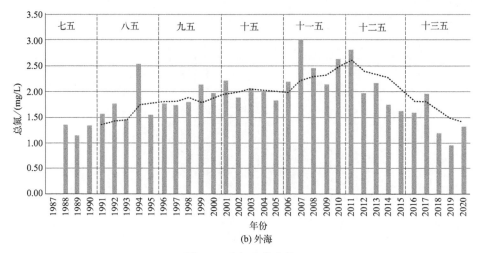

图 7-4 总氮变化趋势

第二节

工业污染源

工业企业污染负荷是滇池流域污染负荷的一个重要组成部分。

1987～1990 年昆明市环境科学研究所承担的《滇池富营养化调查研究》子课题，对流域内的主要工业源进行了调查。31 家主要企业（污水排放量占 168 家污水总量的 80.4%）工业废水量、总氮、总磷、化学需氧量和总悬浮物五项污染物排放量分别为 $7.253 \times 10^7 m^3$、917t、99t、2688t、6395t。

1996 年，国家环境保护局下达《关于编制巢湖、滇池水污染防治规划》的函，昆明市环境科学研究所为组长单位的课题组，编制完成《滇池流域水污染防治"九五"计划及 2010 年规划》。规划课题组在 1995 年滇池流域工业污染源变更申报的基础上，对 1993 年以来的工业污染状况进行了核查，掌握了 1995 年工业污染源的排放情况，工业废水、化学需氧量、总氮、总磷排放量分别为 $4.946 \times 10^7 m^3$、11933t、936t、147t。

2001 年 4 月，国家环境保护总局布置了编制《滇池流域水污染防治"十五"计划》的任务，省、市政府安排昆明市环境保护局组织昆明市环境科学研究完成了该计划的编制。规划编制组以 2000 年为基准年，对流域内的污染现状进行了新一轮的调查。在环保局掌握的 2000 年工业污染达标排放后工业污染源排污情况的基础上，再次对昆明化肥厂、昆阳磷肥厂进行了连续 2 天的监测，核查了 2000 年流域内的主要污染源排污资料；工业废水、化学需氧量、总氮、总磷排放量分别为 $5.949 \times 10^7 m^3$、6945t、534t、28t。

2008 年，全国第一次污染源普查及动态调查研究成果显示，滇池流域工业总数为 3523 家，其废水排放总量为 $1.673 \times 10^7 m^3$，污染物化学需氧量、氨氮、总磷排放量分别为 3358t、140t、15t。

2010 年，昆明市环境统计数据显示，滇池流域工业总数为 204 家，其废水排放总量为 $8.3 \times 10^6 m^3$，污染物化学需氧量、氨氮排放量分别为 1552t、105t。2015 年，滇池流域工业总数为 216 家，其废水排放总量为 $6.43 \times 10^6 m^3$，污染物化学需氧量、氨氮、总氮、总磷排放量分别为 1392t、84t、99t、18t。

2020 年，全国第二次污染源普查成果显示，滇池流域纳入调查的工业企业共 800 家，其污水排放总量为 $4.9207 \times 10^6 t$，污染物化学需氧量、氨氮、总氮、总磷排放量分别为 174t、5t、44t 和 2.41t。

如图 7-5 所示，1988～1995 年间，工业污染源排放量呈上升趋势；之后随着滇池污染治理理念的转变，治理力度的加大，特别是 1999 年滇池治理"零点行动"启动，对滇池 253 家重点考核工业企业、128 家非重点考核企业实施达标排放行动，极大地削减了流域工业污染负荷，滇池流域 2000 年工业污染负荷排放量较 1995 年出现了明显的下降，COD、TN、TP 的排放量分别下降 42%、43% 和 81%。同时，随着滇池流域工业产业结构的调整，滇池流域工业主导行业由化工和医疗卫生行业转变为饮料及食品制造业，逐步从高污染、高能耗向低污染、低能耗的良性局面过渡。在工业污染治理及产业结构调整双重作用下，滇池流域工业污染负荷排放量并未随 GDP 的增长而持续增长，而呈大幅下降趋势，2020 年滇池流域工业污染负荷排放量 COD、TN、TP 分别较 2000 年下降 97%、92% 和 91%。

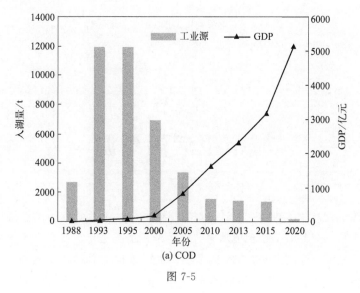

(a) COD

图 7-5

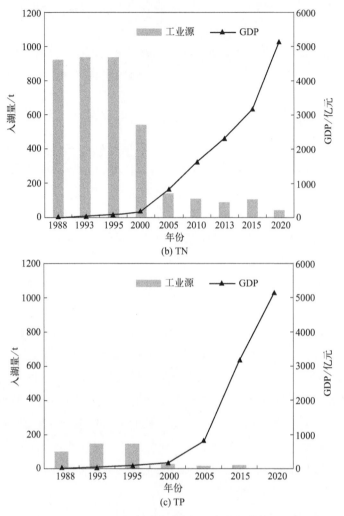

图 7-5　工业污染负荷随 GDP 变化趋势

第三节

城市生活污染源

　　在污染源组成方面，城市生活源一直占主要部分，包括城市居民生活污染和第三产业污染。2008 年以后，对滇池流域第三产业产污情况进行了普查。随着人口的增加和社会经济的发展，生活污染负荷急剧增加，2020 年相较 1988 年，城市生活源污染负荷产生量增加了约 7 倍。城市生活污染负荷随人口、GDP 变化趋势见图 7-6、图 7-7。

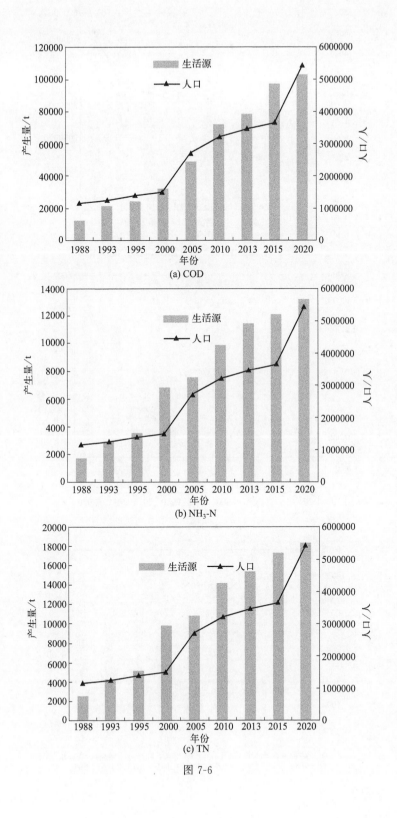

(a) COD

(b) NH₃-N

(c) TN

图 7-6

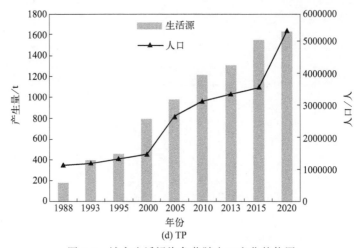

(d) TP

图 7-6　城市生活污染负荷随人口变化趋势图

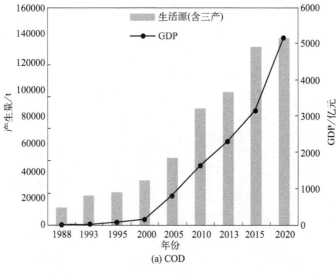

(a) COD

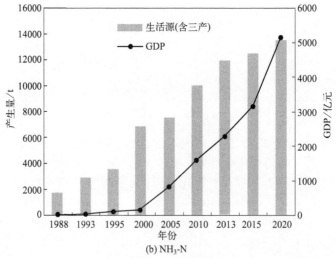

(b) NH$_3$-N

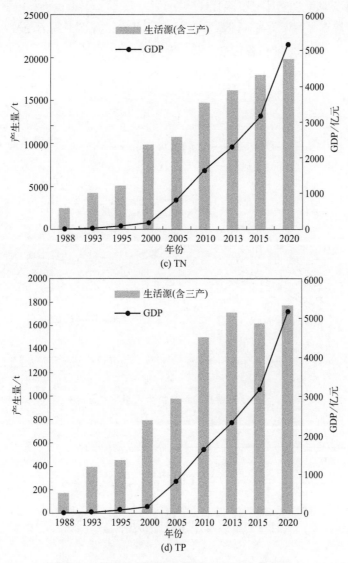

图 7-7 城市生活污染负荷随 GDP 变化趋势图

在流域生活污染负荷产生量逐年增大的情况下，滇池流域加大了污水处理设施建设力度。1991 年滇池流域建成第一座污水处理厂，结束了滇池流域无污水处理厂的历史。随着经济发展，仅有的一座污水处理厂难以满足日益增加的污染负荷产生量的削减，1996～1997 年间又相继建成 3 座污水处理厂。2000～2005 年间，随着昆明主城区第五、第六污水处理厂以及呈贡、晋宁污水处理厂的建设，点源污染负荷削减量再次出现大幅上升趋势，同时也结束了外海东岸和外海南岸无污水处理厂的历史。截至 2020 年年底，滇池流域已建成并投产 28 座污水处理厂（包括 2 座县城污水处理厂、10 座环湖截污污水处理厂），总处理规模达 $2.3×10^6 m^3/d$。随着污水处理厂的建成运行，滇池流域点源污染负荷削减量大幅提升，2020 年滇池流域污水处理厂对点源的削减量分别达到 COD 12117t、NH₃-N 12548t、TN 13739t、TP 1548t。随着污染负荷削减能力的提升，流域点源污染负荷入湖量在 2000 年后基本呈现出下降的趋势，从图 7-8 中可以看出。2020 年较 2000 年各污染负荷入湖量下降了 37%～60%。从点源污染负荷入湖量占产生量的比例来看，2020 年 COD、TN、TP 和 NH₃-N 入湖量占产生量的比例分别为 7%、13%、16% 和 11%，较 2000 年下降了约 60%。

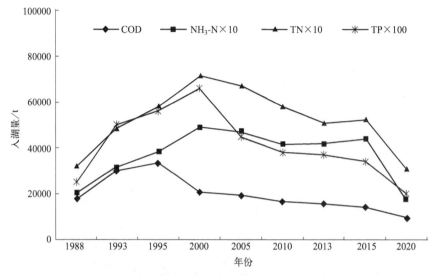

图 7-8　滇池流域点源污染负荷入湖量变化趋势图

第四节

农业农村面源污染

　　滇池流域农业农村面源污染负荷入湖量变化趋势如图 7-9 所示。

　　由图 7-9 可知，农业面源呈现出先升高后降低的趋势。20 世纪 90 年代，随着滇池流域人口和社会经济的发展，对于农产品的需求量也日益增加，滇池流域农业从粗放型的传统有机农业逐渐转变为以农药、化肥为中心的现代化农业，农药、化肥的大量施用，导致氮磷流失严重，加之滇池湖滨带生态系统脆弱，自然净化能力低下，农业面源入湖量增加明显，达到了峰值。之后，随着滇池流域城镇化进程的加剧，农村人口及耕地面积逐渐降低，2020 年滇池流域农村人口为 30.16 万人，实有耕地面积为 225620 亩，较 1988 年，流域内农业人口共降低了约 81%，耕地面积减少了约 67%。此外，随着滇池流域农业布局和结构的调整优化，尤其是"全面禁养"、"测土配方"、秸秆资源化利用及农

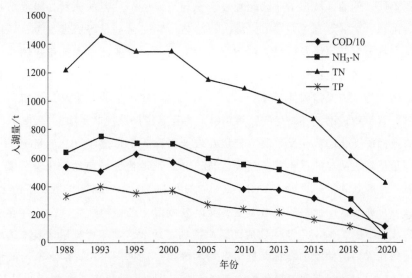

图 7-9　滇池流域农业农村面源污染负荷入湖量变化趋势图

村污水处理设施建设等措施的实施，使得滇池流域农业面源入湖量呈现出了明显的下降趋势。2020 年，全国第二次污染源普查成果显示，滇池流域农业面源 COD、NH_3-N、TN、TP 入湖量分别为 1073t、54t、429t 和 50t，较 1988 年减少了约 80％。

第五节

城市面源污染

　　在面源污染中，城市地表径流是仅次于农业面源的第二大面源污染源。城市地表径流污染通常也被称为城市降雨径流污染、城市径流污染、城市雨水径流污染或者城市面源污染等，但其实质是相同的。城市地表径流污染是指在降雨过程中雨水及其形成径流在流经城市地面（商业区、居民区、停车场、街道等）时携带一系列污染物质（好氧物质、油脂类、氮、磷、有害物质等）排入水体而造成的水体面源污染。

　　一般来说，城市径流中的污染物来自降水、地表和下水道系统三方面。城市地表径流中的污染物主要来自降雨对城市地表的冲刷，所以，城市地表沉积物是城市地表径流中污染物的主要来源。城市地表沉积物的组成决定着城市地表径流污染的性质。城市地表沉积物包含许多污染物质，有城市垃圾，城市建筑施工场地堆积物，动物粪便，草坪、花园、绿化带施用的化肥农药，车辆排放物和泄漏物，轮胎磨损，空气沉降物以及未开发地块的水土流失等。另外，具有不同土地使用功能的城市地表，其沉积物来源不同。例如，城市工业区的地表沉积与工业生产过程的原料、半成品材料等的扩散、沉积、遗漏等有关；城市路面沉积物与车辆交通流量等因素有关；城市居民区地表沉积物与生活垃圾及居民生活习惯等因素有关；商业区地表沉积物则与商业活动类型有关。根据污染物性质不同，可将城市地表径流中的污染物分为三类：第一类是物理性污染物，主要指固体悬浮物；第二类是化学性污染物，主要是指富营养化物质和溶解性有机物；第三类是生物性污染物，主要是指病原性微生物。

与农业面源变化趋势相反，滇池流域在农业面源入湖量逐年降低的情况下，城市面源入湖量呈现出明显的逐年升高趋势，2020 年，滇池流域城市面源化学需氧量、氨氮、总氮、总磷入湖量分别为 15104t、304t、349t 和 50t，较 1988 年增加了约 2.5 倍。滇池流域城市面源入湖量的持续增加主要受流域城市化进程的影响，1988 年至今，滇池流域建成区不断扩张，30 年内建成区面积增加了约 2 倍，随着流域地表不透水率的增加，雨季在降雨的冲刷下会有大量污染物随降雨径流进入水体，加之滇池流域城市面源污染防治方面比较薄弱，导致城市面源污染负荷的入湖量逐年提高。

表 7-1 是对昆明市主城区不同功能区 12 个监测点地表径流水质数据的统计。由统计分析可知，昆明主城区内不同功能区地表径流污染程度的顺序为：公路区＞商业区＞住宅区＞文教区。不同功能区的污染物平均浓度明显不同，这与城区地理环境、地面条件等多种因素有关，各种指标的变化范围也大。地表径流水中，pH 偏碱性，公路区最高为 8.20，原因是昆明市区地铁施工、修路用的材料中有很多含有大量的碱性物质，如石灰等。总悬浮固体（TSS）、TP、水体可溶性磷（DTP）、溶解性总氮（DTN）、TN、NO_3^--N、NH_3-N 的平均浓度大小顺序是公路区＞商业区＞住宅区＞文教区。COD 的平均浓度大小顺序是公路区＞住宅区＞商业区＞文教区。公路区的各项指标浓度普遍偏高，与昆明正在地铁施工有关。而文教区各项指标浓度普遍偏低则与其绿化面积高，人类活动较少有关。昆明主城区城市地表径流污染中，pH 值、TSS、COD、TP、DTP、间隙水中溶解性活性磷（DRP）、TN、NO_3^--N、NH_3-N 的多场降雨平均值分别为 7.66mg/L、182.78mg/L、138.18mg/L、0.43mg/L、0.09mg/L、0.06mg/L、2.37mg/L、0.92mg/L、0.26mg/L、0.32mg/L。其中，COD、TN、TP 平均浓度都超出了国家地表水环境质量 V 类标准。

表 7-1　昆明市主城区不同功能区监测点地表径流水质数据的统计

土地利用类型	项目	pH 值	TSS /(mg/L)	COD /(mg/L)	TP /(mg/L)	DTP /(mg/L)	TN /(mg/L)	DTN /(mg/L)	NO_3^--N /(mg/L)	NH_3-N /(mg/L)
住宅区	最小值	6.99	103.00	75.10	0.21	0.03	0.56	0.20	0.09	0.05
	最大值	7.98	280.00	245.70	0.63	0.18	3.01	1.29	0.40	0.60
	平均值	7.26	166.54	134.95	0.30	0.08	2.16	0.86	0.25	0.26
	变异系数	0.03	0.29	0.36	0.35	0.45	0.25	0.29	0.29	0.66

土地利用类型	项目	pH 值	TSS/(mg/L)	COD/(mg/L)	TP/(mg/L)	DTP/(mg/L)	TN/(mg/L)	DTN/(mg/L)	NO_3^--N/(mg/L)	NH_3-N/(mg/L)
文教区	最小值	7.18	57.00	33.60	0.13	0.03	0.75	0.27	0.10	0.08
	最大值	7.82	161.80	147.00	0.40	0.13	3.23	1.09	0.33	0.25
	平均值	7.49	105.17	89.20	0.24	0.06	1.82	0.68	0.19	0.16
	变异系数	0.03	0.31	0.40	0.35	0.50	0.35	0.32	0.35	0.28
商业区	最小值	7.13	110.00	86.80	0.22	0.04	1.20	0.45	0.10	0.11
	最大值	8.15	254.00	209.00	0.68	0.17	7.74	2.87	0.60	1.35
	平均值	7.69	176.42	126.84	0.46	0.09	2.52	0.91	0.26	0.37
	变异系数	0.04	0.25	0.26	0.31	0.41	0.63	0.66	0.51	0.81
公路区	最小值	7.81	112.00	110.00	0.32	0.08	2.01	0.84	0.20	0.23
	最大值	8.52	1200.00	616.40	1.53	0.22	4.76	2.08	0.70	0.81
	平均值	8.20	283.00	201.72	0.71	0.13	2.97	1.22	0.35	0.50
	变异系数	0.02	0.94	0.61	0.47	0.31	0.25	0.23	0.38	0.29
全市平均		7.66	182.78	138.18	0.43	0.09	2.37	0.92	0.26	0.32

由图 7-10～图 7-19 可知，不同功能区的地表径流水质存在显著差异（$P<0.05$）。pH 值中公路区与住宅区、文教区、商业区之间差异显著，文教区和商业区之间差异不显著。TSS、COD、DTN 浓度中，公路区与住宅区、文教区、商业区之间差异显著，住宅区和商业区之间差异不显著。TN 浓度中公路区和住宅区、文教区之间差异显著，住宅区、文教区和商业区之间差异不显著，商业区和公路区差异不显著。TP 浓度中公路区与住宅区、文教区和商业区之间差异显著，住宅区与文教区、商业区之间差异不显著。DTP、DRP 浓度中公路区与住宅区、商业区之间差异不显著而与文教区差异显著。NO_3^--N 浓度中公路区与住宅区、文教区、商业区之间差异显著，但住宅区、文教区、商业区之间差异不显著。NH_3-N 浓度住宅区、文教区、商业区和公路区之间存在显著性差异。不同功能区的地表径流水质存在一定变化。例如公路区，车辆的运行、车辆部件及轮胎的磨损等都会造成公路区道路的径流污染。除了交通活动的影响外，当时昆明市正在修建地铁也是主要影响因素之一。文教区各项指标都偏低，是因为昆明市内校园环境清洁、绿化率高。商业区与商业活动集中、人流量和车流量均相对较大有关。住宅区则与人们生活习惯、排水系统、卫生管理水平等因素有关。可见，昆明主城区内不同功能区城市地表径流水质之间存在一定变化，其影响是多方面的。

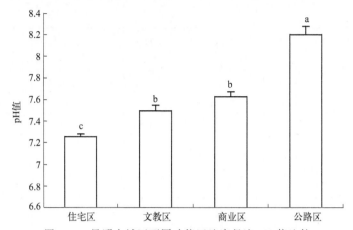

图 7-10　昆明主城区不同功能区地表径流 pH 值比较

［图柱上不同小写字母表示功能区间的差异显著（$P < 0.05$）］

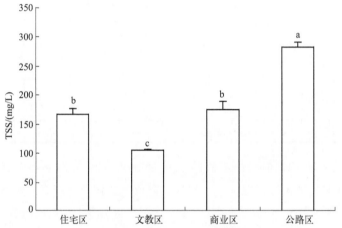

图 7-11　昆明主城区不同功能区地表径流 TSS 浓度比较

［图柱上不同小写字母表示功能区间的差异显著（$P < 0.05$）］

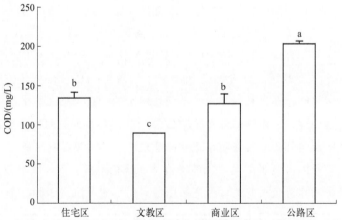

图 7-12　昆明主城区不同功能区地表径流 COD 浓度比较

［图柱上不同小写字母表示功能区间的差异显著（$P < 0.05$）］

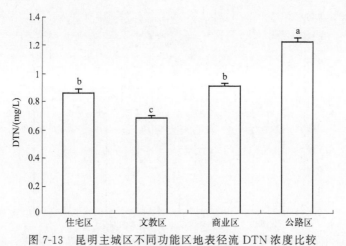

图 7-13　昆明主城区不同功能区地表径流 DTN 浓度比较

[图柱上不同小写字母表示功能区间的差异显著（$P < 0.05$）]

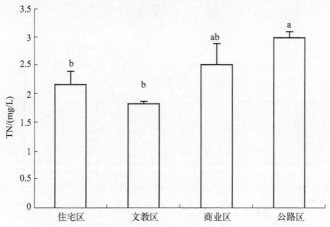

图 7-14　昆明主城区不同功能区地表径流 TN 浓度比较

[图柱上不同小写字母表示功能区间的差异显著（$P < 0.05$）]

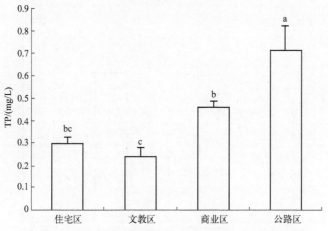

图 7-15　昆明主城区不同功能区地表径流 TP 浓度比较

[图柱上不同小写字母表示功能区间的差异显著（$P < 0.05$）]

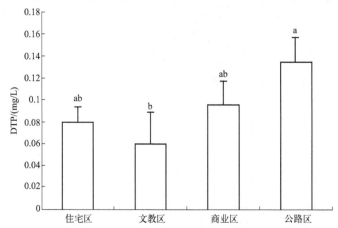

图 7-16　昆明主城区不同功能区地表径流 DTP 浓度比较
[图柱上不同小写字母表示功能区间的差异显著（$P<0.05$）]

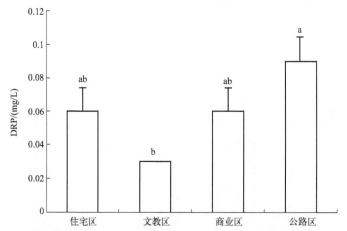

图 7-17　昆明主城区不同功能区地表径流 DRP 浓度比较
[图柱上不同小写字母表示功能区间的差异显著（$P<0.05$）]

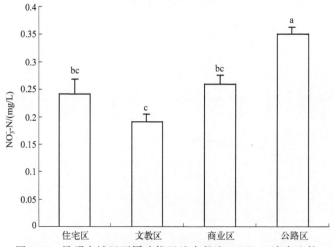

图 7-18　昆明主城区不同功能区地表径流 NO_3^--N 浓度比较
[图柱上不同小写字母表示功能区间的差异显著（$P<0.05$）]

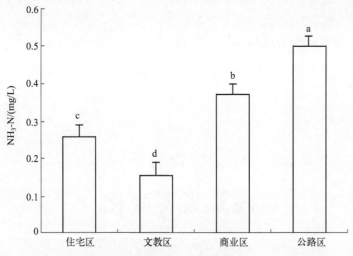

图 7-19 昆明主城区不同功能区地表径流 NH_3-N 浓度比较

[图柱上不同小写字母表示功能区间的差异显著（$P<0.05$）]

昆明市主城区内二环面积 47.5 km^2，人口密度为 4.41 万人/km^2，年平均降雨量约为 1000 mm。采用监督分类和人工目视解译修正的方法，分类得到住宅区比例约为 30%，商业区约为 7%，文教区约为 12%，公路区约为 20%，绿地面积约为 12%，其他类型面积约为 19%，不透水率约为 70%。地面类型为混凝土或沥青路面，路面平均径流系数为 0.9。全市平均的 COD、TN 和 TP 的径流污染负荷分别为 1119.26kg/($hm^2 \cdot$ a)、19.20kg/($hm^2 \cdot$ a) 和 3.48kg/($hm^2 \cdot$ a)。如表 7-2 所列，昆明主城区城市地表径流污染负荷：住宅区、文教区、商业区、公路区的 COD 负荷分别为 1093.10kg/($hm^2 \cdot$ a)、722.52 kg/($hm^2 \cdot$ a)、1027.40kg/($hm^2 \cdot$ a)、1633.93kg/($hm^2 \cdot$ a)，TN 负荷分别为 17.50kg/($hm^2 \cdot$ a)、14.74kg/($hm^2 \cdot$ a)、20.41 kg/($hm^2 \cdot$ a)、24.06kg/($hm^2 \cdot$ a)，TP 负荷分别为 2.43kg/($hm^2 \cdot$ a)、1.94kg/($hm^2 \cdot$ a)、3.73kg/($hm^2 \cdot$ a)、5.75kg/($hm^2 \cdot$ a)。城市地表径流污染负荷的顺序是：公路区＞商业区＞住宅区＞文教区。不同功能区的径流负荷明显不同，这与城区地理环境、地面条件等多种因素有关。

表 7-2 昆明主城区不同功能区城市地表径流年负荷

功能区	COD/[kg/($hm^2 \cdot$ a)]	TN/[kg/($hm^2 \cdot$ a)]	TP/[kg/($hm^2 \cdot$ a)]
住宅区	1093.10	17.50	2.43
文教区	722.52	14.74	1.94
商业区	1027.40	20.41	3.73
公路区	1633.93	24.06	5.75
全市平均	1119.26	19.20	3.48

由于影响城市地表径流污染的因素多而随机，所以径流的污染过程与负荷过程的时空变化复杂，对城市地表径流污染的控制与管理具有一定难度，是一项系统的工程。城市地表径流如果不经过处理直接排放到城市河流、湖泊和河口，会给受纳水体带来很大的污染，因此采取有效的措施治理城市降雨地表径流污染、保护受纳水体较为重要。

第六节
污染类型变化

如图7-20所示，1988～2020年，随着滇池流域社会经济的发展及污染治理工作的不断深入，流域入湖污染负荷构成发生了明显的变化。1988年，滇池流域尚未建成污水处理厂，流域内污染全部排入滇池，各污染负荷中 COD、TN 主要来自点源，占比分别达 70%、74%，TP 主要来自农业面源，占比达 48%。2020年，滇池流域入湖COD 和 TP 构成已经发生了明显的变化，COD 主要来源由 1988年的点源转变为城市面源，城市面源占比已经达到了 55%，而 TP 的主要来源也从农业面源转变为点源，点源占比达到了 58%。

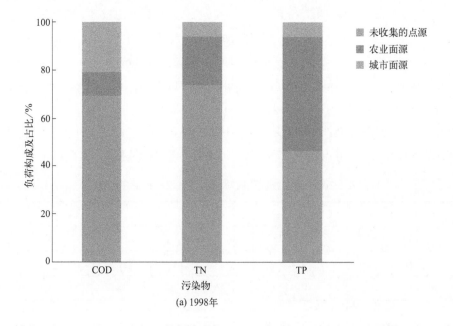

(a) 1998年

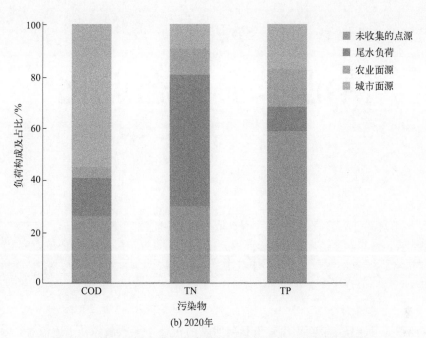

(b) 2020年

图 7-20　滇池流域入湖污染负荷构成变化趋势（书后另见彩图）

第八章
滇池水生生态退化

第一节
水生植物

　　滇池在 20 世纪 50～60 年代尚未受到明显的污染与生态破坏，水质清澈，水生植物物种丰富，沉水植物覆盖度占湖面面积的 80％～90％，水深 4m 以内的湖体都有水生植物，特别是草海部分，是百草繁茂的沼泽化水域（图 8-1）。

　　20 世纪 50～60 年代全湖大部分布水生植物且物种丰富，全湖以适宜清水环境生长的海菜花和轮藻为全湖的优势种。挺水植物则在滇池北岸及东岸呈条带状分布。

　　随着富营养化状况的加剧，漂浮植物所组成的群落成为滇池的主要水生植被群落类型。水葫芦在 20 世纪 90 年代曾经一度大量暴发生长，几乎布满整个草海，严重堵塞航道、影响景观（图 8-2）。自此之后，每年昆明市需要组织大量人员对滇池水葫芦、

(a) 芦苇群落

(b) 茭草群落

(c) 假稻+雀稗群落

(d) 喜旱莲子草群落

图 8-1　滇池水生植物

大薸、浮萍等漂浮植物进行大面积的打捞，漂浮植物对水面的侵占才得以控制。但每年 7~8 月份草海仍会短时间大面积地分布水葫芦、大藻、浮萍等漂浮植物。

(a) 水葫芦群落

(b) 大藻群落

图 8-2　水体富营养化加剧

　　2004 年开始，特别是在 2009 年后大规模开展了滇池"四退三还一护"工作，退出了大面积的湖滨土地，开展了湿地建设工作，滇池挺水植物得到良好的恢复。沉水植物如 20 世纪 70 年代报道就已消失的轮藻群落，在本次调查中发现在滇池海丰湖湾中尚有一定面积的分布；微齿眼子菜群落、马来眼子菜群落也尚有所保存。

　　曾经消失的高原湖泊特色物种——海菜花目前也已在滇池湖滨鱼塘中引种成功，可大面积修复性种植（图 8-3）。

(a) 海菜花

(b) 轮藻

图 8-3 水体质量恢复

第二节

浮游植物

20 世纪 50～60 年代，滇池浮游藻类以喜清水藻类为主，单角盘星藻的量最大，绿藻门的鼓藻属、新月藻属、角星鼓藻属，硅藻门的粗壮双菱藻和甲藻门的角甲藻较多（图 8-4），同时还出现较稀有的短角角甲藻，这是在我国的首次发现。

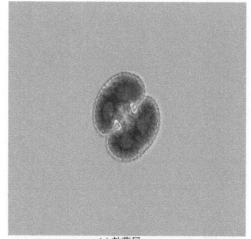

(a) 鼓藻属

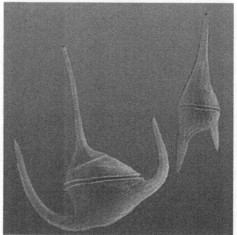

(b) 飞燕角甲藻属

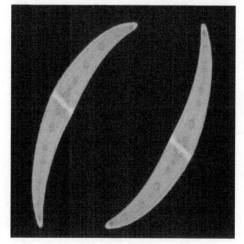

(c) 新月藻属

图 8-4　滇池主要浮游植物（书后另见彩图）

　　20世纪80年代，较多喜清水藻类绝迹，富营养化典型种类开始大量出现。20世纪50～60年代占优势的鼓藻目藻类，到80年代末期在草海已完全消失。过去没有的种类，如束丝藻属、念珠藻属却开始出现。衣藻属、转板藻属、微囊藻属、小球藻属成为优势的属种。目前滇池浮游植物种类均以耐污性蓝藻门种类为主；常年优势种为铜绿微囊藻，束丝藻、鱼腥藻为常见种类（图8-5）。

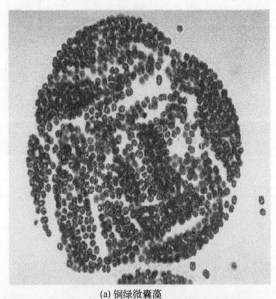

(a) 铜绿微囊藻

(b) 束丝藻

图 8-5

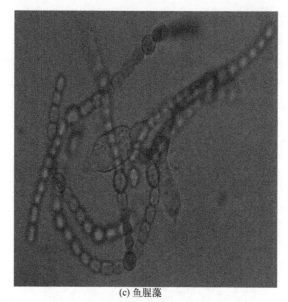

(c) 鱼腥藻

图 8-5 滇池优势藻属（书后另见彩图）

第三节

浮游动物

20 世纪 60 年代，滇池浮游动物种类和数量都很丰富，除原生动物较多外，还有大量的轮虫和桡足类，轮虫以龟甲轮虫属的种类最多，桡足类以无节幼体和剑水蚤最多（图 8-6）。同时，枝角类的象鼻溞属、秀体溞属等较普遍。20 世纪 70～80 年代中度污染

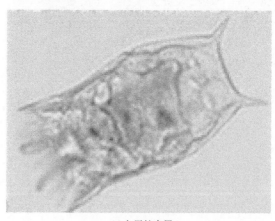

(a) 龟甲轮虫属

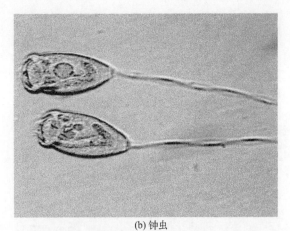

(b) 钟虫

图 8-6　滇池主要浮游动物（书后另见彩图）

种类渐占优势，优势种为螺形龟甲轮虫、针簇多肢轮虫、浮游累枝虫和长额象鼻溞。20 世纪 90 年代至今，富营养种类与耐污种占据优势，优势种为钟虫。

第四节

底栖动物

20 世纪 50～60 年代底栖动物物种丰富（图 8-7），草海和外海底栖动物种类繁杂，

(a) 螺蛳

图 8-7

(b) 宽体金线蛭

图 8-7　20 世纪 50～60 年代滇池主要底栖动物（书后另见彩图）

共有无脊椎动物 51 种，包括 4 种海绵动物和 2 种腔肠动物。特别是方格短沟蜷及云南萝卜螺在滇池中也有很大的群体数量，在全湖普遍分布，滇池中螺蛳属及螺类种类也较多。

　　20 世纪 70 年代初，底栖动物物种减少，多样性受到影响，苏氏尾鳃蚓、羽摇蚊（图 8-8）、中华田园螺、卵形沼梭成等为全湖浅水区的优势种类。

　　20 世纪 70 年代后期至 90 年代，底栖动物退化严重，结构趋向单一化。鳍螺科、田螺科、黑螺科种类和数量明显减少，许多种类趋向消亡。在节肢动物中外来入侵种日本沼虾（图 8-9）、羽摇蚊成为全湖浅水区的优势种类。

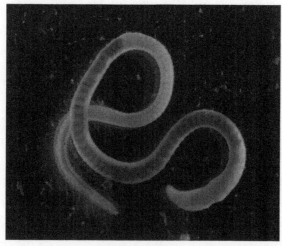

(a) 苏氏尾鳃蚓

(b) 羽摇蚊

图 8-8　20 世纪 70 年代滇池主要底栖动物（书后另见彩图）

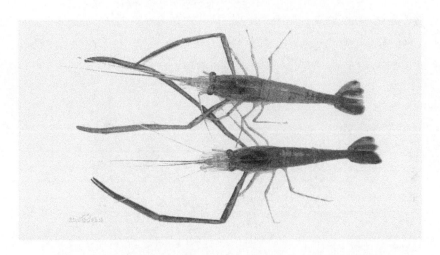

图 8-9　滇池底栖动物外来入侵种——日本沼虾（书后另见彩图）

第五节

鱼　类

　　20 世纪 50～60 年代滇池水体中土著鱼类丰富，在滇池湖体中能见到的有 25 种土著鱼类，鱼类资源丰富，其中滇池鱼类中银白鱼、云南鲴、滇池金线鲃、小鲤、昆明鲇、中臀拟鲿、金氏䱗等已经被列入《中国濒危动物红皮书》（鱼类）（图 8-10），其中滇池金线鲃、小鲤、昆明鲇、金氏䱗被列为国家二级保护动物。

(a) 银白鱼

(b) 昆明鲇

图 8-10　20 世纪 50～60 年代滇池水体中土著鱼类

土著鱼类中，除了鲫鱼、泥鳅、黄鳝、青鳉和乌鳢（图 8-11）5 个种属广布性鱼类外，其他种的分布范围比较狭小。在种群数量方面较丰富，如云南鲴、多鳞白鱼等土著种曾经在 20 世纪 50～60 年代的渔获物中占有较大比重。

(a) 青鳉

(b) 乌鳢

图 8-11　滇池水体中优势鱼类（书后另见彩图）

　　20世纪70～90年代土著鱼类种类和数量急剧下降，土著鱼类种类由原来的26种减少为11种。仅有鲫鱼、银白鱼、泥鳅、黄鳝四种鱼类生活于滇池湖体，在滇池周围水域可见到少量滇池金线鲃、云南光唇鱼、异色云南鳅等（图8-12）7种鱼类，而其余的鱼类已不能在滇池水域中发现。

(a) 云南光唇鱼

(b) 异色云南鳅

图 8-12　滇池水体中稀有鱼类（书后另见彩图）

　　外来鱼类占据优势并对滇池水生态系统带来极其显著的影响，自20世纪50年代后期至今，人工引进了34种鱼类。大多数外省引进鱼种以及从长江或其他水系中带入的经济价值不高的麦穗鱼、黄黝鱼等小型鱼类（图8-13）。目前外来种成为滇池鱼类区系中的主要组成者。

(a) 麦穗鱼

图 8-13

(b) 黄颡鱼

图 8-13　滇池外来引进鱼种（书后另见彩图）

近年来由于滇池生态环境修复等大量工作的开展，鱼类的保护也得到了进一步的控制。2004 年中国科学院昆明动物研究所经过前期的调查，在基本了解滇池金线鲃生物习性的基础上，从滇池上游溪流引种滇池金线鲃 200 尾进行人工繁殖研究。至 2008 年，项目组成功繁殖出滇池金线鲃二代仔鱼 10 万余尾（图 8-14）。

(a) 滇池金线鲃

(b) 投放鱼苗

图 8-14　稀有鱼种人工培育（书后另见彩图）

第六节

水 禽

　　滇池是云南水禽的主要分布地之一，特别是每年冬季都有大量的越冬水禽到此栖息。20 世纪 60～70 年代是水禽种类较丰富的时期，在这期间共记录到 40 种水禽。从 20 世纪 80 年代开始，滇池水禽的种类明显减少；80 年代至今水禽种类均在 30 种左右。白琵鹭、鸳鸯（图 8-15）和灰鹤三种属于国家 Ⅱ 级保护动物，滇池周边人工恢复的湿地为鸟类提供了更多的栖息环境。

(a) 白琵鹭

(b) 鸳鸯

图 8-15　滇池流域常见水禽

第九章
滇池点源污染治理进展

第一节
滇池治理思路

　　滇池保护与治理的思路是一个不断探索和深化的过程。自"五五"以来，国家、省市党委政府开始关注滇池水污染问题，陆续出台了滇池保护相关条例和措施。"七五"期间，开始研究滇池水污染防治技术，陆续出台了一些滇池保护治理法规、政策。可以说《滇池综合整治大纲》《松华坝水源保护区综合开发整治纲要》等，是贯彻落实《滇池保护条例》和《昆明市松华坝水源保护区管理规定》的配套文件和行动纲领，是滇池流域保护与治理的综合性、系统性、前瞻性较强的原始文献，对后来编制的阶段性规划、计划都具有深远的影响。

　　"八五"期间，开始实施滇池保护与污染治理工程。1993年编制完成了《滇池污染综合治理方案》（以下简称《方案》），提交省政府审定。综合治理内容包括：分流截污、防洪调蓄、优水优用；疏浚清淤、减污增容，植树造林、涵养水源，引水济昆、新辟水源。同年，云南省政府在海埂召开了治理滇池的现场办公会议。提出：用18年时间，投入30亿元，分3个阶段完成滇池流域的根本治理。会后，昆明市在现有的第一污水处理厂基础上分别新建了第二、第三、第四污水处理厂，启动滇池防洪保护及污水资源化工程。

　　"九五"和"十五"期间，开始实施以点源污染控制为主的控制工程。其中，"九五"期间，重点实施了工业污染治理及《方案》规划的内容：组织实施外流引水济昆工程、滇池污染治理世界银行贷款项目、草海底泥疏浚工程、滇池防洪保护及污水资源化利用工程。"十五"期间，全面启动点源、面源、内源、湖滨生态修复各项治理工作，实施全流域综合整治。重点实施了截污与生态修复工程，实现了污染控制生态修复相结合，工程措施和监督管理相结合。为"十一五"工作打下基础。

　　"十一五"和"十二五"期间，开展了流域系统治理的工作，是滇池污染治理的重要突破阶段。其中："十一五"期间，在认真总结多年来滇池治理经验的基础上，找到了一条符合滇池水污染防治的新路子，把滇池治理作为一项系统工程来推进。形成了以环湖截污及交通、外流域引水及节水、入湖河道整治、农业农村面源治理、生态修复与建设、生态清淤等"六大工程"为主线的流域治理思路。"十二五"期间提出"清污分流""分质供水"，在"削减存量"的同时"遏制增量"。治理的区域，从主城区向全流域转变；治理方式方面，统筹保护与发展的关系，由专项污染治理向统筹城乡发展、积极调整经济结构的综合治理转变；治理内容方面，污染治理与生态修复相结合，削减负荷与增大环境容量相结合；治理的投入机制方面，从政府投入向政府投入与市场运作相结合转变。

　　"十三五"期间，滇池保护治理改变了过去"重点抓工程建设"的思路，形成了"科学治滇、系统治滇、集约治滇、依法治滇"的新思路，其实质是精准治滇。这套新思路是昆明市委怀着"全力解决滇池污染问题"的初心，经过反复思考和多方论证，并结合昆明实际情况而提出的，还提出了"量水发展，以水定城"、彻底转变生产生活方式的发展理念，并强调"必须把滇池保护治理工作作为市委、市政府的首要任务和'一把手'工程，坚决打赢这场战役"。在新思路指导下，昆明市全力以赴实施"三年（2018~2020年）攻坚行动"。2017年，滇池流域深化"河长制"，实行"四级河长五级治理"责任体系，推动"六个转变"。在此基础上，滇池治理实施了两项创新性的"硬核"举措：一是对入滇河道实行"双目标责任制"；二是实施"河道生态补偿机制"。这两项"硬核"举措以"河长制"为载体，以"河道生态补偿"为手段，通过"双目标考核"方式，倒逼湖体和河道水质达标，从而达到彻底改善滇池水质的目的。2018年滇池污染治理初见成效，水质改善情况良好，全湖水质达到历史最好水平。

第二节
工业污染防治

　　滇池流域是昆明市辖区内主要的工业经济区域。昆明市全部国有及500万元产值以上非国有独立核算的规模企业中，约80%位于滇池流域内，其工业总产值占昆明市工业总产值的80%以上。多年来，昆明市坚持"工业强市"战略不动摇，工业总量持续增长、产业结构不断升级、发展环境日益改善，工业在昆明经济发展中具有不可替代的重要作用。但随着滇池流域人口的增长，工业化、城市化的发展，排入滇池的污水量也逐渐增多，其中包括生活污染源排放和工业污染源排放，超过滇池水环境容量，致使滇池环境污染问题日益严重。因此，在坚持"工业强市"的前提下，加强滇池流域工业污染防治工作,是滇池污染治理工作的重要组成部分。

1974年开始,昆明市抓工业污染防治工作,特别是在加大工业废水的处理方面积极开展试验研究和生产实践。1999年,滇池工业污染"零点行动"计划的实施,全市通过重点工业企业达标排放;加强工业企业现场监控;开展排污口规范化整治;实行污染物排放许可证制度;推进清洁生产等措施,工业污染源占滇池污染负荷总量比例逐渐减少。

一、工业污染治理起步实施

1. 20世纪70年代工业污染治理

20世纪70年代以来,滇池流域工业迅速发展,每天有近$2×10^5$t的工业废水排入滇池,由于大量耗氧物质的排入,水质和底泥受到污染。昆明市环境保护工作自1974年起步,重点开展滇池流域工业污染源防治调查和研究,并成立环保机构。1978年成立了昆明市环境科学研究所,1979年12月成立昆明市环境保护局,是市政府主管全市环境保护工作的部门。市环境保护局成立以后,着手组织有关科研机构、院校开展污染源调查研究、监测工作。

2. 20世纪80~90年代初期工业污染治理

20世纪80~90年代初期,分布在滇池流域及其沿岸的冶炼、造纸、印染、制革、化肥、农药等企业,每天向滇池排放工业废水$6.22×10^5$t,其中,排入草海的约$2.68×10^5$t,占排入全水系的工业废水的43.08%,排入外海的约$4.86×10^4$t,占7.8%,其他排入海口河。这些废水中含有不少的有毒有害物质。如:云南冶炼厂、昆明冶炼厂排出的废水中含有镉、砷、铅、氟、锌、铜等,电厂每天排出的灰渣总计约1000t,堆积在草海附近,致使草海水面逐步缩小。据1988年调查,每年进入滇池水域的酚588t、氰983t、砷120t、汞4.7t、铬10.7t、总氮4703t、总磷456t、化学需氧量20877t。改革开放初期,乡镇企业的迅猛发展,工业污染加剧。其次,厂矿排出的废气,不仅污染了空气,而且随着大气降水和自身质量降落地表而污染水体。

这一阶段的主要污染治理工作如下。

(1)对重点污染工业企业进行排污控制 1980年3月31日,昆明市革命委员会颁布《滇池水系环境保护条例(试行)》,1988年出台了《滇池保护条例》和《滇池综合整治大纲》,及时对重污染行业进行控制,流域内没有再新增加造纸、印染、化工等重污染企业。1999年,昆明市政府颁布《昆明市污染物排放许可证管理办法》,进行污水排放控制。

（2）控制乡镇企业污染源　环保和乡镇企业管理部门积极开展环境保护法规的宣传教育。同时，建立了环保工作例会制度。举办环境保护培训班。主持或参加新办企业、新上项目、老污染源环境保护、污染治理论证会，充分听取各方意见。官渡区、西山区、呈贡县、晋宁县等濒临滇池的县（区），对一些污染严重，无能力治理的企业实施关停并转产，其他企业实行限期治理和搬迁，并根据有关文件进行合格验收。

（3）工业污染源普查　参加全国工业污染源调查（1986 年）和全国乡镇工业污染源调查（1990 年）。通过调查摸清全市工业污染状况和污染分布状况、发展和变化情况，为治理提供了切实的依据。

（4）开展滇池流域污染调查研究　1976 年云南省环境保护办公室组织云南省环境科学研究所、昆明医学院、云南大学、中国科学院昆明植物研究所等单位开展了云南滇池水生生物调查，1980 年完成，该研究对滇池污染防治、水产资源的综合利用以及云南高原湖泊的研究和环境质量评价提供了一定的科学依据。1982 年，云南师范大学地理系、云南省环境科学研究所、云南省及昆明市经济研究所、云南省林业厅营林勘测队、云南省水产研究所、云南省气象科研所、云南省地质局环境水文监测站、昆明市环境保护局等单位组成滇池地区生态环境与经济综合考察课题组开展课题研究。为合理开发滇池地区及滇池地区的现代化建设进行了必要的分析研究，取得了阶段性研究成果。1985 年完成"六五"国家科技攻关项目"滇池地区磷资源的开发研究"。1990 年，由中国环境科学研究院牵头，南开大学、云南省环科所（现云南省生态环境科学研究院）、昆明市环境科研所等 20 家单位近 200 名科技人员共同参加。完成国家"七五"科技攻关课题"中国典型湖泊氮、磷容量与富营养化综合防治技术研究报告"。以上研究成果为滇池及其他湖泊的污染防治与水质管理提供了科学依据，且目前仍然具有应用价值。

二、工业污染限期达标

为加大滇池污染治理力度，"九五"以来，国务院连续 3 个五年计划都将滇池纳入国家"三河三湖"重点污染治理流域。

20 世纪 90 年代至 2000 年，工业污染治理主要实施了滇池流域工业污染源达标"零点行动"，通过实施污水达标排放、许可证制度、排污口规范化整治和推进清洁生产，对流域内重污染企业进行搬迁或关停，实施滇池水污染治理等措施，工业污染源占滇池污染负荷总量比例逐渐减少，化学需氧量、总氮和总磷呈下降趋势。

1. 实施排污许可制度

1991 年，昆明市环保局组织拟定了《昆明市排污许可证实施管理办法》，1999 年11 月 19 日，市政府制定了《昆明市水污染物排放许可证管理暂行办法》。在达标排放的基础上，1999 年，昆明市环保局对 28 家主要排放废水的企业发放了水污染物排放许可证，把总磷、总氮列为控制指标，全市 1999 年排放的 12 项污染物总量中，10 项低于省下达的总量控制指标（95 年基数）。

2. 签订环境保护目标责任书

1991 年 12 月至 1997 年 12 月，昆明时任市长与云南省省长分别签订了《昆明市第九届政府环境保护目标责任书》《昆明市第十届政府环境保护目标责任书》，政府环境保护目标责任制全面实施。

3. 加强对建设项目环境管理

对新建、改建、扩建以及技术改造项目，实行环境影响评价制度和"三同时"制度。按照国家及 1988 年颁布的《滇池保护条例（试行）》的规定，在滇池流域范围内严禁审批国家明令禁止建设的"十五小"企业，和一些设备陈旧、工艺落后、排污量大的国家责令淘汰的建设项目；不得在流域范围内建设污染严重的钢铁、有色冶炼、基础化工、农药、电镀、造纸制浆、制革、印染、石棉制土硫黄土磷肥和染料等企业和项目。"八五"期间否决了拟建在滇池汇水区域内的建设项目 33 项，1996～1997 年，否定了拟建在滇池汇水区域内水污染严重的项目 6 个，坚持建设项目审批"以新代老""增产不增污""增产减污"的原则，切实使流域污染物排放总量得到控制。同时，建立了严格的建设项目竣工验收制度，确保"三同时"制度的落实；加强对已验收项目的监督管理，保障污染治理设施的正常运转。

4. 继续实行污染限期治理制度，加速老污染源的治理

污染限期治理："九五"期间（1995～2000 年），国家下达给昆明的限期治理项目是昆明化肥厂和昆阳磷肥厂的废水综合治理 2 项，这 2 厂排入滇池的总氮、总磷占排入滇池外湖工业污染源总量的 72％、84％，是滇池汇水范围内的重点工业污染源。此 2 项治理工程列为世行贷款项目。1988～1997 年，滇池汇水范围内用于工业企业水污染防治方面的投资为 12558.6 万元。到 1997 年，已建成工业废水处理设施 187 台（套）、工业废水处理能力达到 3.5×10^7 t/a，工业废水处理率由 1988 年的 49％提高到 1997 年的 80％。1997 年滇池流域工业废水排放量和 1988 年相比，减少了 2.971×10^7 t；COD_{Cr} 排放量由 1988 年的 16350t 削减到 1997 年的 7907t，共削减了 8443t；重金属排放量由 1988 年的 40t 削减到 1997 年的 3t，削减了 37t。

关停污染严重企业：从 1988 年到 1996 年，对在滇池汇水范围内污染严重、治理无望的昆明木材厂、云南省省建木材厂纤维板生产线、云南植物药厂皂素生产线进行停产搬迁。搬迁停产后，每年减少向滇池排放 COD_{Cr}1788t，占滇池流域工业排放 COD_{Cr} 总量的 36％。昆明冶炼厂搬迁出滇池流域，云南冶炼厂通过废水治理，外排废

水量已下降到历年的最低水平，重金属废水基本不再排入滇池，大大减轻了滇池重金属污染的负荷，使滇池重金属含量实现达标。

1996 年国务院下达了《关于加强环境保护工作的若干决定》，要求关停"十五小"企业。滇池流域内，属"十五小"中水污染严重的企业取缔 4 家（小制革），停产治理和限期治理电镀和小造纸共 17 家。与污染限期治理前相比，工业废水排放量减少56％，工业废水中 COD、TP 和 TN 排放量分别减少了 79％、79％和 90％，工业污染得到初步控制。

1999 年，昆明市政府批准执行《昆明市 2000 年工业污染源达标排放计划》，市环保局继续加强对滇池流域工业污染源、"十五小"企业关停情况进行重点检查，选择 28 家重点企业作为首批实施排污许可证的试点单位。

实施污染物总量控制：在国家规定的 12 种污染物总量控制的基础上，结合昆明市实际，增加了总磷、总氮两项控制指标。第一批实行污染物总量控制的 50 家重点企业，对这些企业下达了以浓度为基数的排放总量控制指标，根据年度监督监测和检查核实的情况来看，多数企业基本完成了下达的指标。

5. 加强重点工业污染源监测

根据国家环保局的有关规定，1992 年开始对 19 家等标污染负荷占全市排污总量65％以上的排污企业为重点控制对象。19 家中，废水控制对象 12 家，排污量占全市等标污染负荷 83％；8 月，市环保局召开重点工业污染源监督监测工作会议，对 19 家排污企业提出环境管理和监督工作要求，市环境监测中心就开展重点污染源动态数据库表有关技术问题进行培训。开展现场踏勘、调查，落实排污口及处理设施。

6. 加强环境管理

1996 年，市环保局研究并报经市编委批准，在原排污收费监理所的基础上建立了专职环境监理队伍，其主要职能由单一的排污收费扩展为"三查两调一收费"，环境监理所成立以来，对全市各类污染源实施现场检查 280 余次，检查污染治理设施 198 台（套）、查处企业违法行为 19 起，依法罚款 25 万元。1996 年市环境监理所排污收费征收总额 1668 万元，比上年增长 18％，1997 年进一步扩大征收面，加大了征收力度，收费总额已达 1916 万元，同年年底，我市环境监理所试点工作顺利通过云南省环保局环境监理工作会议验收。

7. 滇池流域工业污染源达标"零点行动"

按照《国务院关于滇池流域水污染防治"九五"计划及 2010 年规划的批复》要求，滇池流域水污染防治工作分三个阶段实施。第一阶段的目标之一是"到 1999 年 5月 1 日前，滇池流域工业污染企业（含规模养殖场、宾馆、饭店）排放的废水全部达到国家规定的标准"。根据云南省滇池污染综合治理领导小组的部署，借鉴国家环保总局在淮河、太湖流域的做法，滇池污染综合治理成立"零点行动"指挥中心。1999年2月2日，云南省环境保护局，昆明市环境保护局联合发布"关于滇池流域排污企业限期达标排放的公告"，要求滇池流域内所有工业企业（含规模养殖场、宾馆、饭店）排放的主要污染物必须于1999年5月1日前达到国家和地方规定的排放标准，同时公布了经省政府第十四次常委会研究批准的253家滇池流域达标排放重点考核企业名录，以接受社会各界的监督，为"零点行动"作准备。

3月1日，滇池流域253家达标排放重点考核企业中88家未达标的企业在厂（单位）门前挂出了达标排放倒计时警示牌，有关企业主管部门、滇池污染治理领导小组办公室也在单位门前挂出了达标排放倒计时警示牌，标志着"零点行动"即将开始。

3月31日，滇池污染综合治理"零点行动"指挥中心启动仪式在昆明方舟大酒店举行。省、市人大常委会组成人员为滇池治理倒计时揭牌，省、市政府领导为滇池污染治理"零点行动"指挥中心揭牌，标志着"零点行动"进入倒计时，滇池污染治理第一阶段目标已进入冲刺阶段。

4月1日零点，滇池达标排放"零点行动"准时启动，两个监督检查组正式对6个排污重点检查单位进行检查，一些新闻单位随行采访了突击检查活动。从此日起，对已公布的滇池流域达标排放重点考核单位进行拉网式检查。同时，开通了举报电话，24小时受理举报。

到4月30日为止，列入滇池治理重点考核的253家企业中，有249家完成了治理任务，实现了达标排放。有4家企业不能做到达标排放，昆明市政府责令停产治理或搬迁。除253家属国家、省、市重点考核企业外，市环保局还列出了31家非重点考核企业，其中有1家自行停产，其余30家通过了达标排放验收。同时，滇池流域各县（区）也排出了128家限期治理达标企业，截至4月30日，有127家通过了验收，有1家因不能达标而被责令停产治理。

5月1日零点，"零点行动"倒计时结束，滇池流域253家达标排放考核对象除昆明市造纸厂、呈贡县下庄橡胶加工厂、福保造纸厂、昆明市电瓷电炉厂四家企业分别由昆明市政府责令停产治理或搬迁转产外，其余249家企业均已完成了治理任务，做到了达标排放，达标率为98.4%。

滇池流域工业污染企业在"零点行动"中，共完成环保投资13598万元，其中，新增污水处理设施63台（套）。从1996年至1999年4月30日，流域内工业污染企业年排废水量削减了2.784×10^7t，化学需氧量削减12931t，总氮削减738t，总磷削减132t，削减量分别占1995年工业排放总量的56%、79%、79%、90%。工业污染治理圆满完成了国务院批复的"滇池治理规划"中第一阶段的目标。

工业污染防治取得了显著成效：1998年工业污染年产生的化学需氧量、总氮、总磷分别为9994t、1024t、180t，分别占污染物产生总量的21.9%、9.3%、14.4%，来自工业污染的化学需氧量在污染总量中所占的比例较 1995 年减少 10.2 个百分点。工业污染源入湖污染物总量从 1995 年的 10％～30％削减到 2000 年的 2％～14％。

三、工业污染治理提升达标

2000～2015 年的十五年间，我市的工业污染防治工作按照滇池"十五""十一五""十二五"规划目标开展，以调整产业结构，优化产业布局，提高流域内企业准入条件为主。滇池流域内除产业集聚区外，原则上不再布局新的工业项目，原有工业企业逐步搬迁；制定了严格的工业耗水标准，对于新建、改建、扩建的工业项目实行严格的用水管理，禁止超标准的高耗水型企业进入；加强工业企业大气污染防治、高污染燃料禁燃管理工作，区域空气环境质量在全国始终保持前列；开展整治违法排污企业保障群众健康环保专项行动，全市共出动环保执法人员 5 万余人。同时，建立了公安、检察院、法院等多部门参与的环保执法联动机制，开展了建设项目"未批先建"专项清查，环境法治建设进一步加强。

1. 滇池流域工业企业现状及分布调整

滇池流域有工业企业 1 万余家，规模以上工业企业约 700 家，占昆明市的 72％。2008 年年底，滇池流域共建设有高新区、经开区、度假区 3 个国家级开发区，以及晋宁、呈贡的 4 个省级工业园区，园区经济已成为流域工业经济的主力军。流域完成工业增加值 476 亿元，约占流域 GDP 的 33.8％，占昆明市 GDP 的 29.7％，形成涵盖 36 个工业大类，以卷烟、冶金、装备制造、能源、化工、医药、食品为主的工业体系。

"十二五"期间，全市成功创建 3 个国家级、10 个省级新型工业化产业示范基地。截至 2015 年，全市拥有国家级高新区 1 个、国家级经开区 2 个、省级工业园区 14 个、市级工业园区 1 个；其中，昆明高新区、昆明经开区在全省率先建成主营业务收入超千亿元级园区，安宁、五华等 10 个工业园区主营业务收入超百亿元，呈贡信息产业园成为全省唯一的信息产业专业园区。全市以调整优化工业布局为抓手，以提升项目承载能力为重点，以引导产业集聚为核心，改造提升园区基础设施，加快工业项目入园落地，实现园区提档升格，工业园区规模以上工业增加值占全市规模以上工业增加值的比例从 2010 年的 83.8％提高到 2015 年的 86.8％。

2010～2020 年期间，滇池流域工业企业由于昆明市政府实施"退二进三"的产业政策以及企业进园、集群化的政策导向，使企业归类布局、园区统一管理，形成了行业板块集聚的格局。在滇池流域的 7 个工业园区形成了以烟草及配套、有色和黑色冶金、化工、装备制造等传统企业为支撑，生物科技、光电子、环保、新能源为龙头的态势。如表 9-1 所列。

表 9-1　滇池流域工业企业分布情况

等级	工业片区名称	行政辖属	主要行业
国家级 开发区	昆明高新技术产业开发区	西山区	环保及新材料、生物医药、光机电及电力装备、电子信息及软件业
	昆明经济技术开发区	官渡区	光电子、电子信息及软件,烟草及配套、汽车及零部件、自动化物流设备等机械装备制造,贸易加工,现代物流产业
	昆明滇池旅游度假区	西山区	旅游度假、文化创意、体育训练、康体休闲及总部经济
省级 工业 园区	五华科技产业园	五华区	烟草及其配套、高档钛金为主的钛深加工、总部经济等都市型工业
	官渡工业园区	官渡区	航空运输物流、保税加工仓储、铁路专用机械、模具及配套、包装印刷
	呈贡工业园区	呈贡新区	以农特产品加工为主的绿色产业,生物资源开发,以铜、铝深加工为主的新型材料
	晋宁特色工业园区	晋宁县	精细磷化工,机床及汽车配件、铸造为主的装备制造,光学仪器

1995 年滇池入湖污水量为 $1.85 \times 10^8 t$,其中工业废水 $4.98 \times 10^7 t$,占污水量的 27%。工业污染负荷占入湖总负荷的比例分别为:COD 占 33%、TP 占 14.4%、TN 占 10.4%,但是工业污水中重金属和有毒物质占入湖总量的 90% 以上。到 2005 年,排入滇池的污水量高达 $2.3 \times 10^8 t$,主要污染物有:总氮 9750t,总磷 1160t,COD_{Cr} 30674t。其中,生活污染源排放占 45%～58%,工业污染源排放占 11%～32%。

2. 加强环保监督管理及制度建设

(1) 实施排污申报登记、污染物总量控制和排污许可证制度　2000 年,对流域内工业污染源实施排污申报登记、污染物总量控制和排污许可证制度。制定了《昆明市水污染物排放许可证管理暂行办法》,明确规定"对申请领取许可证的单位,由昆明市环境保护局按照国家污染物排放标准及云南省下达的昆明市水污染物总量控制指标,核定各排污单位的排污总量控制指标后,经审核符合条件的,颁发排放污染物许可证。对超出排污总量控制指标的排污单位,发放排放污染物(临时)许可证,并限期采取有效措施削减排污量,在限期内达到排放总量控制指标"。"暂不实行水污染物排放许可证制度的单位,只进行排污申报登记,不发放排放污染物许可证",禁止无证排放水污染物。

实行水污染物排放许可证制度的单位,应按环境保护行政主管部门的要求获得排放污染物许可证或排放污染物(临时)许可证,在规定期限届满后无许可证排放污染物的,属违法排污。

持有排放污染物许可证的排污单位,不按要求排放污染物的,环境保护行政主管部门有权终止或吊销排放污染物许可证；持有排放污染物（临时）许可证的排污单位，逾期仍达不到限期治理要求的，也要中止或吊销排放污染物（临时）许可证。

被中止排放污染物许可证的单位，在规定时间内达到排放污染物许可证要求的，环境保护行政主管部门准予恢复被中止的排放污染物许可证。

被吊销排放污染物许可证的单位，必须重新申请排放污染物许可证，新建、扩建和改建项目（包括技术改造项目），应在试生产（营业）后3个月内按《建设项目环境管理条例》的有关规定向环境保护行政主管部门申请办理建设项目"三同时"竣工验收，并同时申请办理排放污染物许可证，待建设项目通过"三同时"验收和领到环境保护行政主管部门审核发放的排放污染物许可证后，方能正式生产（营业）。

为使排污许可证的发放工作落到实处，选择了滇池流域28家主要排废水企业实施了水污染物排放许可证工作试点。对首批260家企业（含滇池流域企业152家）实行排污许可证制度，要求这些企业在达标排放和总量控制的基础上，于2001年10月15日前向环保部门提交排污许可证的申请资料，企业若没有环保部门核发的排污许可证，工商部门将对其营业执照不予年检。造成环境污染事故的单位，环境保护行政主管部门根据不同情况按有关规定予以处罚，构成犯罪的，依法追究刑事责任。全省率先推行排污许可证制度。

2002年6月昆明市环保局召开动员大会，全面实施工业企业排污许可证制度。2006年以来，强化重点污染企业污染监管工作，对151户滇池流域重点污染企业实施排污许可证管理，并开展更加严格的总量控制管理；严格环评审批，实行排污申报登记，对重点污染企业实行在线监控，开展环保专项行动。共检查企业5700多家，查处环境违法案件270件，处罚金额254.3万元。

对流域内年排废水量在 4×10^4 t 以上的化工、机电、冶金、医药、建材、宾馆餐饮、卫生、科教等行业和生产型资源综合利用企业，全面开展清洁生产审核工作。截至2007年，已对滇池流域787家排污单位发放污染物排污许可证（含第三产业，其中重点工业污染企业157家）。其中，滇池流域内国控企业12家（含8个污水处理厂），省控企业8家。对19家企业安装在线监控装置，96家企业完成清洁生产审核。

通过综合治理，滇池流域工业污染源排放的主要污染物基本实现达标排放。2007年年底，企业废水、化学需氧量、总氮、总磷排放量分别比1988年削减了36.43%、6.36%、49.24%和69.87%。滇池流域化学需氧量、总氮、总磷的削减能力分别达到40581t、5193t和677t，分别比1993年增加25倍、28倍、48倍。随着治理能力的提高，入湖化学需氧量、总磷点源负荷出现下降趋势，入湖总氮点源负荷保持平稳，长期的增长趋势受到遏制。

（2）实施排污口规范化整治　为加强对污染物排放的监督检查，加大环保执法力度，逐步实现污染物排放的科学化、定量化管理；促进企业加强环境管理，减少污染物的排放，节约和综合利用资源，保护和改善环境质量，市环保局进一步加强了企业排污口的管理工作，强化工业污染源治理工作，原则上一个企业只能设置一个污水排放口，企业污水排放口必须经环保局批准备案，不得另外私设排污口。对污染源安装在线监控设施，并建立规范化排污口档案。

到2000年年底，对199家企业实施排污口规范化整治工作，整治排污口217个，安装污水流量计134台、环保监控仪103台，悬挂环保标志534块。2005年共完成188家企业排污口规范化的整治与改造，实现了188家污染源的在线监控，其中安装流量计121台、黑匣子136台、数据传输系统188套。

（3）整治违法排污　2003～2007年，对省市挂牌督办企业、工业园区、矿山采选、化工石化等重点污染、高风险行业以及旅游公路沿线、养殖畜牧等企业进行专项检查，立案查处违法企业数百家；发布《关于限制办理建设项目环保审批及验收通告》；对1995年以来的建设项目实施全面清理，实施了建设项目竣工环保验收公示制度。

2008年8月，市滇管综合执法总队严格按照市委、市政府"一湖两江"水环境综合整治和"四全"工作目标要求，结合"七小行业"综合治理工作，对小企业、小作坊、小饭店相对集中的西坝河下段韩家小村、新河村片区进行执法检查。经查，该片区主要的生产企业有双鑫家具厂、黄勇水发菜加工点、机筛工贸有限公司、上关花食品厂等企业。这些企业、小作坊均没有设置任何污水处理设备，污水都是直排河道，尤其是黄勇水发菜加工点，生产过程中产生的黄色带有刺鼻气味的污水，不经任何处理，直接排入西坝河。

企业的生产垃圾也随意堆放在河道边，风吹雨淋就进入到西坝河。这些企业、作坊不规范的行为，严重污染了西坝河水质，影响了河道景观，对滇池水质造成危害。针对上述情况，执法人员在对5家排污企业现场调查取证的基础上，下发了行政调查通知书和责令整改通知书，要求这些企业：设置规范的沉淀池，产生的生产废水和生活污水须经过处理后达标排放；对堆放在河道边的生产垃圾立即进行清运，按门前三包的要求，确保责任范围内河道整洁。并且责令黄勇水发菜加工点、上关花食品厂停业整改。

2008年8月6日，执法人员对上述企业的整改情况进行回访检查，这些企业都按照整改要求设置了规范的沉淀池，产生的废水经过处理达标后二次回用。

2009年10月，按照市委、市政府对违法排污企业实行"一次性违法排污，永久性退出市场"的要求，体现铁腕治污、科学治水、综合治理，解决"违法成本低，守法成本高"的问题，市政府结合我市的实际制定《昆明市人民政府关于加强整治违法排污行为的实施意见》（昆政发〔2009〕70号）。提出建立以下制度对违法排污行为进行整治。

① 严格市场准入制度。实行环保一票否决，本市范围内所有新改扩建工程建设项目，未取得环保部门批准的环评文件，任何行政管理部门不得对其颁发行政许可证照。

② 无证照经营违法排污行为查处取缔制度。对于无照经营的违法排污行为，一经

查实，坚决依法予以取缔，查封无照经营场所，没收其用于从事无照经营的工具、设备、原材料、产品（商品）等财物，并按上限处以 50 万元的罚款。

③ 建立违法排污企业从严查处和永久退出市场制度。根据现行法律法规，对于违法排污行为从重从严查处，实行强制退出市场，按照下列情形处理。

对于在饮用水源保护区内设置排污口的，依法强制拆除排污口，实施停产关闭，并按上限处以 100 万元的罚款。

对于违法排污企业，发生重大或者特大污染事故造成严重后果的，一经查实，责令关闭，依法断水、断电，追究相关责任人的法律责任。

对于私设暗管排放污染物的，一经查实，依法强制拆除私设的暗管，责令停产停业，断水、断电，并按上限处以 50 万元罚款。

对于故意拆除污染治理设施或者停止污染治理设施运行，直接排放污染物，造成超标排污或者超总量排污的，一经查实依法实施限期治理，并按上限处以应缴纳排污费数额五倍的罚款，限期治理期满后，仍然不能达标排放的，依法强制实施停产、关闭，断水、断电。

对于本市高污染燃料禁燃区内使用高污染燃料的企业，依法责令拆除、没收燃用高污染燃料的设施，情节严重的，依法责令停产、关闭。

对于违反国家产业政策的排污企业，一经查实依法予以取缔、关闭、淘汰。

对于向环境排放毒害性、放射性、腐蚀性物质或者传染病病原体等危险物质的，坚决依法查处，责令停产、关闭，构成犯罪的，依据《中华人民共和国刑法》追究刑事责任。

④ 建立违法排污"黑名单"曝光制度。对于违法排污行为，全部记入"黑名单"，在全市范围内通报，并设立"曝光台"定期在媒体上公开曝光。其中，对于无照经营的违法排污行为，一经查实，其业主身份信息记入"黑名单"，在本市范围内强制性退出市场，任何行政管理部门不得批准其再从事相同的业态经营。

⑤ 建立环境公益诉讼制度。对于引起环境公益受损或者威胁环境公益的，行政执法机关或者检察机关可以提起环境公益诉讼。

（4）推进重点工业污染全面达标及总量控制工作　2007 年组织实施昆明市第一次污染源调查，实施污染减排及实施排污总量控制，依法进行污染申报登记，建立了污染减排目标责任制，分解落实"十一五"总量控制目标任务，全面实施结构减排、工程减排、管理减排等措施。

（5）推行清洁生产审核　2007 年，制定了《昆明市清洁生产审核实施办法（暂行）》，推行清洁生产审核，优化调整产业结构，淘汰落后产能，实现产污减量化、最小化。组织实施清洁生产推进计划，关停云南国资水泥等 18 家企业落后产能生产线；对 103 家企业进行清洁生产审核。

2008 年，主要开展优化调整产业结构，淘汰落后产能，实现产污减量化、最小化工作。加大对造纸、酿造、印染、医药、制革以及各类化工等行业落后生产能力的淘汰力度。严格新建项目环境准入，禁止新上排放氮、磷污染物的项目。

新建和现有不在城市污水处理厂纳污范围内的工业园区和工业集中区，必须配套建设污水集中处理设施，实施再生水综合利用和循环回用。

引导滇池流域内重点工业污染企业持续开展清洁生产审核，对不能稳定达标排放的企业实施强制清洁生产审核和限期达标整改。157 家重点工业污染企业开展清洁生产审核。完成 20 家国控、省控企业（含 8 个污水处理厂）在线监控装置建设，与市级环保部门联网。通过加强管理，减少滇池污染负荷，有效控制新污染源。

2008 年，污染源总磷、总氮、化学需氧量产生量分别占流域总产生量的 3％、10％和 2％。

（6）加强新污染源控制 一是严格执行《中华人民共和国环境影响评价法》和《滇池保护条例》，流域内杜绝新上污染企业；二是新上项目的污染物排放指标严格控制在区域总量控制指标内，严禁无指标审批项目；三是新建工业集中区必须配套建设污水集中处理设施，实施中水综合利用和循环回用，实现废水污染物排放最小化。

（7）建立环境污染责任保险制度 积极推进昆明市的环境污染责任保险工作。2009 年市政府以第 51 号公告发布《昆明市人民政府 关于推行环境污染责任保险的实施意见》，自 2009 年 10 月 1 日执行。实施意见明确规定投保范围：滇池流域 2920 平方千米范围内从事生产、经营、储存、运输、使用危险化学品的企业，危险废物收集、运输及处置企业，以及钢铁、有色金属冶炼、电镀、化工、焦化制气、制药、皮革、造纸、制浆、印染、酿造、铸造、电石、铁合金、柠檬酸、矿山开发、火力发电、食品加工、烟草制品加工、塑料加工、机械制造、橡胶制品加工、垃圾焚烧发电企业应当参与环境污染责任保险。从 2009 年开始，滇池流域各县（区）认真开展了此项工作，以协调、宣传教育为主，利益引导为辅，开展了大量探索性的工作。帮助企业认识到签约环境责任保险是一项"双赢"的工作，通过宣传教育，化解企业疑虑。通过努力有 72 家企业参与了环境污染责任保险，保障提供责任支持。

（8）限制发展高耗水、高污染和劳动密集型产业 集中流域内主导产业到工业园区，执行严于国家的污染物排放标准。严把环境准入关，严格执行能源、交通、矿产资源开发、园区建设等重点领域的规划环评审批，加快整改环评"未批先建""建而未检"项目管理。充分征求群众意见，发挥群众监督作用。

① 严把建设项目初审关。按照国家、省、市产业政策和环保法律法规的要求，对拟进工业园区项目进行初步审核，对不符合区产业政策规定的坚决不予受理。同时落实专人跟踪项目服务，窗口服务人员实行一次性告知，方便企业办事，做好对进区企业的服务工作。

② 严把建设项目选址关。对新进工业园区的新、改、扩建项目进行现场勘查，分析项目可能产生的污染源种类和数量，及与新建项目有关的老污染源的排污情况，审

查项目的选址是否符合规划要求，是否处于环境敏感区域，了解项目概况和周边企业信息，确定项目选址的合理性。

③严把建设项目环评关。严格按照国家建设项目环境影响评价有关规定，确定环评类型及执行标准，认真分析项目实施对环境可能造成的影响以及拟采取的环保措施的可行性和可靠性。以环评结论和专家意见为依据，坚持集体讨论、集体研究、集体审批的原则，做到公开、公正和透明。

④严把建设项目建设管理关。加强项目建设过程中的监督管理，督促企业按照项目环保批复要求，做好污染治理设施与主体工程同时设计同时施工、同时投入使用的"三同时"工作。"三同时"不到位，治理设施不完善的项目不允许投入试生产。

⑤严把建设项目验收关。对提请验收的项目严格审查，对达不到环保审批要求的，一律不予验收，并明确提出整改要求，确保环评要求的措施落到实处。

（9）制定实施相关法规、政策　2007年，市政府制定并下发了《昆明市严厉查处违法排污行为的若干规定》；2008年，市人大常委会发布《关于推进磷钛资源节约与综合利用保护滇池流域生态环境的决议》；2009年，市人大常委会审议通过《昆明市地下水保护条例》，市政府制定并下发了《昆明市工业园区环境保护管理办法》《关于加强整治违法排污行为的实施意见》《昆明市危险废物污染防治办法》；2012年，市人大常委会审议通过《昆明市节约能源条例》等法规及政策。

（10）落实总量减排"一票否决"制度和污染物减排目标责任制度　2011年，为进一步加强全市环境保护工作，切实解决"守法成本高，违法成本低"的问题，对违法排污企业实行"一次性违法排污，永久性退出市场"，依据《昆明市人大常委会关于整治违法排污建立健全环境监管长效机制的决议》等相关规定，结合实际，市政府制定了《昆明市严厉查处违法排污行为的若干规定》。

（11）加快推进工业转型升级　2015年，为进一步优化全市工业产业空间布局，加快推动工业转型升级，加速推进新型工业化进程，全面构筑特色突出、结构合理、低碳高效的现代工业产业体系，根据《中共昆明市委昆明市人民政府关于加快推进工业转型升级的实施意见》（昆发〔2014〕14号）等文件精神，结合昆明工业产业发展趋势和工业布局现状，对《昆明市工业产业布局规划纲要（2010—2020）》进行修编，期限为2015～2025年。

（12）合理确定工业发展布局、结构和规模　充分考虑水资源、水环境承载能力，量水发展、以水定城、以水定地、以水定人、以水定产。重大项目原则上布局在重点开发区。严格控制滇池流域水污染严重地区高耗水、高污染行业发展，新建、改建、扩建重点行业建设项目实行主要污染物排放减量置换。严格控制石化、化工、有色金属冶炼等项目环境风险。

（13）加强工业水循环利用　积极推广国家鼓励的工业节水工艺、技术和装备。鼓励工业企业运用工业节水工艺、技术和装备，促进企业废水深度处理回用。昆明市经开区根据实际情况，积极推进园区内水的循环和梯级利用。

2015 年 8 月 6 日，作为昆明市"十二五"重点建设项目，也是滇池流域水污染防治"十二五"规划项目的普照水质净化厂工程竣工验收。普照水质净化厂及配套管网工程是经开区牛街庄-鸣泉片区、出口加工区及普照-海子片区重要的污水处理及回收利用工程，将实现三大片区污水全收集、全处理、全达标、全回用。

此前，2011 年 8 月，位于马料河经开区中段的倪家营水质净化厂一期建成并投入使用，实现了区内信息产业基地、果林水库东片区、黄土坡片区、民办科技园、清水片区和大冲片区的工业废水及生活污水的有效处理和回用。

普照水质净化厂与倪家营水质净化厂是经开区内重要的水循环利用"中枢"，他们将共同承担起经开区 156.6km² 范围内的污水处理及再生水循环利用。

（14）促进工业生产再生水利用　具备使用再生水条件但未充分利用的钢铁、火电、化工、制浆造纸、印染等项目，不得批准其新增取水许可。推进《昆明市城市节约用水管理条例》实施，严格落实节水"三同时"制度，所有新建、改建、扩建建设项目，符合再生水利用设施建设条件的，应当配套建设分散式再生水利用设施或使用集中式再生水。

（15）建立企业法人履行环保责任承诺制　为加强环保监管，提高企业主的环保社会责任感，西山区积极探索企业法人履行环保责任承诺制。即企业在办理环保审批手续取得环评批复时，企业法人必须签订履行环保责任承诺书，向社会做出公开承诺企业要履行的环保责任。承诺书中明示了企业要履行的环保设施建设责任、"三同时"验收时限要求、排污许可证办理要求、日常生产经营中对环保设施的维护管理和加强员工环保宣传教育等工作要求。

同时，企业法人还要向社会做出守法承诺，对违背承诺的企业，环保部门将依法严厉查处。此举进一步从道德约束和法律监管两方面提高了企业严格遵守环保法律法规的自觉性和积极性，有效促进了企业严格自律。

（16）推进污染源日常环境监管随机抽查工作，建立污染源动态数据库　2011 年初起，在全市范围内推进污染源日常环境监管随机抽查工作。建立污染源动态数据库，录入各类污染源企业 1147 家。4 月，市环保局印发了《昆明市环境保护执法监督局关于填报污染源档案企业基本信息表的通知》，要求各县（市）区结合环境安全隐患大排查，建立"一企一档"，并根据本行政区环境承载力，污染总量控制指标等要求，确定本辖区内重点排污单位和一般排污单位。随后又印发通知，对各县（市）区随机抽查工作进行了安排部署。共确定市级重点监管对象 151 家、市级一般监管对象 1240 家、特殊监管对象 58 家；市级危废医废重点企业 87 家，市级危废医废一般企业 537 家，危废医废特殊监管对象 25 家。根据随机抽查方案，市级环保部门每季度至少对本行政区 10% 的重点排污单位进行抽查，县（市）区级环保部门每季度至少对本行政区 30% 的重点排污单位进行抽查，对于特殊监管对象，市级环保部门每季度至少按照 25% 的比例进行抽查，县（市）区级环保部门每季度至少按照 50％的比例进行抽查。市环境监察支队环保通移动执法中心平台基于昆明市环保局"数字环保"平台，建立了以污染源档案为基础的污染源动态数据库，整合了污染源从环评批复、竣工验收、排污许可证、排污申报、排污收费、行政执法等方面的业务数据，包含了废水、废气、危险废物、核技术应用情况等各方面的信息。信息库共录入各类污染源 1147 家，其中市级重点监管对象 151 家，市级一般监管对象 996 家。

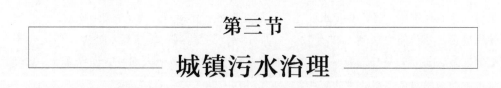

第三节
城镇污水治理

　　随着昆明城市规模不断扩大，人口迅速增长，特别是 20 世纪 80 年代以后，城市住宅水冲厕所的普及和洗衣机的广泛使用，城镇生活污染成为滇池流域的主要入湖污染源。

　　自 1988 年 10 月开工建设昆明市第一座污水处理厂起，至 2020 年年底，滇池流域建成城市污水处理厂 15 座，处理规模达到 $1.555\times10^6\,m^3/d$（包括主城 13 座污水处理厂、呈贡区 1 座、晋宁区 1 座）；建成集镇污水污水厂 11 座，处理规模为 $1.283\times10^4\,m^3/d$；建成园区污水处理厂 7 座，处理规模为 $1.635\times10^5\,m^3/d$。

　　污水管网收集系统也不断建设改造完善，至 2020 年年底，市政排水管网覆盖率约为 $10.22km/km^2$，建成 17 座雨污调蓄池，调蓄容积为 $2.13\times10^5\,m^3$；并建成环湖截污干渠管 97km，雨污水处理厂 10 座，总设计规模 $5.55\times10^5\,m^3/d$，出水水质均达到一级A 标准。

　　1995 年，按照"补偿成本，合理收益""污染者付费"的原则，出台向城市居民征收"排水设施有偿使用费"政策。昆明市按 0.35 元每立方米开征污水处理费。此破冰之举，开云南先河，同时也领先全国。改变了由政府投资、政府买单，城市居民免费享受市政供水、污水及垃圾处理公用设施服务的传统方式，灵活运用价格机制支持污水管网建设运营。2006 年 1 月 1 日，污水处理费每立方米上调到 0.80 元，2009 年 5 月每立方米上调到 1.10 元。

一、城市水质净化处理

　　2014 年，昆明主城十二座污水处理厂更名"水质净化厂"，平均出水水质全面达到

《城镇污水处理厂污染物排放标准》（GB 18918—2002）一级 A 标准，目前出水水质正转向执行《城镇污水处理厂主要水污染物排放限值》（DB 5301/T 43—2020），水质净化运营管理处于国内先进、省内领先水平，2013 年、2014 年、2015 年连续三年，昆明市污水处理在全国 36 个大中城市排名中稳居前十名。

截至 2020 年年底，昆明滇池水务股份有限公司运营管理的滇池流域 22 座水质净化厂共处理污水超过 $4.5 \times 10^9 \, m^3$，削减 COD 超过 $1.28 \times 10^6 \, t$，削减 $NH_3\text{-}N$ 超过 $8 \times 10^4 \, t$，有效控制入滇污染负荷。

"七五"期间建设了昆明市第一污水处理厂。"九五"至"十五"期间，新建第二至第六污水处理厂、晋宁县污水处理厂、呈贡县污水处理厂，改扩建第一污水处理厂，使流域污水处理能力达到 $5.85 \times 10^5 \, m^3/d$，出水水质达到《城镇污水处理厂污染物排放标准》（GB 18918—2002）一级 B 标准，极大地削减了滇池入湖污染负荷总量，减轻城市生活污水对滇池水环境的破坏。

"十一五"期间，扩建第三、第五、第六污水处理厂，新建第七、第八污水处理厂，共计增加污水处理能力 $5.5 \times 10^5 \, m^3/d$，使得流域污水处理能力达到 $1.135 \times 10^6 \, m^3/d$；同时，完成对第一至第六污水处理厂污水处理技术的改造，使污水处理厂出水水质从一级 B 标准提升至一级 A 标准。

"十二五"期间，建成第九、第十、第十一、第十二污水处理厂，新增污水处理能力 $3.6 \times 10^5 \, m^3/d$，流域污水处理能力达到 $1.495 \times 10^6 \, m^3/d$；同时，更新改造第一污水处理厂一、二期二级处理系统，进一步提升了流域污水处理能力。

"十三五"期间，建成第十三污水处理厂，新增污水处理能力 $6 \times 10^4 \, m^3/d$，流域污水处理能力达到 $1.555 \times 10^6 \, m^3/d$，并启动第十四污水处理厂建设工程；同时，推动污水处理厂尾水排放标准由《城镇污水处理厂污染物排放标准》（GB 18918—2002）一级 A 标准，转向执行《城镇污水处理厂主要水污染物排放限值》（DB 5301/T 43—2020）B 级标准，全面启动污水处理厂提标改造建设，完成一、三、九污水处理厂超级限除磷提标改造实验示范工程，启动其他厂的提标工程。

主城污水处理厂经过滇池治理"九五""十五""十一五""十二五""十三五"五个五年规划的新建、改扩建，污水日处理规模达到 $1.555 \times 10^6 \, m^3$，纳污面积 374.77 km^2，主城建成区旱季污水收集处理率达到 90%，出水水质均执行《城镇污水处理厂污染物排放标准》（GB 18918—2002）一级 A 标准，部分水质指标优于一级 A 标准，提高了污染物的去除率，有效减轻了入滇池的污染物总量。城市污水处理厂的建成，对削减入滇池的污染物总量，减轻城市生活污水对滇池水生态环境的破坏，改善和恢复滇池及其河系水环境质量及水体功能，推动滇池流域社会经济可持续发展起到了积极作用。

1. 昆明市第一水质净化厂（第一污水处理厂）

第一水质净化厂于 1988 年 10 月开工建设，1990 年 12 月竣工，并进行了通水试车，是我国西南地区最早的污水处理厂之一。1991 年 3 月正式进行活性污泥培养，活性污泥培养驯化成功后立即投入运行生产。试运行一年后，通过了一次性总体验收，至今生产运行从未间断过。

一期工艺为以卡鲁塞尔氧化沟为主体的 Bardenpho 工艺，主要负责收集处理船房河水系的污水。原纳污范围 $9km^2$，服务人口 25 万人。由西南市政工程设计院设计，设计规模 $5.5 \times 10^4 m^3/d$，总投资 3300 万元人民币。

二期改扩建工程于 2002 年 8 月开工，2004 年 1 月完成。该项目是昆明市利用世行贷款排水子项目之一，利用世行贷款 820 万美元和政府投资，总投资 1.23 亿元（含 4km 管网）。在原处理规模 $5.5 \times 10^4 m^3/d$ 的基础上挖潜改造为 $8 \times 10^4 m^3/d$（也称为老系统），同时新建了一座日处理 $4 \times 10^4 m^3$ 的新系统（采用奥贝尔氧化沟脱氮除磷工艺），新老系统设计日处理规模由原来的 $5.5 \times 10^4 m^3/d$ 提高到 $1.2 \times 10^5 m^3/d$。厂区占地面积 182 亩，服务人口 59.96 万人，纳污面积 $36.88km^2$，现负责处理十里长街以北的西坝河、船房河以及广福路以北的杨家河、采莲河系污水。

2006～2009 年，结合滇池北岸水环境综合治理工程，一厂进行提标改造，工程新增深度处理系统，使出水水质达到《城镇污水处理厂污染物排放标准》（GB 18918—2002）一级 A 标准。工程于 2008 年 12 月底开工，2009 年 12 月 28 日完工通水。工程总投资 4796 万元，其中利用日元贷款 4.84 亿日元（折合人民币约 3356 万元），内资 1440 万元，处理规模为 $1.2 \times 10^5 m^3/d$。提标改造完成后污水厂尾水有 $4 \times 10^4 m^3/d$ 用于采莲河清水回补，其余 $8 \times 10^4 m^3/d$ 尾水回补船房河。

2013 年 6 月～2014 年 1 月，国家水体污染控制与治理科技重大专项实施第一水质净化厂雨季合流污水高效处理工程。通过一系列的曝气模式的改造并提升系统的二级处理能力，一期氧化沟由表面曝气改造为底部微孔曝气，提升处理能力至雨季 $1.1 \times 10^5 m^3/d$。二期氧化沟改造为底部微孔曝气，提升处理能力至雨季 $5 \times 10^4 m^3/d$。旱季 $1.2 \times 10^5 m^3/d$ 尾水排放执行《城镇污水处理厂污染物排放标准》（GB 18918—2002）一级 A 标准，雨季流量 $1.6 \times 10^5 m^3/d$ 出水污染物削减总量不低于旱季 $1.2 \times 10^5 m^3/d$ 的一级 A 标准。

从建成至 2015 年 12 月 31 日，昆明市第一水质净化厂已累计处理污水 $6.8727 \times 10^8 m^3$，削减 COD 共计 192003t，削减 NH_3-N 共计 12296t。

2. 昆明市第二水质净化厂（第二污水处理厂）

昆明市第二水质净化厂是"八五"期间的重点工程项目，处理规模为 $1 \times 10^5 m^3/d$。厂址位于官南路六甲乡张家庙，盘龙江东侧，占地面积 176 亩，服务人口 56 万人，纳污面积 $36.8km^2$。负责处理主城东南片区，主要是盘龙江以东、穿心鼓楼以南、凉亭以西、小街以北的城市污水。处理后的尾水回补大清河。投资 1.388 亿元。工程于 1994 年 3 月 18 日开工，1995 年 11 月 8 日建成。污水处理采用瑞典 ET 公司提供的多格厌氧池和同心圆 BOD/N 池为主体的表面曝气 A^2/O 处理工艺。

"十一五"期间，为了提升污水处理厂出水水质，第二污水处理厂技术改造工程增加 $1×10^5 m^3/d$ 深度处理系统，投资 4590 万元。工程于 2008 年 12 月开工，2009 年 12 月 28 日完工通水。2010 年 8 月 23 日完成竣工验收。采用的处理工艺为 D 型滤池过滤加紫外线消毒。深度处理工艺改造项目完成后，出水水质执行《城镇污水处理厂污染物排放标准》（GB 18918—2002）一级 A 标准，处理后的尾水排入大清河进入尾水外排管道，排至滇池外流域螳螂川。2014 年 5 月完成第二污水处理厂节能降耗优化运行工程。平均出水水质全面达到《城镇污水处理厂污染物排放标准》（GB 18918—2002）一级 A 标准。

从建成至 2015 年 12 月 31 日昆明市第二水质净化厂已累计处理污水 $6.4881×10^8 m^3$，削减 COD 共计 116692t，削减 NH_3-N 共计 13612t。

3. 昆明市第三水质净化厂（第三污水处理厂）

昆明市第三水质净化厂处理规模为 $2.1×10^5 m^3/d$。位于西郊明波、运粮河南岸，主要负责处理华山西路以南、靖国新村以北、正义路以西、高新技术开发区以东的西城区范围内的污水，纳污面积 $26.94km^2$。分老厂区和新厂区两部分，投资 1.88 亿元。工程于 1996 年 10 月利用澳大利亚政府贷款开工建设，1997 年 10 月试运行。污水处理采用澳大利亚 BHPE 公司提供的 ICEAS 工艺。

"十一五"期间，为了提升污水处理厂出水水质，第三污水处理厂技术改造工程新厂新增 $6×10^4 m^3/d$，连同现有规模 $1.5×10^5 m^3/d$，新建配套的 $2.1×10^5 m^3/d$ 深度处理设施，新建 $3.47×10^5 m^3/d$ 雨季合流污水强化一级处理设施，投资 22583 万元。工程于 2007 年 8 月开工，2009 年 10 月 30 日完工通水。2010 年 4 月 28 日完成竣工验收。扩建工艺与老厂相同的二级处理工艺相同，采用 ICEAS 工艺；超过二级处理能力的雨季合流污水采用强化一级处理（高效沉淀）；深度处理采用沉淀（利用雨季的一级强化高效沉淀系统）、滤池、紫外消毒工艺。出水水质执行《城镇污水处理厂污染物排放标准》（GB 18918—2002）一级 A 标准。处理后的尾水每天约 $2×10^4 m^3$ 回补乌龙河、每天约 $1×10^4 m^3$ 回补大观公园，其余回补老运粮河下游进入滇池草海。

从建成至 2015 年 12 月 31 日昆明市第三水质净化厂已累计处理污水 $1.10138×10^9 m^3$，削减 COD 共计 331465t，削减 NH_3-N 共计 22017t。

4. 昆明市第四水质净化厂（第四污水处理厂）

第四污水处理厂处理规模为 $6×10^4 m^3/d$。位于北郊盘龙江油管桥附近。厂区占地 45 亩，服务人口 28.8 万人，纳污面积 $12.48km^2$，主要负责处理北二环以南、虹山以东、圆通山以北、东二环以西范围内的生活污水，投资 6000 万元。工程于 1997 年 5 月建成投入使用，污水处理采用 ICEAS 工艺。

"十一五"期间，为了提升污水处理厂出水水质，第四污水处理厂技术改造工程增加 $6 \times 10^4 \, m^3/d$ 辅助化学药剂除磷系统和紫外线消毒系统，技术改造于 2009 年已经完成、通水，投资 490 万元。为进一步探索昆明市污水处理的新工艺、新方法，进一步提高污水处理厂出水水质，在北岸工程已实施改造工程的基础上采用 MBR 膜结构对其进行升级改造，2010 年 9 月升级改造工程基本完成，设计处理规模 $6 \times 10^4 \, m^3/d$，同时增加臭氧消毒设备，出水水质执行《城镇污水处理厂污染物排标准》（GB 18918—2002）一级 A 标准，现出水水质除个别指标外，达到地表 Ⅳ 类水标准，处理后的尾水一部分用于翠湖公园清水回补，其余排入盘龙江。

从建成至 2015 年 12 月 31 日昆明市第四水质净化厂已累计处理污水 $3.9973 \times 10^8 \, m^3$，削减 COD 共计 128214t，削减 $NH_3\text{-}N$ 共计 8026t。

5. 昆明市第五水质净化厂（第五污水处理厂）

昆明市第五水质净化厂处理规模为 $1.85 \times 10^5 \, m^3/d$。厂址位于北郊北市区金色大道盘龙江东岸，属城北片区系统。全厂共分三期建设，占地 175.8 亩，服务人口 37.51 万人，负责收集处理松花坝水库以南、火车北站以北、长虫山以东、穿金路和北龙路以西的区域，以及银汁河、盘龙江和金汁河上段的汇水区域，纳污面积 $50.64 km^2$，投资 2.29 亿元。工程于 1998 年 1 月开工，2002 年 6 月竣工并试运行，2004 年正常运行，污水处理采用 A^2/O 改进型脱氮除磷微孔曝气工艺。一期工程为昆明市滇池污染治理世界银行贷款项目。

二期工程于 2008 年开始对原有系统挖潜改造，新增二沉池两座，并更换和增加了部分设备，使污水处理能力增加到 $1 \times 10^5 \, m^3/d$，2008 年 12 月投入试运行。

"十一五"期间，为了提升污水处理厂出水水质，第五污水处理厂改扩建工程新增 $8.5 \times 10^4 \, m^3/d$ 二级生化处理及旱季 $1.85 \times 10^5 \, m^3/d$ 的深度处理、雨季 $3.8 \times 10^5 \, m^3/d$ 的一级处理系统，投资 22177 万元。工程于 2008 年 5 月开工，2009 年 10 月 30 日完工通水，2010 年 8 月 25 日完成竣工验收。污水处理采用改良型 A^2/O 微孔曝气脱氮除磷＋微絮凝过滤＋紫外线消毒工艺。出水水质执行《城镇污水处理厂污染物排放标准》（GB 18918—2002）一级 A 标准，处理后的尾水一部分提供中水回用，其余排入金汁河进入尾水外排管道，排至滇池外流域螳螂川。

从建成至 2015 年 12 月 31 日昆明市第五水质净化厂已累计处理污水 $6.1205 \times 10^8 \, m^3$，削减 COD 共计 190268t，削减 $NH_3\text{-}N$ 共计 11643t。

6. 昆明市第六水质净化厂（第六污水处理厂）

昆明市第六水质净化厂处理规模为 $1.3 \times 10^5 \, m^3/d$。厂址位于东郊中营村，宝象河东岸，占地 99 亩，服务人口 38.8 万人，主要服务经济技术开发区、官渡镇、小板桥镇、羊方凹、牛街庄、金马镇等片区，纳污范围 $50.63 km^2$，投资 1.87 亿元。工程于

1998 年 1 月动工，2003 年 1 月通水试运行，2004 年投入运行。污水处理采用活性污泥法的 A^2/O 微孔曝气脱氮除磷工艺。一期工程为昆明市滇池污染治理世界银行贷款项目。

"十一五"期间，为了提升污水处理厂出水水质，第六污水处理厂改扩建工程改、扩建工程内容包括挖潜 $1.5 \times 10^4 \, m^3/d$，使处理规模由 $5 \times 10^4 \, m^3/d$ 提高到 $6.5 \times 10^4 \, m^3/d$，扩建生化处理设施 $6.5 \times 10^4 \, m^3/d$，使总规模达到 $1.3 \times 10^5 \, m^3/d$，并在生化处理系统后增加深度处理系统，$1.3 \times 10^5 \, m^3/d$，投资 14775 万元。工程于 2008 年 12 月底开工，2009 年 12 月 28 日完工通水，2010 年 8 月 23 日完成竣工验收。改扩后仍采用活性污泥法的 A^2/O 微孔曝气脱氮除磷工艺，出水水质执行《城镇污水处理厂污染物排放标准》(GB 18918—2002) 一级 A 标准，处理后的尾水排入新宝象河。

从建成至 2015 年 12 月 31 日昆明市第六水质净化厂已累计处理污水 $2.8549 \times 10^8 \, m^3$，削减 COD 共计 114682t，削减 NH_3-N 共计 7886t。

7. 昆明市第七水质净化厂（第七污水处理厂）

昆明市第七水质净化厂处理规模为 $2 \times 10^5 \, m^3/d$。厂址位于湖滨公路北侧、金太河西岸的洪家大村，总占地面积 185 亩，纳污范围 $22km^2$。旱季处理规模 $2 \times 10^5 \, m^3/d$，预留 $1 \times 10^5 \, m^3/d$ 扩建用地，雨季总规模 $6.8 \times 10^5 \, m^3/d$，投资 42949 万元。工程于 2008 年 5 月开工，2009 年 12 月 28 日完工通水，2010 年 8 月完成竣工验收。污水二级处理工艺采用 A^2/O 工艺，超过二级处理能力的雨季合流污水采用一级强化处理工艺（高效沉淀），深度处理规模 $2 \times 10^5 \, m^3/d$，采用微絮凝直接过滤（D 形滤池）。高效沉淀池雨季处理超过二级处理能力的合流污水，旱季作为二级处理前的一级处理设施，出水水质执行《城镇污水处理厂污染物排放标准》(GB 18918—2002) 一级 A 标准，处理后的尾水进入尾水外排管道，排至滇池外流域螳螂川。

8. 昆明市第八水质净化厂（第八污水处理厂）

第八污水处理厂处理规模为 $1 \times 10^5 \, m^3/d$。厂址位于滇池北岸湖滨公路北侧、金家河西岸原第七污水处理厂预留用地内，占地面积 100.55 亩，服务范围为城东、城南、城东南片区，纳污范围 $10.5km^2$。第七污水处理厂 $2 \times 10^5 \, m^3/d$ 和预留 $1 \times 10^5 \, m^3/d$（第八污水处理厂）同时建设，投资 11298 万元。工程于 2008 年 5 月开工，2009 年 12 月 28 日完工通水，2010 年 8 月完成竣工验收。管理用房、污水处理控制中心等配套设施与已建成的第七污水处理厂共用，两厂污水处理运行统一管理。污水处理采用 A^2/O 处理、高速过滤、紫外线消毒工艺，利用第七污水处理厂脱水系统，出水水质执行《城镇污水处理厂污染物排放标准》(GB 18918—2002) 一级 A 标准，处理后的尾水进入尾水外排管道，排至滇池外流域螳螂川。

从建成至 2015 年 12 月 31 日昆明市第七、第八水质净化厂已累计处理污水 $6.3054 \times$

$10^8 \, \mathrm{m}^3$，削减 COD 共计 187069t，削减 $\mathrm{NH_3}$-N 共计 12247t。

9. 昆明市第九水质净化厂（第九污水处理厂）

昆明市第九水质净化厂处理规模为 $1 \times 10^5 \, \mathrm{m}^3/\mathrm{d}$。厂址位于高新区昌源北路旁，污水处理厂服务范围西至西三环，北至北三环，南至滇缅大道—北二环一线，东至普吉街道办事处辖区，服务人口 31.66 万人，纳污范围 22.85km^2。工程于 2012 年 9 月开工，2013 年 12 月底完成工程建设并通水试运行，项目投资 64615.17 万元。污水处理采用膜生物反应器（MBR）污水处理工艺，出水水质执行《城镇污水处理厂污染物排放标准》（GB 18918—2002）一级 A 标准，污水处理厂的尾水一部分作为再生水回用水源，其余排至西边小河作为河道补水，同时兼顾老运粮河的补水。

从建成至 2015 年 12 月 31 日昆明市第九水质净化厂已累计处理污水 $1.482 \times 10^7 \, \mathrm{m}^3$，削减 COD 共计 2765t，削减 $\mathrm{NH_3}$-N 共计 302t。

10. 昆明市第十水质净化厂（第十污水处理厂）

第十污水处理厂处理规模为 $1.5 \times 10^5 \, \mathrm{m}^3/\mathrm{d}$。厂址位于石虎关立交桥，占地约 59 亩，服务范围西起环城东路—东二环，东至东三环，北始穿金路，南止昆石高速，服务人口 32.73 万人，纳污范围 20.34km^2（不含拟转输的四污厂流量 $4 \times 10^4 \, \mathrm{m}^3/\mathrm{d}$ 范围），项目投资 74724.51 万元。工程于 2011 年 8 月开工，2013 年 7 月 1 日完成工程建设并通水试运行，9 月 25 日通过竣工预验收。再生水处理站规模 8000m^3/d（远期规模 $4.5 \times 10^4 \, \mathrm{m}^3/\mathrm{d}$）。污水处理采用膜生物反应器（MBR）污水处理工艺。出水水质执行《城镇污水处理厂污染物排放标准》（GB 18918—2002）一级 A 标准，污水处理厂的尾水就近排至海明河后进入尾水外排管道，排至滇池外流域螳螂川。

从建成至 2015 年 12 月 31 日昆明市第十水质净化厂已累计处理污水 $7.691 \times 10^7 \, \mathrm{m}^3$，削减 COD 共计 16280t，削减 $\mathrm{NH_3}$-N 共计 1576t。

11. 昆明市第十一水质净化厂（第十一污水处理厂）

昆明市第十一水质净化厂处理规模为 $6 \times 10^4 \, \mathrm{m}^3/\mathrm{d}$。厂址位于虹桥立交以东，归十路以南，方旺片区"中心公园"地下，服务人口为 16 万人，纳污范围 19.30km^2。项目的实施可完善昆明市东片区污水收集处理体系，解决海河（东白沙河）流域水污染问题，配套污水管 20km，可研批复投资 52000 万元。2012 年 12 月开工，2015 年 9 月 30 日建成通水投入试运行。污水处理采用多模式 A^2/O 生物除磷脱氮活性污泥法工艺，深度处理采用过滤工艺。出水水质执行《城镇污水处理厂污染物排放标准》（GB 18918—2002）一级 A 标准，污水处理厂的尾水就近排至东白沙河。

12. 第十二水质净化厂（第十二污水处理厂）

第十二水质净化厂处理规模为 $5 \times 10^4 \, \mathrm{m}^3/\mathrm{d}$。厂址位于经开区高桥村安石公路、小普路和宝象河三角地点，工程服务范围为昆明经济技术开发区西北片牛街庄—鸣泉片区、出口加工区及普照—海子片区，服务人口 15.35 万人，纳污范围 63.3km²。配套污水管 28.05km，厂外拟建污水提升泵站一座（提水能力 2.5×10^4 m³/d），土建按 1×10^5 m³/d 的规模一次建成。项目初设批复投资 49798 万元。项目一期配套管网工程于 2012 年 12 月开工，2015 年年底，投入试运行。污水处理采用 MSBR 工艺＋深度处理工艺。出水水质执行《城镇污水处理厂污染物排放标准》（GB 18918—2002）一级 A 标准，污水处理厂的尾水就近排至宝象河。

13. 第十三水质净化厂

第十三水质净化厂的设计处理规模为 6×10^4 m³/d（一期），2019 年建成投产试运行，日均处理规模约为 3.18×10^4 m³/d。目前，第十三水质净化厂主要实现与主城西片区的第三和第九水质净化厂进行联动。出水水质执行《城镇污水处理厂主要水污染物排放限值》（DB 5301/T 43—2020）B 级标准，污水处理厂的尾水就近排至王家堆渠及草海。

14. 呈贡水质净化厂（污水处理厂）

呈贡水质净化厂处理规模为 1.5×10^4 m³/d。厂址位于县城西，梅子村路口，总占地面积 35.86 亩，服务于洛龙河系，呈贡老城区域。该项目是云南省滇池污染治理项目利用世界银行贷款项目之一。设计污水处理规模为 3×10^4 m³/d，分期建设。规划投资 3800 万元，处理工艺采用间隙式活性污泥法（SBR 法）。工程于 2000 年 7 月开工，2003 年 12 月完工进入调试运行，总投资 3599 万元。

呈贡县水质净化厂深度处理及配套管网工程建设内容为新建深度处理设施规模 1.5×10^4 m³/d，新建污水配套管网 DN400～800 总长 5.96km，新建雨水配套管网 DN500～1000 总长 4.58km，项目投资为 2896.68 万元。服务范围为呈贡县老城区，规划建成区面积 5.13km²，规划服务人口约 8 万人。工程于 2009 年 10 月 5 日开工建设，2009 年 12 月完工。出水水质执行《城镇污水处理厂污染物排放标准》（GB 18918—2002）一级 A 标准，污水处理厂的尾水就近排至洛龙河。

15. 晋宁水质净化厂（污水处理厂）

晋宁水质净化厂，该项目是云南省滇池污染治理项目利用世界银行贷款项目之一。厂址位于县城东北官张路，占地 61.36 亩，服务于护城河河系，主要接纳处理县城建成区 9.86km² 的生活污水。规划投资 3700 万元，采用氧化沟工艺。项目总建设规模为 3×10^4 m³/d，工程分期建设，一期项目建设规模为 1.5×10^4 m³/d，新建排水管网 DN200～1000，总长 18.76km。工程于 1999 年 10 月开工建设，2003 年 12 月完工进入调试运行，2004 年 3 月投入试运行，2005 年 6 月正式投入运营，总投资 4475 万元（含征地费)。

二期工程内容为扩建 $1.5 \times 10^4 \mathrm{m}^3/\mathrm{d}$ 污水处理厂,因晋宁县现有污水处理厂已能满足县城 3~5 年的发展需要,2010 年 5 月 17 日晋宁县政府向市政府上报《关于缓建晋宁县污水处理厂二期工程的请示》要求缓建晋宁县污水处理二期工程,2010 年 6 月 2 日,市政府批复同意缓建该工程。

污水处理厂名称、规模、工艺、纳污面积详见昆明主城区污水处理厂基本情况表(表 9-2)。

2011 年 8 月,对现有污水处理厂提升改造,并于 2013 年 4 月 1 日正式投入运营,投资 730 万元。出水水质执行《城镇污水处理厂污染物排放标准》(GB 18918—2002)一级 A 标准,污水处理厂的尾水就近排至护城河。

昆明主城区污水处理厂基本情况如表 9-2 所列。

表 9-2　昆明主城区污水处理厂基本情况表

名称	建成时间	处理工艺	设计规模 /($10^4\mathrm{m}^3$/d)	纳污面积 /km²
第一水质净化厂	1991 年	BARDENPHO 氧化沟工艺	5.5	9
第二水质净化厂	1995 年	A²/O 同心圆氧化沟工艺	10	36.8
第三水质净化厂	1997 年	ICEAS 工艺	21	26.94
第四水质净化厂	1997 年	ICEAS 工艺	6	12.48
第五水质净化厂	2002 年	A²/O 改良工艺(UCT)	18.5	50.64
第六水质净化厂	2004 年	A²/O 改良工艺(UCT)	13	50.63
第七水质净化厂	2009 年	A²/O 工艺	20	22
第八水质净化厂	2009 年	A²/O 工艺	10	10.5
第九水质净化厂	2013 年	MBR 工艺	10	22.85
第十水质净化厂	2013 年	MBR 工艺	15	20.34
第十一水质净化厂	2015 年	A²/O 工艺	6	19.3
第十二水质净化厂	2015 年	MSBR 工艺+深度处理工艺	5	63.3
第十三水质净化厂	2019 年	改良型 A²/O	6	与三厂联合调度
呈贡水质净化厂	2003 年	间隙式活性污泥法(SBR 法)工艺	1.5	5.13
晋宁水质净化厂	2003 年	氧化沟工艺	1.5	9.86
合计			149	359.77

16. 工程实施效果

昆明市主城 13 座污水处理厂及呈贡、晋宁污水处理厂根据来水量保持全天 24h 不间断运转。污水处理厂尾水排放标准由《城镇污水处理厂污染物排放标准》(GB

18918—2002）一级 A 标准，逐步执行《城镇污水处理厂主要水污染物排放限值》（DB 5301/T 43—2020）B 级标准。

昆明市污水处理厂 2020 年运行情况详见表 9-3。

表 9-3　昆明市污水处理厂 2020 年实际运行情况表

名称	设计规模 /($10^4 m^3$/d)	规划期建成规模		2020 年实际运行规模 /($10^4 m^3$/d)	出水水质
第一水质净化厂	5.5	"九五"	5.5	14.06	一级 A
		"十五"	12		
第二水质净化厂	10	"九五"	10	11.69	一级 A
		"十一五"	10		
第三水质净化厂	21	"九五"	15	23.44	一级 A
		"十一五"	21		
第四水质净化厂	6	"九五"	6	5.37	一级 A
		"十一五"	6		
第五水质净化厂	18.5	"十五"	7.5	24.25	一级 A
		"十一五"	18.5		
第六水质净化厂	13	"十五"	5	13.74	一级 A
		"十一五"	13		
第七、第八水质净化厂	30	"十一五"	30	32.33	一级 A
第九水质净化厂	10	"十二五"	10	6.94	一级 A
第十水质净化厂	15	"十二五"	15	11.13	一级 A
第十一水质净化厂	6	"十二五"	6	2.69	—
第十二水质净化厂	5	"十二五"	5		—
第十三水质净化厂	6	"十三五"	6	5.25	一级 A
呈贡水质净化厂	1.5	"十五"	1.5	1.27	一级 A
晋宁水质净化厂	1.5	"十五"	1.5	1.27	一级 A
合计	149			153.43	

二、集镇污水处理

集镇是农村地区社会经济相对发达、人口多而集中、生活污染负荷排放较高的聚集区。集镇生活污水是农村区域水环境污染的主要来源之一，通过建设滇池流域以集镇为中心并辐射周边村庄的集镇污水处理工程，可以从源头上有效控制集镇建成区污水污染，削减农村生活污水入湖（河）污染负荷，对改善滇池流域水环境将起到较好的成效。集镇污水收集处理工程是农业农村面源治理工程的重要组成部分之一，是环湖截污、入湖河道整治工程建设的重要补充。

2008 年起，市委、市政府有针对性地提出在县级以上城镇和人口聚集的集镇、村庄开展污水垃圾处理设施建设，不断完善污水垃圾处理设施体系。经调查统计，滇池流域涉及的未纳入主城污水处理厂纳污范围的集镇有 11 个，具体是滇源、阿子营、双龙、松华、大板桥、团结、宝峰、晋城、新街、上蒜、六街集镇。从 2010 年起，全面开展了滇池流域集镇生活污水处理设施建设工作。（集镇分布情况一览见表 9-4）。

表 9-4 集镇分布情况一览表

县(区)	乡(镇/街道)	集镇名称	村委会 /个	自然村 /个	人口 /人
盘龙区	阿子营街道	阿子营集镇	1	3	5667
	滇源街道	滇源集镇	1	1	6715
	双龙街道	双龙集镇	1	2	2786
	松华街道	松华集镇	1	1	1432
官渡区	大板桥街道	大板桥集镇	1	7	27000
西山区	团结街道	团结集镇	3	8	16000
晋宁县	昆阳街道	宝峰集镇	2	3	4198
	晋城镇	晋城集镇	4	5	15000
	六街镇	六街集镇	2	3	2521
	上蒜镇	上蒜集镇	2	2	2505
	晋城镇	新街集镇	1	3	2356
合计	11		19	38	86180

1. 污水处理设施建设

集镇污水处理设施及污水收集系统建设工程内容为建设滇源、阿子营、双龙、松华、大板桥、团结、宝峰、六街、晋城、上蒜、新街 11 个集镇污水处理设施，设计处理能力 $1.28 \times 10^4 \, m^3/d$，污水收集管网 96km，项目规划投资 2.65 亿元。随着滇池流域 11 个集镇污水处理设施及排水系统的建设，实现了主城、集镇污水全面收集处理的网络，对完善集镇基础设施、有效减轻入湖污染物总量。改善流域水环境状况，促进滇池生态系统良性循环具有重要的现实意义。如表 9-5 所列。

表 9-5 集镇污水处理设施及污水处理工艺一览表

序号	集镇名称	服务面积 /km²	服务人口 /人	处理能力 /(m³/d)	处理工艺
1	阿子营集镇	0.27	5667	500	采用 CASS 工艺
2	滇源集镇	0.26	6715	1000	采用 MBR 膜处理工艺

序号	集镇名称	服务面积 /km²	服务人口 /人	处理能力 /(m³/d)	处理工艺
3	松华集镇	0.2	1432	500	采用沉淀-氧化塘生化-湿地处理工艺
4	双龙集镇	0.24	2786	500	采用 DES 工艺
5	大板桥集镇	0.51	27000	5000	采用 A/O＋EF 工艺
6	团结集镇	1.2	16000	3000	采用 ICEAS 工艺＋滴型滤池＋紫外消毒处理工艺
7	宝峰集镇	0.55	4198	600	采用 DES＋深度处理工艺
8	晋城集镇	2.4	15000	1000	采用 ICEAS＋深度处理工艺
9	六街集镇	0.56	2521	350	采用一体式净化槽＋表流湿地处理工艺
10	上蒜集镇	0.19	2505	300	采用 CASS 处理工艺
11	新街集镇	0.42	2356	80	采用一体式净化槽＋生态沟渠湿地处理工艺

（1）滇源集镇

新建 1200m³ 调蓄池一座，新建 DN100～500 污水管道 5km 及相应管道附属设施；污水处理厂规模为 1000m³/d。

（2）阿子营集镇

新建 DN200～600 污水管道 2.1km 及相应管道附属设施、1200m³ 调蓄池一座、900m³ 调蓄池一座；污水处理厂规模为 500m³/d。

（3）双龙集镇

建设 500m³/d 规模的污水处理厂一座及相应配套管网。

（4）松华集镇

建设 500m³/d 规模的污水处理厂一座及相应配套管网 900m。

（5）大板桥集镇

建设沿宝象河及漕河铺设截污引污管道 5000m，建设污水调控处理站一座，旱季处理能力 2000m³/d，雨季 5000m³/d。

（6）团结集镇

污水处理设施近期规模 3000m³/d，远期规模 6000m³/d。

（7）宝峰集镇

新建污水处理规模为 600m³/d 的污水处理厂一座及相应配套管网。

（8）六街集镇

建设污水处理设施，规模为 350m³/d。

（9）晋城集镇

建设污水处理设施，污水处理总量为 1000m³/d，污水处理采用人工湿地处理工艺。

（10）上蒜集镇

建设石将军污水处理设施，规模为 $300m^3/d$，污水处理采用 CASS 工艺。

（11）新街集镇

总设计处理规模 $230m^3/d$，"十二五"期间完成一期 $80m^3/d$。

集镇污水处理设施出水均按《城镇污水处理厂污染物排放标准》（GB 18918—2002）一级 A 标准设计，项目可研批复投资 18707 万元。

2. 工程实施效果

截至 2015 年年底，松华、双龙、大板桥、宝峰、晋城、六街、上蒜、新街、阿子营、滇源、团结 11 个集镇污水处理设施均已完成工程建设，2020 年实际污水处理水量 $4100m^3/d$，各集镇污水处理设施实际运行情况详见表 9-6。

表 9-6　2015 年集镇污水处理设施运行情况表

序号	污水处理厂	设计规模 /(m³/d)	2020 年实际运行规模 /(m³/d)	出水水质
1	松华集镇	500	450	一级 A
2	双龙集镇	500	490.3	一级 A
3	大板桥集镇	5000	—	—
4	团结集镇	3000	—	—
5	宝峰集镇	600	500	劣 V 类
6	晋城集镇	1000	200	一级 B
7	六街集镇	350	120	低于一级 B
8	上蒜集镇	300	430	劣 V 类
9	新街集镇	80	100	—
10	阿子营集镇	500	650.5	一级 A
11	滇源集镇	1000	1150	一级 A
	合计	12830	4090.8	—

三、园区污水处理

为优化调整产业结构，依托现有的工业园区布局，实现流域内工业逐步向园区集中，建设园区产业基地污水处理设施，为产业基地的建设和发展奠定良好的市政基础，对开发区、工业园区的污水进行集中处理，使基地污水得到科学处理及处置，从源头上有效控制园区的污水污染，有效削减污染物的排放量及生活污水入湖（河）污染负荷。

"十一五"期间完成昆明经济技术开发区（倪家营）污水处理及配套管网工程建设，设计处理规模 $5 \times 10^4 \mathrm{m}^3/\mathrm{d}$，项目于 2012 年 4 月投入使用。

"十二五"期间完成昆明国际包装印刷产业基地污水处理站（二期）建设工程、昆明新城高新技术产业基地（含电力装备工业基地）污水处理厂工程、二街工业园区污水处理厂建设工程、昆明晋宁县工业园宝峰片区污水处理厂（含配套管网）以及昆明海口工业园新区污水处理厂（含配套管网）工程（一期）项目建设，设计处理规模 $8.35 \times 10^4 \mathrm{m}^3/\mathrm{d}$。2020 年昆明海口工业园污水处理设施投入运行。

园区污水处理设施建设后，累计新增污水处理规模 $1.336 \times 10^5 \mathrm{m}^3/\mathrm{d}$，出水水质执行一级 A 标准。

园区污水处理厂建设项目详见表 9-7。

表 9-7 园区污水处理厂建设项目表

序号	项目名称	项目内容	规划期	规划投资/万元
1	昆明国际包装印刷产业基地污水处理站(二期)建设工程	污水厂处理规模 1500m³/d,采用 ICEAS 工艺	"十二五"	440
2	昆明新城高新技术产业基地(含电力装备工业基地)污水处理厂工程	污水厂处理规模 3×10^4 m³/d,采用 Carrousel 氧化沟＋深度处理工艺	"十二五"	12650
3	二街工业园区污水处理厂建设工程	污水厂处理一期规模为 3500m³/d,采用 A²/O 工艺,二期计划新建规模 3500m³/d。"十二五"期间完成一期工程建设和二期工程前期工作	"十二五"	6140
4	昆明晋宁县工业园宝峰片区污水处理厂(含配套管网)工程	污水处理厂一期规模为 1×10^4 m³/d,采用 ICEAS 工艺;2018 年建设二期工程,规模 2×10^4 m³/d,总规模达 3×10^4 m³/d	"十二五"	18000
5	昆明海口工业园新区污水处理厂(含配套管网)工程	一期为污水收集管网工程建设(含工业污水专管建设),建设污水收集干管 5613m;二期为计划建设污水处理厂,处理规模 1.5m³/d。"十二五"期间完成一期工程建设和二期工程前期工作	"十二五"	6850
6	空港区污水处理厂及配套管网建设	建设空港片区污水处理厂及配套污水管网,污水处理厂规模共 1.15×10^5 m³/d (A²/O＋絮凝沉淀),配套管网长度 243km,建设提升泵站 2 座	"十二五"	63530
7	昆明市经开区污水处理厂及配套管网工程	建设一座 5×10^4 m³/d、再生水处理能力 3.8×10^4 m³/d 的污水及再生水厂,建设 15.14km 配套污水主干管及 10.62km 再生水回用主干管	"十一五"	18929.07

（一）污水处理厂建设

1. 昆明国际包装印刷产业基地污水处理站（二期）建设工程

昆明国际包装印刷产业基地污水处理站（二期）建设工程处理规模 1500m³/d，规划投资 440 万元。项目采用"ICEAS＋一体化高效净水器＋CMF 膜系统"的工艺，占地 7.47 亩，园区内的生产、生活废水经各入园企业自建废水处理设施处理后再循环利用，作为园区的绿化、道路浇洒、冲厕和洗车入驻企业生产冷却循环等用水，旱季时出水水质达到《城市污水再生利用　城市杂用水水质》（GB/T 18920—2002）标准中绿化用水水质标准，雨季时出水水质设计达到《地表水环境质量标准》（GB 3838—2002）Ⅲ类标准，外排水质能达到《城镇污水处理厂污染物排放标准》（GB 18918—2002）一级 A 标准。

项目于 2010 年 3 月开工，2011 年 7 月竣工，2012 年投入正常运行。

2. 昆明新城高新技术产业基地（含电力装备工业基地）污水处理厂工程

昆明新城高新技术产业基地（含电力装备工业基地）工程处理规模 3×10^4 m³/d，规划投资 12650 万元。项目服务范围为高新技术产业基地，规划面积 23.44km²，服务人口 10 万人；采用 Carrousel 氧化沟＋深度处理工艺；深度处理采用直接过滤加化学除磷工艺；污泥处理采用机械浓缩脱水，泥饼外运卫生填埋。设计出水水质达到《城镇污水处理厂污染物排放标准》（GB 18918—2002）一级 A 标准，投资 7157 万元。

项目于 2009 年 4 月开工建设，2010 年 5 月完成单机联动试车并通过初验，2010 年 6 月完成交工验收，2012 年 10 月片区主管网打通，污水处理厂开始运行，出水水质稳定达到一级 A 标准。

3. 二街工业园区污水处理厂建设工程

二街工业园区污水处理厂建设工程处理规模 7000m³/d。项目分两期完成，一期处理规模为 3500m³/d，二期处理规模为 3500m³/d，2011～2012 年完成一期建设，二期根据实际情况再建设，规划投资 6140 万元。项目建设地点位于昆明市晋宁县二街乡及规划工业区，规划在二街工业片区和二街乡及邻近村庄新建 DN400～800 污水管 28.6km、DN400～1600 雨水管 23.22km。采用 A²/O 工艺，出水达到《城镇污水处理厂污染物排放标准》（GB 18918—2002）一级 A 标准。

二街工业园区一期主体工程及设备已完工，2012 年 7 月完成工程竣工初验收，出水水质达一级 A 标准。

4. 昆明晋宁县工业园宝峰片区污水处理厂（含配套管网）工程

昆明晋宁县工业园宝峰片区污水处理厂（含配套管网）工程总规模为 3×10^4 m³/d，

一期规模为 $1\times10^4\,m^3/d$，二期规模为 $2\times10^4\,m^3/d$，规划投资 18000 万元。一期工程污水收集管网按分流制收集系统进行设计建设，污水收集面积为宝峰基地除去水域用地的其余地区，总面积 $12.63km^2$。设计管长 104.4km，污水收集能力为 $3\times10^4\,m^3/d$。污水处理厂采用以生化处理及除磷为主体的工艺对园区产生的污水进行处理，其中生化段采用 ICEAS 生化处理工艺，除磷工艺采用化学除磷方法，处理出水达到《城镇污水处理厂污染物排放标准》（GB 18918—2002）一级 A 标准。在此基础上再对出水进行过滤、消毒处理，以达到《城市污水再生利用　城市杂用水水质标准》（GB/T 18920—2002）。

5. 昆明海口工业园新区污水处理厂（含配套管网）工程

昆明海口工业园新区污水处理厂（含配套管网）工程建设分两期进行，一期为污水收集管网工程建设（含工业污水专管建设），建设污水收集干管 5613m；二期计划建设污水处理厂，处理规模为 $1.5\times10^4\,m^3/d$，"十二五"期间根据一期工程运行情况开展二期前期工作，规划投资 6850 万元。项目建设于园区北部，毗邻生活污水处理厂，总占地面积约 38.23 亩，采用平流沉砂＋改良 AO 型氧化沟＋絮凝沉淀过滤＋消毒的处理工艺，服务范围为工业园区范围内的工业和厂区生活污水。出水水质达到《城镇污水处理厂污染物排放标准》（GB 18918—2002）一级 A 标准，尾水经深度处理充分利用后，余水排至螳螂川。

二期污水处理厂工程获市政府批示暂不实施，项目调整为通过管网工程收集工业园区污水，送至海口污水处理厂集中处理。

6. 空港区污水处理厂及配套管网建设

空港区污水处理厂及配套管网建设工程建设内容为空港片区污水处理厂及配套污水管网，污水处理厂规模共 $1.15\times10^5\,m^3/d$，配套管网长度 243km，建设提升泵站 2 座，规划投资 63530 万元。项目分为南、北片区两部分，其中空港区南片污水处理厂规模 $7\times10^4\,m^3/d$（根据污水量供应量分两期建设，一期 $3\times10^4\,m^3/d$，二期 $4\times10^4\,m^3/d$），配套管网长度 158km，污水提升泵站规模 $2.2\times10^4\,m^3/d$；空港区北片污水处理厂总规模 $4.5\times10^4\,m^3/d$，配套管网长度 85km，污水提升泵站规模 $2\times10^4\,m^3/d$。工程采用 A^2/O＋絮凝沉淀工艺，出水达到《城镇污水处理厂污染物排放标准》（GB 18918—2002）一级 A 标准。南片一期工程初设批复投资 7623.57 万元。

南片区一期工程于 2009 年 9 月正式启动，2012 年 6 月完工并通水试运行，已与新机场同步运营。北片区污水厂于 2015 年建成；配套污水管道建设规模总长 31.97km。

7. 昆明市经开区污水处理厂及配套管网工程

经开区污水处理及再生利用工程是利用德国政府贷款建设项目，项目总投资

18929.07 万元。主要建设内容包括建设一座污水处理能力 $5 \times 10^4 \, \mathrm{m^3/d}$、再生水处理能力 $3.8 \times 10^4 \, \mathrm{m^3/d}$ 的污水及再生水厂，建设 15.14km 配套污水主干管及 10.62km 再生水回用主干管。该项目建设地点位于昆明经济技术开发区洛羊镇倪家营社区，规划净用地面积为 81.06 亩，服务范围包括信息产业片区、民办科技园、果林水库东片、黄土坡片区、清水东片及大冲工业区（东）六个片区，纳污面积 31.56km²。项目于 2009 年 9 月开工，2012 年 4 月投入使用。工程采用 MSBR 工艺，出水达到《城镇污水处理厂污染物排放标准》（GB 18918—2002）一级 A 标准。

（二）工程实施效果

工业园区污水工程实施效果详见表 9-8。

表 9-8　2015 年昆明工业园区污水处理设施运行情况表

污水处理厂	设计规模 /($10^4 \mathrm{m^3/d}$)	实际运行规模 /($10^4 \mathrm{m^3/d}$)	出水水质	工艺
昆明市经开区污水处理厂	5	2.1	一级 A	采用 MSBR 处理工艺
昆明国际包装印刷产业基地污水处理站	0.15	0.07	—	采用"ICEAS＋一体化高效净水器＋CMF 膜系统"处理工艺
昆明新城高新技术产业基地（含电力装备工业基地)污水处理厂	3	0.41	一级 A	采用 Carrousel 氧化沟＋深度处理工艺
二街工业园区污水处理厂	0.7	0.32	一级 A	采用 A²/O 工艺
晋宁县工业园宝峰片区污水处理厂	3	2.47	一级 A	采用 ICEAS＋深度处理工艺
昆明海口工业园新区污水处理厂	1.5	1	—	采用平流沉砂＋改良 AO 型氧化沟＋絮凝沉淀过滤＋消毒的处理工艺
空港南片区污水处理厂	3	—	一级 A	A²/O＋絮凝沉淀
合计	16.35	6.37		

四、截污工程

1949 年前，昆明城区主要依靠河道排水，有少量明、暗沟渠。1950～1980 年为昆明城市排水管网建设初创阶段，修砌完成兰花沟、顺城河等合流制下水道，并沿用至今。1980 年后，随着城市发展，排水管道逐渐取代明渠。

1989 年，昆明市编制《昆明市城市排水系统清污分流规划方案》，系统地规划了昆明主城雨水和污水管网。根据 2009 年昆明排水管网普查统计，主城区 330km³，公共排水管线总长约 2675.8km。其中：雨水管线 1016.8km，占 38%；合流管线 1043.56km，占 39%；污水管线 615.43km，占 23%。已建成公共排水泵站 85 座。为进一步加快滇池水污染治理步伐，从根本上改善滇池水质，2009 年 12 月 1 日，市政府召开"滇池流域污水全面收集处理工作会议"，会议下发了《滇池流域污水全面截流收集处理建设工作方案》，市规划局牵头编制《昆明主城二环路内排水控制性详细规划》《昆明主城老城区排水管网雨污分流工程方案》，2010 年 8 月，出台《昆明市主城二环路内市政排水雨污分流完善工程控制性详细规划》。要求："2015 年底建立二环内科学、完善的分流制排水系统，所有市政道路实现雨污分流，并消除错接漏接的问题，规划范围内市政道路分流制排水管道覆盖率达到 100%"。2010 年 9 月 26 日出台《昆明市主城市政雨污分流排水管网建设工作方案》。自"九五"以来，市委、市政府从保护昆明城区水环境、城市防洪和滇池污染治理的长远利益出发，把城市排水设施放在重要位置。重点实施了世界银行贷款排水管网工程、滇池北岸截污工程、滇池北岸水环境综合治理排水管网建设、昆明主城雨污分流次干管及支管配套建设工程、昆明主城老城区市政排水管网及调蓄池建设工程、昆明主城排水管网完善与调蓄池建设工程（二环路外）、呈贡新城排水管网建设工程、昆明市经济技术开发区环境综合整治项目污水管网工程等一系列工程。并把城市排水设施（包括雨污合流、雨污分流管道和泵站等）纳入城市建设计划。共完成城镇污水处理厂及配套管网建设项目 65 个，完成投资 192.2 亿元。在 2006～2020 年期间，累计投入 176.1 亿元，建成的雨污排水管道超过前 50 年的建设总量，旱季污水收集率达到 92%，昆明市城市排水体系日趋完善。

（一）排水管网及调蓄池建设内容

1. 昆明市世界银行贷款项目排水管网工程

主要建设：城市排水管网工程、东郊污水处理厂配套管网、西郊污水管网系统、呈贡污水处理厂配套管网、晋宁污水处理厂配套管网。

2. 滇池北岸截污工程

将船房河和大清河接纳的城市污水，通过泵站、输水管线，从西园隧洞排出滇池以外的螳螂川。

该工程新建拦污节制闸 3 座、污水泵站 3 座。在草海船闸附近新建直径 6m、总高 16m 的调压井 1 座。敷设钢筋混凝土排水管道 11037m，其中：南线大清河至调压井管道长 4591m，管径 1400mm，接纳东片大清河的污水；北线船房河至调压井管道长 3034m，管径 1200mm，接纳西南片船房河的污水；调压井至西园隧洞洞口管道，管道长 2407m，管径 1600mm，将城市污水通过西园隧洞排出。采莲河部分管道，长

1005m，管径分别为 800mm、900mm。另外，在隧洞出口沙河河段上，建设梯级叠水曝气和加压站等工程，对污水进行一级处理，控制对下游的污染。

该工程于 1997 年 6 月 28 日开工，1998 年 8 月 8 日竣工投入运行。截污流量 3.5m³/s，旱季及汛期间隙截污量为 6.01×10⁷ m³/a，即上述工程每年可减少 6×10⁷ m³ 的城市污水进入滇池。

3. 滇池环湖截污工程

按照"管渠结合、有缝闭合、分片截污、就近处理"的原则，环湖截污工程构建干渠（管）96km，新建污（雨）水处理厂 8 座。其中，滇池北岸水环境综合治理排水管网，由城东片区系统排水管网、城东南片区系统排水管网、城北片区系统排水管网、城南片区系统污水管网、城西片区系统排水管组成。累计完成雨、污水管网建设 342.7km。

4. 昆明主城雨污分流次干管及支管配套建设工程

该工程是滇池北岸水环境综合治理工程的延伸工程，建设目的是在实施北岸工程并形成主城污水收集主干管的基础上，与河道整治、规划道路建设、城中村改造等项目结合，新增配套城市污水收集次干管、支管，进一步提高主城旱季污水收集率。

工程共敷设 336.84km 的管网及其配套设施，概算投资 141635 万元。工程于 2009 年开工建设，2011 年完工。

5. 昆明主城老城区市政排水管网及调蓄池建设工程

为了适应昆明城市发展的需要，科学确定老城区排水规模、雨污水系统分区，合理布置老城区排水系统及设施，实现雨污水的资源化。确保实现昆明主城污水"全收集、全处理"，市委、市政府决定实施昆明主城老城区东北、东南、西北、西南片区市政排水管网及调蓄池建设工程及昆明主城二环外北片区市政排水管网完善工程。在二环内建设 19 个调蓄池（总容积 2.044×10⁵ m³）及 12.3km 配套管网，估算总投资约 22 亿元。

6. 昆明主城排水管网完善与调蓄池建设工程（二环路外）

目前正在实施，由"十二五"结转到"十三五"工程。

7. 呈贡新城排水管网建设工程

2010 年，已经完成呈贡新区一期路网全部和二期路网大部分的雨水管网建设，总长约 180km。

8. 昆明市经济技术开发区环境综合整治项目污水管网工程

累计建设管网 58.6km，目前正在实施。"十二五"结转到"十三五"项目。

9. 昆明市主城区排水管网工程

累计建设排水管网 447.63km，目前该工程项目已完成。

10. 昆明市主城区调蓄池工程

累计建设调蓄池 3 座，调蓄池规模为 $4.6 \times 10^4 m^3$，目前项目已完成。

11. 环湖截污南岸配套收集系统完善项目

累计建设管网 86.465km。

12. 环湖截污东岸配套收集系统完善项目

新建污水提升泵站 7 座，累计建设污水管网 25.55km。

13. 昆明经济技术开发区环境综合整治项目污水管网工程

新建污水管网 93.6km 及两座提升泵站（大冲泵站 $1 \times 10^4 t/d$、洛羊泵站 $1 \times 10^4 t/d$）。

14. 昆明主城老旧排水管网改造及泵站建设工程

截至 2019 年，老旧管网已完工 79.80km，待建 20.2km，占总任务的 79.8%；完成排水系统节点改造 103 处，改造及重建、新建泵站 40 座，占总任务的 85%；正在建设和开展前期工作的泵站 9 座。

15. 高新区新城基地雨污管网建设工程

高新区新城基地 35km 雨污管网建设工程。

16. 排水管网系统清淤除障项目

新建污水管 1000m。

17. 集镇污水处理站及污水收集系统建设工程——配套管网建设工程

完成管网建设 8.8km，工程形象进度 100%。

18. 排水管网系统清淤除障项目

2020 年清淤工作受疫情影响，延迟至 3 月下旬才正式启动，累计完成管渠清淤

1227km，淤泥量达 $9.8 \times 10^4 m^3$，预计可完成年度目标任务。

上述 9～18 项工程为"十三五"期间项目完成情况。

（二）排水管网及调蓄池建设项目实施情况

城市排水管网承担着居民生活污水的收集输送和雨季城市排涝泄洪等功能，是城市重要的基础设施之一，昆明主城排水管网建设与昆明城市化进程以及滇池水环境保护紧密相关。昆明排水管网及调蓄池建设从"九五"计划实施以来近 20 年的时间，前 10 年昆明排水管网建设进度相对缓慢，后 10 年是昆明主城排水管网与调蓄池建设大规模开展的时期。

"十五"期间，昆明主城开始系统地开展城市排水管网建设，实施清污分流，至"十五"末期，通过世界银行贷款项目昆明城市排水管网的建设，昆明市排水管网基本形成了船房河、明通河和枧槽河、运粮河、银汁河、东白沙河和宝象河 5 大排水系统，排水管网总长 933.17km，管网密度 $5.13km/km^2$，污水收集率 65％。

"十一五"期间，依托滇池北岸水环境综合治理排水管网工程（以下简称北岸工程），在"世行"城市排水项目的基础上进一步完善主城区排水管网，新建雨污水管网 342.4km，改扩建及新建污水、雨水泵站 6 座，至"十一五"末，昆明主城区市政排水管网总长达到 2652km，各类排水泵站 90 余座，市政排水管网覆盖率约 $10km/km^2$，主城区旱季污水收集率达 92％。

"十二五"期间，依托昆明市排水管网完善与调蓄池建设工程，在"十一五"基础上继续实施含环湖截污工程、老城区管网完善工程、雨污调蓄池建设、新城污水处理厂及配套管网工程等在内的排水系统建设相关工程，着力提高初期雨水、合流污水的收集处理能力。新建、改造区必须采用分流制排水体系，现状合流制排水系统建设雨污合流调蓄池，收集雨季点源污水及城市初期雨水，解决点源溢流问题，并在河道和沟渠两侧铺设污水收集管网。至"十二五"末期昆明市市政管网总长已达到 5569km，建成雨污调蓄池 17 座，其中已有 10 座投入运行，2015 年 10 座调蓄池累计运行 433d，共截流调蓄合流污水 $2.2201 \times 10^6 m^3$。调蓄池运行数据详见表 9-9。

"十三五"期间，在已有排水系统基础上，继续推进排水系统的覆盖完善建设；全面实施覆盖小区化粪池、排水管网、泵站、调蓄池等节点排水系统的清淤除障项目；开始推进流域排水系统提质增效和海绵系统建设，实施了大量排水系统排查、混/错接改造、老旧管网改造项目，排水系统整体运行效能也在不断提升。同时，在已有工作基础上，全面启动合流制溢流污染控制体系建设，截至 2020 年，新建 2 座市政调蓄池、28 座支流沟渠调蓄池（9 座配套建设应急处理设施）、31 座面山雨洪拦截调蓄池、5 座河口前置库（2 座配套建设应急处理设施）；完成第七、第八污水处理厂一级强化处理系统建设；完成凯旋利闸超量污水外排系统、张峰泵站联合调度系统、环湖东岸干渠外排通道系统的建设；累积实施 10.96km² 屋面/道路/小区清水入滇微改工程建设，同步针对溢流污染防控机制开展了一定研究。通过这些工程措施及管理机制的实施，流域溢流污染控制体系基本成型。

表 9-9　2015 年调蓄池运行数据表

调蓄池名称	设计规模/$10^4 m^3$	运行时间/d	调蓄量/m^3
兰花沟调蓄池	1.9	31	23.82
大观河调蓄池	0.7	54	28.48
采莲河调蓄池	0.7	42	14.4
明通河调蓄池	2.532	79	67.92
乌龙河调蓄池	1.1	142	86.86
老运粮河调蓄池	1.2	67	13.14
昆一中调蓄池	0.93	92	55.63
七亩沟调蓄池	1	120	51.85
三污厂调蓄池	2.4	调试阶段	—
郑和路沟调蓄池	1.4	调试阶段	—
麻线沟调蓄池	0.81	182	134.32
圆通沟调蓄池	0.7	48	18.08
教场北沟调蓄池	0.93	40	10.67
金色大道调蓄池	0.8	355	1020.49
白云路调蓄池	0.91	329	397.02
核桃箐沟调蓄池	0.76	90	9.9
小路沟调蓄池	0.761	116	12.9
海明河调蓄池	2.8	83	92.98
学府路沟调蓄池	2.1	54	20.98

（三）环湖截污系统建设与完善

为截流和处理滇池的外来污染源，在"十一五""十二五"期间，实施了环湖截污工程。该工程是国家和云南省及昆明市确定的滇池治理重点项目，也是批准列入滇池流域水污染防治"十一五"规划补充报告的重点项目。该工程由环湖东岸、南岸干渠截污工程和环湖北岸、西岸截污完善（干管）工程 4 大部分组成。按照"管渠结合、有缝闭合、分片截污、就近处理"的原则，对滇池周边污染进行总量控制和目标控制，布置截污管（渠）和建设污水处理厂。

工程于 2009 年开工建设，2013 年 1 月 16 日，历时 3 年建设的滇池环湖截污工程主管（渠道）全面完工通水。工程构建干渠（管）96km，新建污水处理厂 6 座，初期雨水处理站 7 座，日处理污水 $1.725 \times 10^5 \, m^3$、初期雨水 $2.775 \times 10^5 \, m^3$，工程估算总投资约 55 亿元。截至"十三五"末期，"环湖截污系统建设与完善"工程共建成干渠（管）96km，污水处理厂 10 座，设计处理规模 $55.5 \times 10^4 \, m^3/d$。2015 年除捞鱼河混合污水处理厂和捞鱼河污水处理厂外，其余 8 座环湖截污污水处理厂均已通水运行，实际处理水量为 $9.9 \times 10^4 \, m^3/d$。

滇池环湖截污工程建成后，通过截污干渠、污水处理厂，将旱季片区截污合流制、分流制系统收集的剩余污水、农业农村径流河流（沟渠）汇集的面源污水以及雨季片区截污合流制系统收集的混合污水、分流制系统收集的初期雨水收集处理达标后排放，对大量削减入湖污染负荷，加速滇池水质改善，促进滇池水生态系统恢复具有重要作用。

（四）环湖水质净化厂

1. 淤泥河水质净化厂

淤泥河水质净化厂（原淤泥河污水处理厂 2014 年更名）于 2015 年 11 月进行带负荷调试，设计处理规模污水为 $5 \times 10^4 \, m^3/d$，雨水为 $5 \times 10^4 \, m^3/d$，采用 A^2/O 处理工艺，出水水质执行《城镇污水处理厂污染物排放标准》（GB 18918—2002）一级 A 标准。从建成至 2015 年 12 月 31 日淤泥河水质净化厂已累计处理污水 $6.5 \times 10^5 \, m^3$，削减 COD 共计 6t，削减 NH_3-N 共计 0.2t。

2. 昆阳水质净化厂

昆阳水质净化厂（原昆阳雨污水处理厂 2014 年更名）于 2013 年 5 月进行带负荷调试，设计处理规模污水为 $2.5 \times 10^4 \, m^3/d$，雨水为 $5 \times 10^4 \, m^3/d$，采用 A^2/O 处理工艺，出水水质执行《城镇污水处理厂污染物排放标准》（GB 18918—2002）一级 A 标准。从建成至 2015 年 12 月 31 日昆阳水质净化厂已累计处理污水 $1.274 \times 10^7 \, m^3$，削减 COD 共计 600t，削减 NH_3-N 共计 43t。

3. 古城水质净化厂

古城水质净化厂（原古城雨污水处理厂 2014 年更名）于 2013 年 5 月进行带负荷调试，设计处理规模污水为 $1.5 \times 10^4 \, m^3/d$，雨水为 $2.5 \times 10^4 \, m^3/d$，污水处理工艺采用氧化沟工艺，雨水处理工艺采用 MBR 工艺，出水水质执行《城镇污水处理厂污染物排放标准》（GB 18918—2002）一级 A 标准。从建成至 2015 年 12 月 31 日古城水质净化厂

已累计处理污水 $5.73\times10^6\,m^3$，削减 COD 共计 45t，削减 NH_3-N 共计 2t。

4. 洛龙河污水处理厂

洛龙河污水处理厂于 2015 年 11 月进行带负荷调试，设计处理规模为 $6\times10^4\,m^3/d$，采用 A^2/O 处理工艺，出水水质执行《城镇污水处理厂污染物排放标准》（GB 18918—2002）一级 A 标准。从建成至 2015 年 12 月 31 日洛龙河污水处理厂已累计处理污水 $1.94\times10^6\,m^3$，削减 COD 共计 52t，削减 NH_3-N 共计 11t。

5. 捞鱼河污水处理厂

捞鱼河污水处理厂于 2015 年 12 月进行带负荷调试，设计处理规模为 $4.5\times10^4\,m^3/d$，采用 A^2/O 处理工艺，出水水质执行《城镇污水处理厂污染物排放标准》（GB 18918—2002）一级 A 标准。从建成至 2015 年 12 月 31 日捞鱼河污水处理厂已累计处理污水 $5\times10^4\,m^3$，削减 COD 共计 7t，削减 NH_3-N 共计 0.2t。

6. 白鱼河水质净化厂

白鱼河水质净化厂（原白鱼河污水处理厂 2014 年更名）于 2014 年 9 月进行带负荷调试，设计处理规模污水为 $5\times10^4\,m^3/d$，雨水为 $5\times10^4\,m^3/d$，采用 A^2/O 处理工艺，出水水质执行《城镇污水处理厂污染物排放标准》（GB 18918—2002）一级 A 标准。从建成至 2015 年 12 月 31 日白鱼河水质净化厂已累计处理污水 $4.07\times10^6\,m^3$，削减 COD 共计 26t，削减 NH_3-N 共计 5t。

7. 海口水质净化厂

海口水质净化厂（原海口污水处理厂 2014 年更名）于 2013 年 5 月进行带负荷调试，设计处理规模为 $3\times10^4\,m^3/d$，采用氧化沟处理工艺，出水水质执行《城镇污水处理厂污染物排放标准》（GB 18918—2002）一级 A 标准。从建成至 2015 年 12 月 31 日海口水质净化厂已累计处理污水 $6.44\times10^6\,m^3$，削减 COD 共计 245t，削减 NH_3-N 共计 9t。

8. 白鱼口水质净化厂

白鱼口水质净化厂（原白鱼口雨污水处理厂 2014 年更名）于 2014 年 6 月进行带负荷调试，设计处理规模污水为 $2500\,m^3/d$，雨水为 $2500\,m^3/d$，采用 CASS 处理工艺，出水水质执行《城镇污水处理厂污染物排放标准》（GB 18918—2002）一级 A 标准。从建成至 2015 年 12 月 31 日白鱼口水质净化厂已累计处理污水 $1.12\times10^4\,m^3$，削减 COD 共计 15t，削减 NH_3-N 共计 1t。

9. 洛龙河水质净化厂

洛龙河水质净化厂（原洛龙河雨水处理站 2014 年更名）于 2013 年 9 月进行带负荷调试，设计处理规模为 $5 \times 10^4 \mathrm{m}^3/\mathrm{d}$，采用 $\mathrm{A}^2/\mathrm{O} + \mathrm{MBR}$ 处理工艺，出水水质执行《城镇污水处理厂污染物排放标准》（GB 18918—2002）一级 A 标准。从建成至 2015 年 12 月 31 日洛龙河水质净化厂已累计处理污水 $1.416 \times 10^7 \mathrm{m}^3$，削减 COD 共计 793t，削减 $\mathrm{NH}_3\text{-}\mathrm{N}$ 共计 196t。

10. 捞鱼河水质净化厂

捞鱼河水质净化厂（原捞鱼河雨水处理站 2014 年更名）于 2011 年 6 月完成初验，因大鱼乡片区开发滞后，尚未进行带负荷调试。设计处理规模为 $5 \times 10^4 \mathrm{m}^3/\mathrm{d}$，采用 MBR 处理工艺，出水水质执行《城镇污水处理厂污染物排放标准》（GB 18918—2002）一级 A 标准。

（五）环湖截污系统建设与完善项目建设

滇池环湖截污系统建设与完善工程建设情况详见表 9-10 环湖截污系统建设与完善项目建设表、表 9-11 为 2015 年环湖截污污水处理厂运行情况表。

表 9-10　环湖截污系统建设与完善项目建设表

规划期	序号	项目名称	项目内容	实施时限	规划投资/万元	实际投资/万元	备注
"九五"	1	滇池南岸截污工程	未动工	未动工	16000	0.00	取消实施
	2	滇池北岸截污工程（含外排污水的简易处理）	9.7km 截污管及泵站,将第一、第二污水处理厂无法接纳的污水截出流域易地处理	1996 ~1999	9200	6823.33	
"十一五"	3	南岸截污前期工作	完成滇池南岸截污前期工作	2007 ~2010	600	476.60	
	4	环湖干渠（管）截污工程	(1)环湖东岸干渠截污工程:省城投段截污干渠主体工程已贯通闭合;洛龙河初期雨水处理站正抓紧土建工程施工;度假区段截污干渠已基本完工;捞渔河初期雨水处理站已完成建安工程进度 60.4%,主要设备和进口设备采购已到位。	2006 ~2015	544000	403100.00	"十一五"结转到"十二五",续建为"十二五"滇池环湖干渠（管）截污工程

规划期	序号	项目名称	项目内容	实施时限	规划投资/万元	实际投资/万元	备注
"十一五"	4	环湖干渠(管)截污工程	(2)环湖南岸干渠截污工程:滇投贷款段古城截污干渠和老塘咀截污干管基本完工并完成初步验收,海口截污干管基本完工,南冲河、上蒜截污干管正抓紧施工,已完成管道埋设2km;昆阳、古城、海口3座污水处理厂及2座初期雨水处理站土建工程已基本完工,设备供货及安装基本完成,已实现功能性通水。晋城、昆阳截污干渠主体工程已贯通闭合;白鱼河污水处理厂及初期雨水处理站土建主体工程基本完成,淤泥河污水处理厂及初期雨水处理站土建工程完成75%。(3)滇池环湖西岸截污完善工程:已经完成西岸截污干管10.5km;白鱼口污水处理厂及雨水处理站土建工程启动施工招标	2006～2015	544000	403100.00	"十一五"结转到"十二五",续建为"十二五"滇池环湖干渠(管)截污工程
	5	呈贡城南、北污水处理厂及配套管网建设	呈贡城南(捞渔河)污水处理厂土建及安装主体工程已完成,将进入试运行阶段;城北(洛龙河)污水处理厂因与其他项目冲突重新调整厂址	2007～2015	25000	11412.13	"十一五"结转到"十二五",续建为"十二五"滇池环湖干渠(管)截污工程
"十二五"	6	滇池环湖干渠(管)截污工程("十一五"续建工程)	截至2015年年底,截污干渠(管)已全部贯通闭合,配套污水处理设施已全部完成,截至2015年12月底处于调试运行阶段	2011～2013	150000	179291.00	"十一五"结转到"十二五",由"十一五"环湖干渠(管)截污工程和呈贡城南、北污水处理厂及配套管网建设工程续建
	7	环湖截污东岸配套收集系统完善项目	截至2015年年底,东岸配套收集系统完善项目累计完成11597m各型管道的铺设,修筑明渠230m,广谱大沟截污管已经实现与截污干渠的连通,东岸农灌沟渠末端截污已基本完工,六厂转输管敷设工作已全部完工,委建部分也完成工程量的20.78%	2012～2015	28000	9266.01	"十二五"结转到"十三五"

续表

规划期	序号	项目名称	项目内容	实施时限	规划投资/万元	实际投资/万元	备注
"十二五"	8	环湖截污南岸配套收集系统完善项目	截至 2015 年年底,南岸配套收集系统完善项目累计完成11552m各型管道的铺设,南岸农灌沟渠末端截污已全部完工,其余子项正在进行招投前期工作,委建部分完成工程量的 6.88%	2012～2015	28000	9302.85	"十二五"结转到"十三五"
	9	呈贡北污水处理厂二期工程(洛龙河污水处理厂)	未动工	—	24000	0	暂缓实施

表 9-11 2015 年环湖截污污水处理厂运行情况表

污水处理厂	设计规模/($10^4 m^3/d$)	实际运行规模/($10^4 m^3/d$)	出水水质	工艺
洛龙河混合污水处理厂	5	1.7	一级 B	采用 MBR 膜工艺
洛龙河污水处理厂	6	1.6	一级 B	采用改良 A^2/O 除磷脱氮工艺
捞鱼河污水处理厂	4.5	未运行	—	采用 A^2/O 工艺
捞鱼河混合污水处理厂	5	未运行	—	采用 MBR 膜工艺
昆阳污水处理厂	7.5	1.8	一级 A	采用曝气氧化沟+深度处理+紫外线消毒工艺
古城污水处理厂	4	0.6	一级 A	采用改良 A^2/O 活性污泥工艺
海口污水处理厂	3	0.7	一级 A	采用曝气氧化沟工艺
淤泥河污水处理厂	10	1.9	一级 A	采用 A^2/O+深度处理+紫外线消毒工艺
白鱼河污水处理厂	10	1.3	一级 B	采用 A^2/O+深度处理+紫外线消毒工艺
白鱼口污水处理厂	0.5	0.3	一级 B	采用 CASS+滤布过滤+紫外线消毒工艺
合计	55.5	9.9	—	—

随着经济的发展和城市规模的扩大,滇池的污染日益严重,滇池也成为全国"三河三湖"水污染防治重点之一,为保护滇池水环境,各级政府为治理滇池投入巨大,昆明市政府自 1991 年建设第一污水处理厂开始,经历四个五年规划,已经建成运行城镇污水处理厂 14 座(第十一、第十二污水处理厂调试运行),设计处理规模合计达到 $1.495 \times 10^6 m^3/d$;建成集镇污水处理厂 11 座,设计处理规模合计为 $1.28 \times 10^4 m^3/d$;建成工业园区污水处理厂 6 座,设计处理规模合计为 $1.335 \times 10^5 m^3/d$;建成 96km 环

湖截污主干管（渠）及 10 座配套污水处理厂和雨水处理站，设计处理规模为 $5.55 \times 10^5 m^3/d$；敷设 5569km 市政排水管网，建成 17 座雨污调蓄池。

为进一步提升昆明主城区防汛排涝能力，解决昆明"逢雨必淹"的问题，确保每年的安全度汛，按市政府的安排部署，各有关县（区）和部门分别在汛前组织开展对城市排水管网、河道、明渠、暗河（沟）的清淤除障工作，以及防汛排涝应急整治工程。但昆明主城"逢雨必淹"的问题一直未解决。市委、市政府决定组织相关部门进一步理顺城市地下排水系统，健全完善管理体制，形成地下管网、暗河管理维护长效机制。

市滇管局根据政府的指示，积极组织相关部门开展调查工作。经调查发现，随着城市化进程的不断加快，城市内河道的功能发生了改变，部分河道被挤占、覆盖，形成地下暗河，成为城市排水管网的一部分。这些暗河由于得不到有效的清淤除障，长期运行后淤积阻塞严重，加之昆明市当前地下排水系统管理体制、机制的不健全、不完善以及城市"热岛效应"，极端天气突出，造成城市内涝多发、频发，给市民生产生活带来了影响，对滇池的污染也相应增加。

对此，市委、市政府 2013 年年底投资 1.5 亿元对盘龙江全线进行了清淤。2014 年初又投入 1.5 亿元，对老运粮河水系、船房河水系、明通河（大清河）水系、海河水系淤积严重的区域进行清淤除障，河道清淤总长度为 26.14km，清除淤积 $8.62 \times 10^4 m^3$；对上述四条水系周边排水不畅、淤积严重的排水管道进行清淤，管道清淤长度 85.91km，清淤量为 9913m³；对部分淹水点和行洪、排水不畅的节点进行改造；对部分道路雨水落水口进行改造，新增单算雨水口 784 个，新增双算雨水口 186 个。

据统计，截至年底，市级组织实施项目已完成管网清淤量 10122m³；河道清淤 24854m，清淤量 84531m³；新增雨水收集系统 894 套。由主城各区自行组织实施的 23 项应急工程已进行管网清淤 73450m、清淤量 4571m³；河道清淤长度 9720m、清淤量 26768m³；完成 1 个节点改造；水毁修复 426m；新增 1 套雨水收集系统，有效地缓解了城市内涝。

为进一步缓解城市防汛压力、扩大治理范围，市政府决定实施 2015 年主城区河道及管网清淤除障应急工程，继续改善主城区防洪排涝条件。此次防汛排涝清淤工程选择的疏挖点都是针对 2014 年比较容易出现淹积水的点，对管网健康度不好的进行清淤，对缺乏管网设施的淹水节点进行工程改造等。主要涉及城市重要交通干线、节点、内涝易发点，以及对市民出行影响较大、舆论关注颇多的热点区域，分别涉及西山、五华、官渡、盘龙 4 区的新运粮河、老运粮河、乌龙河、盘龙江、大清河、采莲河 6 条水系 21.56km 的河道，以及 206.7km 的淹水点关联市政排水管网进行全面清淤。其中，重点针对篆塘河、玉带河 2 条隐患河道及昆明中铁集团西山分厂、新闻路片区、书林街片区、官渡区法院、雨龙路与昌宏西路交叉口、广福路虾坝河段、昌宏路与春城路延长线交叉口 7 个独立淹水点，实施以河道清淤、淹水点片区关联管网清淤等为主的改造及建设工程。

　　此外，在实施 24 项部分淹水点、排水不畅节点改造工程，5 项新建（恢复）和改造行洪工程过程中，主城区内还将新增雨水收集系统 1202 套、淹水点监控设施 25 套。此次清淤仅西坝河的清淤工程就清出 $1.8 \times 10^7 \mathrm{m}^3$ 淤泥。

（六）实施庭院雨污分流工程

　　为深入贯彻落实市委、市政府"一湖两江"流域水环境治理"四全"工作，加快推进滇池流域污水全面截流收集处理工作。从而有效提高城镇生活污水收集能力，加强源头控制，进一步改善和纠正雨污水管混接、乱接、错接和漏接现象，规范污水雨水排放，杜绝污水乱排，推进滇池保护与治理。2008 年 11 月，根据昆明市人民政府办公厅下发的昆政办〔2008〕123 号文件精神，我市启动昆明市主城区小区庭院管线排水普查和城市照明地下管线普查工作，本次普查工作覆盖范围延伸至小区居民楼，旨在查清小区庭院排水雨污混接、错接、乱接现状，对排水源头进行详细探查。本次管线探测完成排水管线长度 10841km；城市地下照明管线长度达 960.6km。2009 年 11 月 30 日，市政府下发《昆明市人民政府关于批转滇池流域污水全面截流收集处理设施建设工作方案的通知》昆政发〔2009〕80 号文。在全市全面开展了主城区二环路内雨污分流改造及再生水利用设施建设工作。盘龙、五华、西山、官渡四区通过展开筛查，确定二环路内首批有 1868 家单位（小区）的庭院排水需要进行雨污分流改造。

　　为确保庭院雨污分流改造工作的顺利推进，昆明市政府成立了由时任市委副书记、市长任组长，副市长任常务副组长，以及四区和市级相关部门主要领导为成员的"滇池流域工业、生活及农业面源污水全面截流收集处理工作协调领导小组"。同时，根据昆明市整治建筑物立面挤占公共空间工作的要求，昆明市滇池流域水环境综合治理指挥部办公室印发了《进一步加强昆明市主城二环路内庭院雨污分流改造及整治建筑物外挑设施排水管乱搭乱接工作方案》。市政府先后出台了《昆明市庭院排水管网雨污分流技术指导意见》《庭院雨污分流工程质量管理基本规定》《昆明市主城二环路内庭院排水雨污分流改造出户支管接通市政排水管网连接方式的说明》等规定。

　　按照统一规划、节水和雨水综合利用、排水设施统一配套原则，到 2010 年 11 月底全市二环路内 1868 家单位（小区）中有 1745 家完成庭院雨污分流工作，完成率达 93.4%。针对 51 家单位涉及 57 个点还没有开展庭院分流改造工作的，市政府要求主城各城区政府和相关职能部门进一步明确责任，倒排工期，确保年内完成既定的建设任务；同时要求对已暴露的工程问题，要逐一查清，加强整改；年内要编制完成主城区单位（小区）庭院雨污分流查缺补漏工程实施方案。

五、滇池北岸水环境综合治理工程

1. 项目内容

滇池北岸水环境综合治理工程（以下简称"北岸工程"），是滇池流域水污染防治
"十一五"规划的重要内容，也是 2006 年度全国最大的日元贷款项目。

工程按照"二环路以内维持合流制，以外为分流制"和"系统设计、因地制宜、
远近结合、突出重点"的原则，主要包括建设完善城市排水管网、改扩建和新建污水
处理厂等内容，是改善滇池水质，保护和改善人居环境，提高人民生活水平，提高城
市的综合承载力，实现可持续发展的重要举措。

北岸工程主要铺设污水、雨水干管 385km（污水管 317.7km，雨水管 67.3km），改
扩建及新建污水、雨水泵站 11 座，改扩建现有 6 座污水厂、新建第七污水厂，增加处理
能力 $4.1\times10^5\,\mathrm{m^3/d}$，使主城污水处理总规模达 $9.9\times10^5\,\mathrm{m^3/d}$，出水达到国家一级 A 标
准。草海（城西、城南）、城北、城东、城东南 4 个片区主要建设内容、工程规模情况详
见表 9-12 北岸工程设计情况表、表 9-13 北岸工程污水厂改扩建和新建工程规模表。

表 9-12 北岸工程设计情况表

片区	雨污管/km	泵站/座		污水厂/座	
		改扩建	新建	改扩建	新建
草海（城西/城南）	132.7	4	3	2	1
城北	38.3	0	1	2	0
城东	56	1	1	1	0
城东南	157.9	0	1	1	0
合计	384.9	5	6	6	1

表 9-13 北岸工程污水厂改扩建和新建工程规模表

污水处理厂	原设计规模 /($10^4\,\mathrm{m^3/d}$)	实际最大处理规模 /($10^4\,\mathrm{m^3/d}$)	新建工程规模 /($10^4\,\mathrm{m^3/d}$)	总规模 /($10^4\,\mathrm{m^3/d}$)
第一污水厂	12	16.85	0	14.25
第二污水厂	10	12.98	0	11.85
第三污水厂	15	32.51	6	23.76
第四污水厂	6	6.68	0	5.45
第五污水厂	7.5	29.41	8.5	24.59
第六污水厂	5	18.16	6.5	13.93
第七、第八污水厂	0	34.88	20	32.77
合计	55.5	151.47	41	126.60

草海（城西、城南）片区主要铺设污水、雨水干管 132.7km，扩建土堆污水泵站、新建庄房村污水泵站、扩建大清河污水泵站、改建白马庙雨水泵站、改建河南乡雨水泵站、新建昆三中雨水泵站、新建西坝河回补泵站，改造第一污水厂、改扩建第三污水厂、新建第七污水厂，增加处理能力 $2.6 \times 10^5 \, m^3/d$。

城北片区主要铺设污水、雨水干管 38.3km，新建张官营污水泵站，改造第四污水厂、改扩建第五污水厂，增加处理能力 $9.5 \times 10^4 \, m^3/d$。

城东片区主要铺设污水、雨水干管 56.0km，改建菊花村合流泵站、新建关上南路雨水泵站，改造第二污水厂。

城东南片区主要铺设污水、雨水干管 157.9km，新建宝丰村污水泵站，改扩建第六污水厂，增加处理能力 $8 \times 10^4 \, m^3/d$。

工程于 2007 年 4 月动工。2009 年增加并完成第八污水处理厂，增加污水处理能力 $1 \times 10^5 \, m^3/d$。到 2009 年年底昆明主城污水处理能力到达 $1.105 \times 10^6 \, m^3/d$。

根据 2012 年 4 月 6 日市政府会议纪要的要求，未能在 2012 年开工建设的路段，其雨污管线建设不纳入滇池北岸工程，相应调减约 20km；2014 年，已开工的草海片区滨湖路、195 号路（环湖路）、197 号等总长的三条道路配套排水管网工程，由于规划调整至滇池"十二五"管网建设计划中，由道路建设方负责，根据市政府会议纪要北岸工程相应调减约 22.3km。最终，北岸工程累计完成雨、污水管网建设 342.7km，其中自建 211.2km、委建 83.5km、他建 48km。最后一个合同已于 2015 年 6 月验收投入使用。

截至 2014 年年底，项目已完工。其中：北岸工程五个片区累计完成管网铺设 342.7km；11 座泵站改扩建完成 7 座，关上泵站正在进行设备安装，白马庙泵站、河南乡泵站与雨污调储池合建，西坝河泵站计划调减；主城 3 个污水厂的技术改造、3 个污水厂的扩建和 1 座污水厂的新建工程均已完成。

2. 项目运行情况

通过对昆明主城第一至第七污水厂运行数据统计分析显示，已经完成技术改造、改扩建和新建的污水处理厂运行良好，除总氮出水浓度在个别月份超过《城镇污水处理厂污染物排放标准》（GB 18918—2002）一级 A 标准，其余指标均能达标。2014 年各厂出水水质年平均值情况详见表 9-14 主城一至七污厂污染物平均出水浓度表。

3. 环境效益

北岸工程通过铺设污水、雨水干管 385km（污水管 317.7km，雨水管 67.3km），改建、新建雨水泵站，使北岸主城排水管网密度提高 15%，污水管的建设可以提高污水收集率，截流进入主要河道的大部分污水，不让污水直接排入河道汇入滇池；雨水管的建设可改善主城内丹霞路沿线、书林街南段、省委大沟附近、东二环路及关上片区等部分区域的频繁淹水状况。

表 9-14　主城一至七污厂污染物平均出水浓度表

| 项目 | 出水平均值 | | | | | | | | | | | |
| | COD$_{Cr}$ /(mg/L) | | BOD$_5$ /(mg/L) | | SS /(mg/L) | | TN /(mg/L) | | TP /(mg/L) | | NH$_3$-N /(mg/L) | |
年度	2013	2014	2013	2014	2013	2014	2013	2014	2013	2014	2013	2014
一污厂	15.76	13.64	1.26	1.03	8.85	5.46	14.29	9.84	0.07	0.09	1.55	0.39
二污厂	13.67	12.14	1.23	0.89	8.08	4.94	10.55	10.67	0.11	0.10	0.34	0.19
三污厂	17.10	14.21	1.46	1.45	6.77	5.63	12.49	13.83	0.22	0.16	1.96	1.52
四污厂	11.26	10.50	1.51	1.36	5.10	4.27	9.88	9.44	0.27	0.17	0.60	0.45
五污厂	13.99	11.86	1.58	1.18	7.09	4.63	9.67	9.26	0.13	0.12	1.03	0.90
六污厂	17.22	14.12	1.24	1.07	8.78	5.39	11.71	10.33	0.37	0.17	0.38	0.48
七污厂	13.39	11.32	1.02	0.99	6.45	4.61	11.79	11.23	0.22	0.20	0.58	0.49

根据新建污水管的分布，利用 GIS 技术的分析结果，北岸工程通过铺设污水管增加服务面积 124.1km^2 可收集原为排入河道或沟渠的生活污水 2.88×10^5m^3/d，其中城北片区 8.3×10^4m^3/d、城东片区 7.7×10^4m^3/d、城南片区 3.8×10^4m^3/d、城西片区 7.0×10^4m^3/d、城东南片区 2.2×10^4m^3/d，详见表 9-15 新建污水管污水收集量表。

表 9-15　新建污水管污水收集量表

序号	片区	服务面积/(km^2)	收集污水量/(10^4m^3/d)
1	城北片区	21.5	8.3
2	城东片区	23.7	7.7
3	城南片区	25.0	3.8
4	城西片区	31.1	7.0
5	城东南片区	22.7	2.2
合计		124.1	28.8

通过改扩建现有 6 座污水厂、新建第七污水厂，增加处理能力 4.1×10^5m^3/d，使主城污水处理总规模达 9.9×10^5m^3/d，出水达到国家一级 A 排放标准。根据各污水处理厂平均进水浓度与一级 A 出水水质计算，项目扩建的第三、第五、第六污水厂和新建的第七污水处理厂增加主城污水年处理量 1.4965×10^8m^3，可削减入湖污染物悬浮物 48723t、五日生化需氧量 30708t、化学需氧量 39099t、总氮 4611t、总磷 824t、氨氮 2758t。

截至 2014 年年底，项目已经铺设排水管网 342.7km；建成泵站 7 座；项目扩建的第三、第五、第六污水厂新建的第七污水处理厂均满负荷运行。2014 年，第三、第五、第六、第七污水处理厂年实际削减入湖污染物悬浮物 71980t、五日生化需氧量 46855t、化学需氧量 61580t、总氮 8646t、总磷 1170t、氨氮 5546t，已实现预期的环境效益。

4. 资金情况

北岸工程初设批复概算总投资为 39.8 亿元，其中：利用日元贷款 231 亿日元（约合人民币 16.9 亿元），国内配套资金 22.9 亿元（省、市财政各配套资金 5.8 亿元，滇投公司筹集 11.3 亿元）。到 2015 年年末，北岸工程项目累计到位内资 173639 万元，其中：中央资金 46166 万元，省级资金 43773 万元，市级资金 43700 万元，滇投自筹 40000 万元。使用日元贷款 191.15 亿日元，其中一期、二期分别为 126.47 亿和 64.68 亿日元，按招标平均汇率折算，折合 129366.38 万元人民币。整体到位资金 30.3 亿元人民币。

经测算，北岸预计使用资金总额约 30 亿元，资金略有剩余。与北岸工程概算投资 39.8 亿元相比，总体节约投资 9.8 亿元。主要原因：一是管网工程量调减；二是未动用概算内的不可预见费；三是初设采用汇率与实际折算汇率差异较大；四是工程管理较为严格。

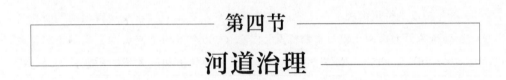

第四节

河道治理

滇池流域有大、小河流几十条呈向心状注入滇池，主要入（出）湖河道为 36 条，其中入湖河道 35 条，出湖河道 1 条。入湖河道分别为王家堆渠、新运粮河、老运粮河、乌龙河、大观河、西坝河、船房河、采莲河、金家河、正大河、盘龙江、大清河、明通河、枧槽河、海河、六甲宝象河、广普大沟、小清河、五甲宝象河、虾坝河、姚安河、老宝象河、宝象河、槽河、马料河、洛龙河、捞鱼河、梁王河、南冲河、淤泥河、白鱼河、柴河、东大河、中河、古城河，出湖河道为海口河。径流面积大于 $100km^2$ 的河流有盘龙江、宝象河、运粮河、洛龙河、捞鱼河、大河、柴河、东大河等。

为截断河道污染源，市委、市政府对西山龙门村至官渡回龙村的滇池北岸、呈贡斗南村至海晏村的滇池东岸、晋宁大湾村至古城的滇池南岸的 36 条主要入（出）湖河道实施了河道综合整治工程。截至 2015 年，共完成河道综合整治 230km，完成截污及雨污分流改造河道排污口 4100 多个，铺设改造截污管网 1300km，河道清淤 $1.015 \times 10^6 m^3$，基本消除了黑臭水体，入湖河道水质明显提升，入湖河道生态功能逐步恢复。

一、滇池北岸入湖河道整治

（一）盘龙江水系综合整治

1. 盘龙江综合治理

盘龙江为滇池最大的入湖河流，全长 104km，流域面积 761km^2，其中松华坝以上 593km^2、以下 168km^2，平均年径流量约 2.66×10^8 m^3。历代对盘龙江主河道进行了频繁疏挖、筑堤、垒坝、截弯改直等治理工作。

宋康定元年（1041），疏浚盘龙，筑云津堤，在盘龙江上游开挖金汁河和银汁河对盘龙江进行分流。元朝，组织民夫首先疏浚河床并加固堤岸，又在松华山谷新建了松华坝（又称松花坝），抬高盘龙江水位，分水入金汁河灌溉农田，修建了土木结构的南坝闸，引水入各灌溉河道。明朝改土木结构的南坝闸为石闸，将土木结构的松华坝改建为石闸。清朝疏浚盘龙江、驳砌石岸闸坝，重修六河。民国（1936~1946 年），疏浚盘龙江，并将北仓、马村段截弯改直，新挖河道 216m，整修由城区临江里至张家庙一段共 21 处，支砌石堤。

1953 年把双龙桥至南坝、花庄段河道截弯改直，支砌河堤，改建南坝闸及石拱桥 1 座，新建陈家营溢洪闸 1 座，整修涵洞 24 座。1966 年 8 月连降大雨，实测松华坝洪峰流量达 233m^3/s，盘龙江水位急涨，几乎淹没了得胜桥和南太桥的桥洞；随后，拆除了盘龙江上的得胜桥和南太桥的旧桥并建造了新桥，流量从 40~60m^3/s 提高到 100m^3/s，达到防御五十年一遇的洪水标准。同年，按百年一遇洪水的标准启动实施根治盘龙江防洪工程，确定松华坝至落索坡过流量为 120m^3/s、落索坡至五里湾为 130m^3/s、五里湾至铁路桥为 140m^3/s、北站至双龙桥城区为 150m^3/s、双龙桥至滇池 140m^3/s（玉带河分流 10m^3/s）。

"九五"期间（99 世博会前），实施盘龙江中段（北二环路至鼓楼路）整治工程，敷设 DN600~1200 截污管 2.5km，对沿江 24 个排污口进行了截污，片区合流污水进入第四污水处理厂处理。鼓楼路至南二环盘龙江段，依托沿江道路同步埋设了雨污水管道，污水收集输送至二污水处理厂处理。2002 年，实施了世行北郊污水管网工程，在盘龙江北二环至北三环段沿规划道路铺设 DN500~1800 截污干管 5.03km，对沿江 27 个排污口进行了截污，收集片区污水。2003~2004 年，实施了盘龙江上段（松华坝水库至第五污水处理厂）截污工程，沿东岸埋设管径为 DN1000~1200 截污管 6.732km，沿西岸埋设管径为 DN800~2000 截污管 9.1km，建设检查井 255 座，收集盘龙江沿线污水输送到第五污水处理厂处理，设计截污水量为 6.536m^3/s。2006 年 6 月，实施了盘龙江北二环至南二环中段水环境治理工程，完成截污管总长 2700.6m，其中截污管 1411m、污水转输干管 1289.6m，改造排污口 138 个，新建上坝村污水提升泵站 1 座（$Q=0.0278m^3/s$）、中段污水转输泵站 1 座（$Q=0.72m^3/s$），清挖淤泥 $1.095×10^5m^3$，改造钢筋混凝土河堤长 228m，新建 29m 长圆通高架桥橡胶坝 1 座，新建 2 孔南坝村水下卧倒门 1 座。

2008～2010 年，实施了盘龙江上段水环境综合整治工程，对盘龙江北段沿岸 9 个较大的污水口进行了改造，污水进入第五污水处理厂处理，截污量为 $1.649×10^4m^3/d$。"十一五"期间，实施盘龙江南段（南二环至入湖口）水环境综合整治工程，在盘龙江下段西岸埋设 DN800～1000 的污水截流管道约 6km，将污水送入新建的第七污水处理厂；对南坝村约 50 个零星排污点进行整治，敷设 DN600 截污管 1710m，截污量约 $0.2×10^4m^3/d$，污水截流至明通河截污干管进入第二污水处理厂。2011 年，在盘龙江沿岸建设了学府路、教场北沟、核桃箐、白云路、麻线沟、金色大道、圆通沟 7 座雨污水调蓄池，总容积 $7.01×10^4m^3$。

2012～2013 年，实施了盘龙江清水通道建设工程，分别对盘龙江农科院—沣源路、沣源路—二环北路、湖滨路—入湖口段，长度分别为 1560m、6230m、425m 的河段按照百年一遇防洪标准进行整治，并在松华坝水库下游 2.3km 的牛栏江—滇池补水工程引水隧洞出口处建成宽 360m、落差 12.5m 的景观瀑布，设计流量 23m³/s，于 2013 年年底正式通水。同时，实施了污水处理厂尾水外排工程，第五（$1.85×10^5m^3/d$）、第二污水处理厂（$1×10^5m^3/d$）、第七八污水处理厂（$3×10^5m^3/d$）尾水不再排放至盘龙江。"十一五""十二五"期间，五华区、盘龙区、西山区、官渡区和滇池旅游度假区实施盘龙江治理，共完成两岸拆临拆违拆迁 $3.5×10^5m^2$，道路通达 42.4km，两岸绿化 $8.043×10^5m^2$，建设河口湿地 1139 亩。

2. 牧羊河治理

牧羊河又称小河，为盘龙江正源，发源于梁王山西北喳啦箐，至岔河汇入盘龙江，长 54km，径流面积 346.82km²，历史最大洪峰流量 122m³/s。该河道贯穿河谷及阿子营槽区，因河道狭窄、过流量小，汛期经常冲淹农田。1958～1963 年，上游建库塘 49 座，可削减洪峰 15%。1966 年发大水，流量达 118m³/s，毁堤 200 余处，淹田 5000 亩。1975～1977 年曾 2 次疏挖河道，治理后的河道断面宽 6～10m，深 2～3m，过流量 20～30m³/s，沿河建桥 8 座、灌溉闸 6 道。因治理标准低，1983 年 8 月暴雨，洪峰流量达 100m³/s，石门坎水库溃坝，河堤被冲垮，同年冬重建水库（滇池水利志，1995）。1984 年进行疏挖河道，砌护河堤。

3. 冷水河（甸尾河）治理

冷水河又称甸尾河，为盘龙江的另一个源头，源于冷水洞，至岔河口长 20.8km，径流面积 111.4km²。河道贯穿白邑坝子，最大洪峰流量 80m³/s，1966 年实测最大洪峰流量 67.2m³/s。因河道弯曲，河堤单薄，水流不畅，经常淹田。1958～1962 年上游建库塘 42 座，拦截径流面积 42km²，削减洪峰 25%。1966 年对主河道 12km 进行截弯改直，扩宽河道，理后河道顺直，底宽 6m、深 3m，过流量 27m³/s；河上建桥 13 座、跌水 5 座、拦河闸 4 座、输排水涵洞 48 座，同时治理支流东、西河 9km。

4. 金汁河治理

金汁河是重要的农田灌溉渠道，历史上对金汁河进行过多次治理。元疏浚了金汁河，加固河堤建小闸 10 座、涵洞 360 座。清朝及民国期间多次进行疏挖。

1951 年整修金汁河石堤 460m，新建涵洞 25 座。1953 年改建燕尾闸、大闸、羊青河地涵洞、菊花村分洪闸，翻修涵洞 31 座。1959 年对金汁河进行了全面整修，提高了金汁河的排洪灌溉能力。1977 年大搞农田水利建设中对河首 9km 一段进行扩宽及改直工程，把全河排洪闸全部改为机械闸。

2013～2014 年，盘龙区、官渡区实施了东金汁河水环境综合整治工程，铺设主河道截污管 12km，支流截污 15.1km，沿河污水截至第十水质净化厂、第二水质净化厂处理，实现河道全面截污。

5. 银汁河治理

银汁河原来由黑龙潭取水，后被附近厂矿引作生产用水，即在北仓村、尚家营设 2 级抽水站，抽盘龙江水入银汁河进行灌溉。1959 年 12 月，在盘龙江二号跌水处开挖西干渠引盘龙江水入银汁河，经雨树村前过落索坡、蒜村交银汁河，长 2.7km，过流量 2.5m³/s。1963 年兴修沿河配套工程，包括蒜村分水闸、暗沟 75m、桥 4 座、上马村抽水站 1 座。1982 年，将雨树村闸改为机械闸，整修河堤 3836m。

6. 明通河治理

明通河全长 14km，平均宽度 5m，流量 15m³/s，新中国成立前经常疏挖。1958 年，将北段 1596.16m 全都改建为砖砌马蹄形暗沟。1959 年改直塘子巷至火车南站段 1617.3m，全都复盖成暗沟。1978 年将火车南站以下共 3.1km 段进行截弯改直，新开河道比降为 0.05%，河底宽 6m，毛石护堤，兴建柿花闸、老黄沟闸、陈家闸、张家庙闸 4 座灌溉用的节制闸。1983 年，复盖了前卫路铁路新村至环城南路一段长 207.20m。1988 年将环城南路至南站米轨铁路段 657m 用毛石混凝土支砌沟边，钢筋混凝土预制板复盖，把河道改成街道，取名明通路。至此，明通河城区段已全部复盖完毕，成为排泄市区污水的下水道。

7. 玉带河、永昌河、西坝河治理

玉带河由双龙桥分盘龙江水，西至马蹄桥折北经土桥、鸡鸣桥、靖国桥分为两支，

一支为西坝河流入草海；另一支为篆塘河，沿环城西路汇大观河入草海。由马蹄桥分 1 支为永昌河注入滇池。玉带河原为土堤，清代改为石堤，流量为 $10m^3/s$。20 世纪 50 年代金碧路鸡鸣桥至靖国桥复盖成街道。1983 年，将土桥至金碧路段筑石围堤，同时复盖了永昌河马蹄桥至环南路段作为菜市。1986 年，把西坝至西华园段（即西坝河）全部复盖成为暗河、街道，称西坝路。2008～2010 年实施了西坝河上段玉带河复盖段（西昌路—西园路）、下段广福路延长线至入湖口段综合整治工程，共整治河堤 5.8km，淤泥 $5.2×10^4m^3$，完成拆迁 $5.83×10^4m^2$，沿河埋设截污管 2.69km。污水进入船房河泵站，转输至第七、第八污水处理厂。2015 年，实施西坝路改造，同步完成了西坝河中段（西园南路—平桥村）的雨污水管建设。2015 年 5 月，作为牛栏江—草海补水通道，从玉带河分引盘龙江水向河道及草海补水。

8. 羊清河治理

羊清河又称杨妈妈河，发源于今盘龙区松华街道西南朱家山，经庄科山，西流经麦冲村、五家村，过东干渠沿穿金路至席子营、灵光街汇入盘龙江，长 14.2km，1958 年在河上建成金殿水库。1975 年恢复羊清河为排洪河，新开河道由水库大坝脚五家村开始至小坝桥，长 2.5km，重点地段用毛石支砌，于小坝桥下注入金汁河。随着城市建设的扩张，羊清河城区段已基本消失。

9. 花渔沟治理

2007 年，实施花渔沟截污整治，沿黑阿公路花渔沟村南至茨坝正街铺设管径 DN400～500 截污管，茨坝街至金凤桥埋设管径 DN1000 截污管，金凤桥以下埋设管径 DN700～800 截污管，污水经盘江西路截污管进入第五污水处理厂。

10. 马溺河治理

2013～2014 年，实施了马溺河水环境综合整治工程，共埋设直径 DN500～600 截污管 2107.5m，清除河道淤泥 $6000m^3$。

11. 黑龙潭沟治理

以黑龙潭公园为起点，新建 DN1200 重力流排水管，沿 7204 公路将花渔沟清水输送至盘龙江截污管，新建排水管总长度 2321m。

12. 西干渠治理

封堵渠道周边排污口 22 个，采取分段截污方式开展截污工程建设。在雨树村段盘龙江八孔大闸附近埋设截污管 126m，共拆除沿河临违建筑 $2687m^2$，清除河道淤泥 983t，河道绿化 21 亩，种植乔木 1740 株。

（二）新运粮河及支流综合整治

运粮河为明代疏挖海沟、沼泽地形成的河道，为由滇池运粮到大西仓的通道。民国时期兴建西站，堵断上游，填平上游河道，下游成为排泄虹山、黄土坡一带山洪及工业、生活污水的排污河，河道全长 9.5km。1982～1984 年对河道拓宽挖深，上段流量 6m³/s，中段赵家堆至成昆铁路桥流量 15m³/s，下段至积善与小路沟汇集处流量为 24m³/s，并顺直了河道，治理河道 5.3km，增建人行桥 8 座、机耕桥 5 座。

新运粮河高新区段主河道（又称中干沟）是 1993～2004 年高新区建设期间新建的排洪干渠，从大石桥起，经高新区管委会沿海源路至人民西路，全长 5.07km，主河道平均宽度为 6m，平均深度 3.3m，主要承担高新区及周边片区的泄洪功能。新运粮河高新区段有海源河（长 3384m）及董家沟（长 850m）两条支流汇入。2008～2009 年年底，实施了新运粮河人民西路到草海入湖口段截污及水环境综合整治工程，完成河道两岸拆临拆迁 $1.48 \times 10^5 m^2$，道路贯通 7.0km，新建河岸绿化 $8.4 \times 10^4 m^2$，封堵排污口 114 个，埋设 DN500～1200 截污管道 3.858km，河道清淤 $6.3 \times 10^4 m^3$，建设生态河堤 4.45km，两岸禁养家畜 1.22 万头、家禽 9.48 万只，埋设再生水回补管道 744m，通过第三污水处理厂向河道补水。2009～2010 年，实施了西边小河排水畅通工程，河道清淤 $1.38 \times 10^4 m^3$，整治河道 1897.6m，埋设截污管道 1426m。同时，实施了支流沟渠小沙沟西苑浦路至成昆铁路段 259m，大沙沟西三环至新运粮河段 1350m，渔村沟 670m 的整治。

2008～2010 年，完成了新运粮河主干渠西北沙河及 7 条支流沟渠（大沙沟长 1800m、白龙河长 3050m、海源河长 1580m、边干沟长 1500m 等）水环境综合整治工作，拆临、拆违、拆迁面积 62111.36m²，新建截污管 15175.38m，封堵排污口及雨污混流口 15 个，截污导流 165 个；新运粮河两岸 200m 范围内全部退出畜禽养殖，共退出畜类 2.77 万头，禽类 12.58 万只；疏挖河道底泥 4820.23m³，新修道路 7.03km，新增绿化面积 $2.733 \times 10^4 m^2$。"十二五"期间，实施了新运粮河（上段）水环境综合整治工程，整治河道 11.59km，埋设截污管 11.24km，河道清淤 5520m³，新建管理维护道路 11.346km。

（三）老运粮河及支流综合整治

2008 年，实施了麻园河雨污分流整治，将污水接入二环西路污水干管，雨水进入小路沟。2008～2011 年，完成老运粮河主干渠小路沟及 2 条支流沟渠麻园河、七亩沟水环境综合整治工作，拆临、拆违、拆迁面积 $2.24 \times 10^4 m^2$，新建直径 300～1200mm 截污管 41.82km，截污导流排污口及雨污混流口 183 个，疏挖河道底泥 31482.58m³，新增绿化面积 $1.505 \times 10^5 m^2$。2014～2015 年，实施老运粮河（上段）水环境综合整治工程，整治河道总长 3.073km，埋设截污管 6.977km，河道清淤 55244m³，新建管理维护道路 6.146km。

2008～2011 年，完成老运粮河人民西路至入湖口段综合整治工程及支流七亩沟段清淤，整治河道 3.476km，清淤 5.8×10⁴m³，封堵排污口 120 个，埋设截污管道 3600m，两岸拆迁 4.7×10⁴m²，道路贯通 5572m，绿化 6.6×10⁴m²，铺设中水回补管道 1.22km。2011 年，在近华浦路与云山路交叉口建设了容积 1.2×10⁴m² 的老运粮河调蓄池，收集七亩沟和鱼翅沟合流污水送至第三污水处理厂进行处理。

（四）乌龙河、大观河综合整治

1. 乌龙河整治

2005 年至 2007 年年底，实施了乌龙河截污综合治理工程，敷设截污管道 4.075km，在二环南路口设置末端截污闸，新建抽排能力为 2.82×10⁴m³/d 的污水提升泵站 1 座，将污水送至第三污水处理厂处理。累计整治河道长度 1.86km，清除淤泥 2.8×10⁴m³，拆迁各类构（建）筑物 2.16×10⁴m²。2009 年，实施了乌龙河综合整治工程，封堵污水口、雨污混流口 27 个，铺设截污支次管道超过 300m，完善截污检查井 20 座；拆临、拆违及拆迁 21 户、1.2×10⁴m²；河道绿化面积超过 4×10⁴m²，建成生态湿地 1.2×10⁴m²，铺设河道游园小路 1.3km；河道清淤 2×10⁴m³，疏挖河道 1.7km；铺设中水回补管道 573m，由第三水质净化厂向河道补水约 2×10⁴m³/d。2011 年，在二环南路与西苑浦路交叉口建设了容积 1.1×10⁴m³ 的乌龙河调蓄池，将二环路内丹霞路干管的污水和部分合流水截流至西苑浦路 DN1200 截污管，通过土堆泵站送至第三水质净化厂处理。

2. 大观河整治

大观河为清康熙十二年（1673）新开，由大观楼直至仓储里作运粮水道，故又名运粮河、西门河。民国 21 年（1932），由鸡鸣桥至大观路口段挖通、挖宽，并在大观路口筑码头，即新篆塘。"九五"期间，随道路建设修整河堤，依托市政道路在大观河篆塘公园至环西桥段沿两岸埋设 DN600 截污管 529m，砌筑检查井 22 座。

2008～2009 年，实施了大观河环西桥至入湖口段长 3200m 的截污及水环境综合整治工程，埋设截污管 1.926km，封堵 46 个雨污混流口；拆临拆违 1.62×10⁴m²，拆迁房屋 4×10⁴m²；修建两岸滨河道路 1814m，沿线绿化面积 4.2×10⁴m²，建设湿地公园 57 亩。同期，还完成了大观河支流沟渠篆塘河、永宁河水环境综合整治工作，新建直径 200～1200mm 截污管 4.739km。2011 年，建设了容积 7000m³ 的大观河调蓄池。2014 年，实施了大观河上段河道清污分流工程，在暗河段建设截污沟。2015 年 5 月，通过分引盘龙江的牛栏江水回补大观河和草海，补水量 $10m^3/s$。

（五）船房河、采莲河、正大河综合整治

1. 船房河整治

2005～2007 年，实施了船房河截污综合治理工程，整治河道长为 6.36km。埋设截污管 10.02km，新建截污泵站 1 座（近期抽排量 $1.305\times10^5m^3/d$，远期 $2.609\times10^5m^3/d$）；清除河底淤泥 $1.65\times10^5m^3$，修建河道挡墙 11.3km，新建桥梁 3 座；新建清水回补泵站 1 座，由第一水质净化厂每天向船房河补水约 $8\times10^4m^3$，建设河道绿化带 $1.55\times10^5m^2$。2011 年，在船房河入湖口建设了面积 218 亩的永昌湿地，清退鱼塘 198 亩，拆除防浪堤及鱼塘埂 1.90km。2012 年，在二环南路与船房村路交叉口建设了容积 $1.9\times10^4m^3$ 的兰花沟调蓄池，合流水进入第一污水处理厂进行处理。

2. 采莲河整治

2002 年，实施了入滇河道"清污分流"整治——采莲河工程，按百年一遇防洪标准进行河道整治，完成生态河道整治 6.07km，埋设截污管长 6.14km，改扩建泵站 2 座，改建节制闸、分洪闸 3 座，新建桥梁 10 座，两侧绿化 $7\times10^4m^2$；由第一污水处理厂尾水补给生态用水，水量为 $4\times10^4m^3/d$。"十二五"期间，实施了其支流清水河、杨家河、太家河截污及水环境治理工程，其中，清水河整治了杨家河—广福路—滇池路段，长 5.6km；杨家河整治了海埂路—广福路段，长 7.5km；太家河整治了四道坝至滇池路段，长 3.53km，埋设截污管 4.82km，清淤 $6093m^3$。

3. 正大河整治

"十二五"期间，西山区、度假区实施正大河水环境综合整治工程，对正大河盘龙江到金家河 6.003km 河段进行综合整治。沿河两岸铺设 DN400 截污管 1876.1m，新开挖河道约 500m，绿化面积 $1.45\times10^4m^2$，河道清淤 $4.45\times10^4m^3$。

（六）大清河（明通河）综合整治

大清河上段为明通河，全长 8.9km，二环路内多为暗河，主要接纳东风广场以南，北京路两侧至昆明火车站段的城市生活污水；二环路官南立交桥南坝截污闸至张家庙闸为明河，长 4.4km，平均断面为 13m×3.5m，为排水、防洪、景观河道。

2000 年，实施官南路改造工程，同步完成了南二环至廖家庙段明通河整治，沿河道两侧铺设了 DN1000～2000 截污管 3.8km，将污水输送至第二污水处理厂处理。2004～2006 年，实施了大清河截污综合整治工程（大清河廖家庙到入湖口段），在河道

东岸埋设 DN2500 截污干管 4.01km，西侧沿河埋设 DN600～1500 截污管和 DN1000 过河管 3.62km；整治河道、建设生态河堤长 5.56km，疏挖及处置淤泥 $1.13×10^5 m^3$。整治后大清河满足百年一遇的防洪标准，河道最大过流能力达到 115m^3/s。

（七）枧槽河综合整治

枧槽河为金汁河分流河道，在张家庙汇入大清河，河长 7.3km，是东郊片的排水渠道。1977 年彻底整治，废弃老河道，新开 4.96km 新河，沿河新建改建桥闸 12 座。2004～2006 年，实施了枧槽河南二环—明通河交汇处 6.8km 整治工程，共埋设 DN1500～2200 截污管 10.104km，建设规模 4.47m^3/s 的污水提升泵站 1 座，按照城市百年一遇的防洪标准整治河道 4.66km，建设规模为 0.23m^3/s 的清水回补泵站 1 座，埋设 DN350 补水管 1.835km。

（八）海河综合整治

2010 年，实施海河下段（彩云路至入湖口）截污及水环境治理工程整治，沿河埋设截污管道共 17.4km，拆除建（构）筑近 $1.4×10^5 m^2$，建设生态河堤 11.1km，清淤 $4.16×10^4 m^3$，在入湖口新建复合湿地 50 亩。"十二五"期间，实施海河上段东白沙河水库至彩云北路整治，拆迁临河各类建筑 $4.1×10^4 m^2$，铺设 DN500～1000 截污管道 7.3km，建设生态河道 5.82km，两岸绿化 $6.2×10^4 m^2$。

（九）宝象河水系综合整治

宝象河水系包括老宝象河、新宝象河和小清河。1958 年后，在主河道上游求雨山修建宝象河水库，上游支流上建天生坝、铜牛寺、前卫屯、茨冲、复兴村 5 座水库，拦蓄洪水 $2.295×10^7 m^3$。1978 年为解决下段防洪，自小羊甫村宝象河南岸新挖排洪河即新宝象河，经官渡、龙马、宝丰村南侧入滇池，长 9.2km，宽 13.5m，深 3.5m，排洪量 40m^3/s，设节制闸 6 座。

1. 新宝象河治理

2004～2006 年，实施宝象河水系防洪整治工程，整治宝象分洪河羊甫闸至滇池入口间河道 8.8km。河道由宽度 5～17m 拓宽至 40m，河道防洪标准由十年一遇提高到五十年一遇，过流量由 20m^3/s 提高到 132m^3/s。"十二五"期间，实施了宝象河水环境综合整治工程，整治河道 28.65km，中段埋设 DN500～800 截污管 28.65km；上段完成大花桥至寺瓦路段河道整治 8.65km，铺设 DN800 截污管 1025m。"十二五"期间，实施了新宝象河寺瓦路—彩云北路段截污工程，沿河道两岸铺设 DN800～1000 截污管 12.84km，收集的污水进入第六污水处理厂处理。2010 年，官宝路建设工程同步实施了新宝象河彩云北路至第六污水处理厂段截污工程，沿河道两侧埋设 DN800～1000 污水管 5.2km，截留污水进入第六污水处理厂处理；第六污水处理厂至环湖东路段沿河道东侧埋设 DN500～600 截污管 5.2km。2015 年，第六污水处理厂向宝象河补水约 $1.3 \times 10^5 \mathrm{m}^3/\mathrm{d}$。

2. 老宝象河治理

2008～2009 年，实施了老宝象河综合治理工程，拆除违章建筑 $8065 \mathrm{m}^2$，道路贯通 2720m，封堵排污口 209 个，沿河两岸绿化面积 $8260 \mathrm{m}^2$，打造节点景观小游园 2 个。"十二五"期间，实施了老宝象河水环境综合整治工程，整治河道 9.37km，埋设 DN500～600 截污管道 13.17km；新建生态河道 3.29km，改造现状河道 5.95km，新建桥涵 6 座；建设绿化带 $3.97 \times 10^4 \mathrm{m}^2$，新建 4m 宽管理维护道路总长 6200m。

3. 小清河治理

2012～2013 年，实施了小清河水环境综合整治工程，整治河道 9.73km，埋设截污管 2.82km；改建及新建桥涵 11 座，修建管理维护道路 5.51km；清除淤泥 $3.7 \times 10^4 \mathrm{m}^3$，建设 $1 \times 10^4 \mathrm{m}^3$ 污水提升泵站 1 座、水闸 1 座；建设绿化带 $2.21 \times 10^5 \mathrm{m}^2$；拆迁 $1.676 \times 10^5 \mathrm{m}^2$。永中路建设工程在广福路以上河道西侧布置 DN1000 截污管 2.6km；昆明主城雨污分流次干管及支管配套建设工程在广福路以下河道两侧布置 DN800 截污管 10.44km。

（十）广普大沟综合整治

2015 年年底，完成河道生态整治 6.90km、支流排洪沟整治 2.34km，在广福路至环湖东路段沿河道两岸埋设截污管 10.28km，支流排洪沟北侧埋设截污管 2.34km；河道清淤 $6.53 \times 10^4 \mathrm{m}^3$，河道生态补水拟从新宝象河分洪闸埋设管道 1.8km 引水回补。

（十一）马料河水系综合整治

马料河总长 12.827km，径流面积 $81 \mathrm{km}^2$，平均河宽 4m，在上游建中型果林水库，支流上建小（二）型水库 1 座、小坝塘 8 座，蓄水 $1.188 \times 10^7 \mathrm{m}^3$。果林水库以下河段宽 4m，河堤高 3m，过流量 $15 \mathrm{m}^3/\mathrm{s}$，设 $2.5 \mathrm{m} \times 3 \mathrm{m}$ 平板节制钢闸 5 座，使最大灌溉面积增到 4270 亩。"十一五"期间，实施马料河综合整治工程，埋设截污管道 11.15km，疏挖淤泥 $3.57 \times 10^4 \mathrm{m}^3$。"十二五"期间，官渡区实施马料河上段水环境综合整治工程，在犀牛龙潭—果林水库段铺设 DN400～1000 截污管 5.55km，建设生态河道 4.6km，河道及

河堤绿化 $7.12 \times 10^4 \, \text{m}^2$；果林水库—经开区托管边界（商贸大道）段共埋设截污管道 27.98km，实现河道全线截污，污水进入倪家营污水处理厂处理。河道由昆明市第十二污水处理厂（普照水质净化厂）尾水回补生态用水，水量为 $5 \times 10^4 \, \text{m}^3/\text{d}$。

二、滇池东岸入湖河道整治

1. 洛龙河综合整治

1956 年，在河道上游建小（一）型白龙潭水库、石龙坝水库，并建成 2 级抽水站 4 座。1978 年后，逐年对黑龙潭以下至滇池段进行截弯改直、加宽护堤，治理后，平均河宽 5m，堤高 2.5m，过流量 $8 \, \text{m}^3/\text{s}$。1997 年，对黑龙潭以下 1.87km 河道进行了两面光支砌，过流断面分别为上段 $2.5 \text{m} \times 1.8 \text{m}$、下段 $4.5 \text{m} \times 2 \text{m}$，河道上建有农用灌溉拦河闸 3 座。"十一五"期间，实施白龙潭水库到入湖口 13.5km 洛龙河河道整治，开挖土石方 $6.2 \times 10^5 \, \text{m}^3$，新修、改建桥梁 8 座，铺设 DN500～1800 截污管 14.14km。

2. 捞鱼河综合整治

"十一五"期间，实施了全长 17km 的捞渔河水环境综合治理工程，沿河道双侧埋设管径为 DN600～1800 的截污管 29km，污水进入捞渔河污水处理厂，清淤泥 $1.173 \times 10^5 \, \text{m}^3$。在捞渔河口建设了湖滨湿地公园 569.7 亩，在捞渔河与梁王河交汇处湿地公园 69 亩。

三、滇池南岸入湖河道整治

（一）梁王河、南冲河综合整治

1. 梁王河治理

1958 年，在河中游建中型水库 1 座（横冲水库）、小（一）型水库 3 座、坝塘 6 座，共蓄水 $1.258 \times 10^7 \, \text{m}^3$。2008～2013 年，完成了梁王河上段长 6.34km 河道整治，横冲水库至青溪公园段两侧生态护岸修筑约 3.28km，铺设截污管 2.39km；青溪公园至高新大道段整治河道 3km，新修道路 8.12km，铺设截污管道约 4284m。

2. 南冲河治理

2009 年，晋宁县实施南充河下段综合整治，完成挡墙支砌 2555m³，道路通达 3km。2008～2014 年，完成主河道韶山水库—老昆洛路段 5.76km 河道改扩建和老昆洛路—晋宁交界段 2.18km 原河道综合整治，完成清淤量约 $5.2×10^4m^3$，建设污水管长 5.12km，建设环湖路截污干渠配套支管长 515.97m。

（二）大河、白鱼河综合整治

"十一五"期间，实施白鱼河综合整治工程，清除淤泥 $6.42×10^4m^3$，完成 32 个排污口堵口截污，河堤恢复边 27km，道路通达边 15km 建设入湖河口湿地 1380 亩。"十二五"期间，实施了白鱼河（大河主河道）水环境综合整治工程，整治河道长度 34.838km，埋设截污管道 44.2km、土方及淤泥开挖 $6.82×10^5m^3$、河堤护砌 43.5km。

（三）柴河、茨巷河综合整治

"十二五"期间，晋宁县实施了茨巷河（柴河主河道）水环境综合整治工程，整治河道长 13.365km，埋设截污管 14.9km、土方及淤泥开挖 $2.87×10^5m^3$、河堤护砌 24.9km。

（四）东大河水系综合整治

"十二五"期间，晋宁县实施了东大河水环境综合整治工程，整治河道长 11.805km，新建河堤挡墙 23.61km，新建 4m 宽管理道路 19.89km；埋设截污管 13.2km，污水进入环湖南岸截污干管输至晋宁污水处理厂处理，2015 年完成东大河入湖口湿地提升改造。

（五）中河（护城河）、古城河综合整治

1. 中河（护城河）治理

中河（含护城河）全长 6.21km，其中中河长 5.11km，护城河长 1.1km。"十一五"期间，晋宁县对该河实施综合整治，完成清除淤泥 $5.3×10^4m^3$，敷设 DN500～800 截污管 6.88km，建设污水检查井 249 座，污水通过河道截污干管进入晋宁污水处理厂处理后回补河道。

2. 古城河治理

"十二五"期间，晋宁县实施了古城河水环境综合整治工程，整治河道长 4.624km，完成截污管埋设 6.9km、土方及淤泥开挖 $5.8×10^4m^3$、河堤护砌 8.7km，建设入湖口生态湿地 391.22 亩。

第十章
滇池面源及内源污染治理进展

第一节
农村农业污染防治

农村农业面源污染是滇池流域面源污染中的一个重要组成部分。昆明市环境科学研究（现昆明市生态环境科学研究院）所早在"七五"期间开展《滇池富营养化调查》时就进行过对滇池流域面源污染（当时称为非点源）的研究，但对农村农业面源污染的危害性是在"九五"期间才引起重视，而对其污染防治真正付诸实施是在"十五"期间，也就是说从研究到付诸实施走过了整整十五个春秋。

在这期间投入研究的除国家、省、市环境科学研究机构外，还有省市环境监测、农业土肥、农业环境保护等机构。在各类研究工作中，人们逐渐将关注重点聚焦于农田污染、农村生活污染、畜禽养殖污染等几个方面。本章仅就减量施肥、农田固废处置、畜禽养殖污染防治、农村分散污水处理、综合防治等已经付诸实施的项目和工作进行总结，详见表 10-1 滇池流域农村农业面源污染控制项目汇总表。

表 10-1　滇池流域农村农业面源污染控制项目汇总表

序号	项目类别	规划期	项目数	项目小计	项目分类投资/万元
1	减量施肥	"十五"	1	4	9735.28
		"十一五"	1		
		"十二五"	1		
		"十三五"	1		
2	农田固废处置	"十一五"	1	2	3456.18
		"十二五"	1		
3	畜禽养殖污染防治	"十一五"	1	2	16135
		"十二五"	1		

续表

序号	项目类别	规划期	项目数	项目小计	项目分类投资/万元
4	农村分散污水处理	"十二五"	1	2	12246.78
		"十三五"	1		
5	综合防治	"十五"	2	13	34609.18
		"十一五"	3		
		"十二五"	6		
		"十三五"	2		

早在"九五"之前，农村农业面源对滇池的污染就已经引起了关注。从"九五"开始，农村农业面源污染控制项目被写入了《滇池流域水污染防治"九五"计划及2010年规划》，不过该项目只是一个示范项目，而且工程内容不明确。由于当时滇池污染治理还未引起全社会的关注，部门间的协调机制也尚未建立，"九五"计划的这个示范项目并未付诸实施，因此在后面的工程叙述中看不到该项目的相关内容。

"十五"期间，《滇池流域水污染防治"十五"计划》提出了一个农村面源污染控制的大项目，在实施过程中被分解为呈贡晋宁农村固体废弃物处理厂项目、沼气池建设、建设少废农田与平衡施肥、推广农村卫生旱厕四个项目。其中农村固体废物处理厂停留在前期工作中，也并未实施，其余三个项目均得到了实施。这是农村农业面源污染防治项目首度在滇池流域付诸实施，尽管项目内容尚不全面，规模也不算大，但总算是迈出了农业农村面源污染治理的第一步。

"十一五"期间是农业农村面源污染防治示范工程最多的一个时期，也是项目数增加、工程内容丰富的时期。这一时期的项目全都集中在饮用水源区，主要包含四个工程项目与三个示范工程。治理工程内容包含水源区推广沼气池、畜禽养殖污染防治、农村秸秆粪便资源化利用等。示范工程包含水源地主要污染物减污示范工程、面源污染控制示范工程，测土配方施肥技术与面源减污控释化肥技术示范等。看得出，较之"十五"，"十一五"期间的农业农村面源污染防治工程内容已经得到了丰富，但大部分工作停留在示范阶段。

走过"十五"和"十一五"，"十二五""十三五"期间的农业农村面源污染控制项目增加了新的内容，农村生活污染治理被纳入了治理范围。治理项目包括四个工程项目和一个示范项目：村庄分散污水处理工程、农业有机废弃物再利用工程、滇池流域及补水区有害生物综合防治（IPM）工程项目、测土配方施肥技术推广工程、农田面源污染综合控制示范工程等。

1997年至今，农村农业面源污染治理项目在项目名称、项目规模及内容、项目数量，以及项目投资等方面都有所发展，不仅项目数有所增加，且工程内容逐渐丰富。与此同时，示范工程自始至终贯穿于近二十年的农村农业面源污染防治工作中。农村农业面源污染防治的步履维艰的情况可见一斑。翻阅历次规划评估报告也可以看出，实施此类工程的不易。

农村农业面源污染防治具有难度大、涉及面广的特点。二十多年来，滇池流域水污染防治从未放弃过对农村农业面源污染的治理。但正如其来源一样，农村农业面源污染成因复杂，种类繁多，涉及面广，因此直到近年很多污染防治项目仍然在示范和摸索中。总结这些年开展过的工作不难看出，其组织实施的难度主要体现在需要广大农户积极参与。全流域上千个自然村，超过 10 万户人家，分布在 1000 多平方千米的农村地区，仅从人口分布看就知道这个工作的难度有多大。另一方面农业种植季节性很强，测土配方施肥、农田秸秆综合利用在一年中会遇到 2 茬以上，不同的作物有不同的施肥期和收获期，不可能全体动员一起实施。因此从项目的启动时间节点看也难得整体掌控。无论如何，在滇池污染防治的行列中农村农业面源污染防治没有缺席。

一、减量施肥

农田化肥流失造成的污染是农村农业面源中的一个重要组成部分。昆明市农业施肥的发展主要可划分为以下几个阶段。

（1）1950～1970 年　肥料主要以人/畜粪尿、蚕粪、杂草、草木灰、豆萁、河泥等农家肥、堆肥、土杂肥为主，化肥如硫酸铵、硝酸铵、铵水、过磷酸钙开始在部分作物上施用，增产效果明显。

（2）1970～1980 年　昆明市种植结构仍以粮食为主，部分田地开始种植经济作物（如烟草、油菜），尿素、碳铵、硫酸钾开始在水稻、玉米、油菜上施用，粮食单产显著提高。

（3）1983～1999 年　随着实行土地家庭联产承包责任制，极大调动了人们种田积极性，化肥大量开始在各种作物上施用，中量元素如硅钙肥，微量元素锌肥、硼肥。

（4）2000 年以后　种植结构发生了翻天覆地的变化，到 2008 年年底蔬菜、花卉、水果成为滇池流域坝区的主要作物。

回顾昆明市肥料施用的发展历程，不难看出，新中国成立初期至 20 世纪 70 年代，由于种植结构单一，肥料施用主要以农家肥为主；80～90 年代，由于以粮为纲，氮素化肥唱主角，钾肥、复合肥开始在部分经济作物上施用；90 年代中期至 2000 年后，随着种植结构调整，积极推广配方施肥。2001 以来，平衡施肥、测土配方等施肥技术得到了推广应用。

近些年随着昆明城市发展，流域耕地面积大幅度缩小。流域耕地面积由 2000 年691050 亩缩减到 2019 年的 225620 亩，减少 465430 亩，减幅 67%。目前晋宁区、盘龙区成为流域耕地集中分布的县区，各占 40%、24%。而官渡区、西山区耕地大幅减少，分别占流域耕地的 13%、13%。五华区、呈贡区耕地面积最小，分别仅占流域耕地的

6%、4%。

多项调查显示，多年来滇池流域种植业存在过量施肥，氮、磷、钾施肥比例不平衡，氮肥过量，钾肥不足，化肥利用率低等问题。在造成浪费的同时也对滇池产生污染，因此在滇池流域农业区推广测土配方施肥显得尤为重要。

多年的项目推广实施显示，测土配方施肥推广是一个群众广泛参与的项目，实施操作过程中大致有宣传培训、土壤肥力调查监测、田间对比试验、配方肥设计、配方肥加工、配方肥供应、配方肥施用等多个环节，需要形成从上到下多个层次的组织动员机制，也需要大量的技术力量参与。

减量施肥是控制农业面源污染最直接有效的措施，尤其测土配方施肥是在农业增产的同时实现对水污染防治的双赢措施。在滇池流域农业区推广测土配方施肥显得尤为重要。为控制滇池流域农业面源污染，在"十五""十一五""十二五""十三五"期间各实施了一个减量施肥项目，规划总投资1.65亿元，主要建设内容包括平衡施肥、推广测土配方。"十五"期间实施的项目没有投资记录；"十一五"期间实际实施1个项目，完成投资0.18亿元；"十二五"期间实际实施1个项目，完成投资0.83亿元；"十三五"期间实际实施1个项目，完成投资0.64亿元。

1. 建设少废农田、平衡施肥

该项目是滇池"十五"计划项目。实施年限为2001~2005年，责任单位为昆明市农业局。具体实施由昆明市土肥站牵头，各区县政府和县级农业部门负责推广平衡施肥技术。

在滇池流域累计推广平衡施肥105万亩，推广"双室堆肥坑"2390个，其中官渡区2000个，呈贡县90个，晋宁县300个，投入资金188万元。详见表10-2"十五"期间滇池周边各区县平衡施肥推广情况表。

表 10-2 "十五"期间滇池周边各区县平衡施肥推广情况表　　　　单位：亩

年份	官渡	西山	呈贡	晋宁	合计	合计投资/万元
2001	10000	20000	20000	100000	150000	30
2002	—	39000	20000	125000	184000	40
2003	—	23725	20000	171000	214725	40
2004	22000	24795	25000	178496	250291	40
2005	31000	30555	50000	145000	256555	38
合计	63000	138075	135000	719496	1055571	188

2. 测土配方施肥技术及面源减污控释化肥技术示范

该项目是滇池"十一五"规划的规划项目。项目着眼点是取得示范推广的经验。

2005～2008 年，寻甸县、嵩明县、晋宁县先后被农业部列为测土配方施肥的项目县，这为项目的开展奠定了基础。项目主要围绕"测土、配方、配肥、供肥、施肥指导"五个环节开展。土壤测试按照农业部统一的测土配方施肥技术规范和要求，丘陵山区每 300～500 亩、平坝区每 500～800 亩（1 亩＝666.7m²）采集 1 个土样。土壤养分测定项目为有机质、有效磷、速效钾、pH 值、缓效钾、碱解氮、部分中量和微量元素、土壤容重、土壤水稳性团聚体等土壤物理性状等。2007 年，农业部门利用水资源经费启动了滇池流域松华坝水源保护区 50 个土壤监测点的定位监测工作，随后在滇池周边及云龙水源区分别设立了 50 个监测点。2009 年新增大河、柴河水源区、宝象河流域、自卫村水库等重点水源区的测土监测点，之后逐步扩大至整个滇池流域。如今已经在水源保护区建立土壤养分长期监测定位点 160 个，开展了监测定位点和大田取土样 5367 个，实现了对滇池流域土壤养分动态监测。

在土壤养分监测的基础上，由各县区农业部门负责实施田间小区试验，开展了玉米、水稻、蚕豆等作物田间肥料效应小区试验及肥效对比试验，共计完成试验 11 组。这些试验取得的成果结合土壤肥力监测数据，用于指导农户对相应品种作物的配方肥参考。

在具体推广实施中，按照每亩 85 元的标准对农户提供肥料补助，所供配方肥料包括化肥、有机肥和生物肥等。各县区成立水源区配方肥配送中心，肥料配方经市、县技术专家审核后，由各县区农业局提供给生产厂家，肥料生产厂家通过招投标进行选择，所生产的配方肥以县供销社为主要供应渠道，在各乡镇每个行政村选择一个供肥点供应配方肥。根据审核通过的配方制作"配方施肥建议卡"，组织技术人员或村委会发放入户，并由户主签名确认。农户按"配方施肥建议卡"领取配方肥，并各自施用。

至 2010 年，滇池流域及水源区已累计完成测土配方施肥推广 50 万亩，其中水源区 16.9 万亩。共完成投资 1760 万元。

表 10-3 为测土配方施肥与农户每亩习惯施肥的化肥用量对照表，由表可以看出通过实施测土配方施肥可以明显降低化肥用量。

表 10-3 测土配方施肥与农户每亩习惯施肥用量对照表

作物	测土配方施肥/kg			习惯施肥/kg			施肥用量变化/kg		
	N(纯)	P_2O_5	K_2O	N	P_2O_5	K_2O	N	P_2O_5	K_2O
玉米	10.18	5.40	4	16	8.5	1.5	−5.82	−3.1	+2.5
水稻	5.5	3	3	8	8.5	1.6	−2.5	−5.5	+1.4
小麦	12	6	6	16	8.5	1.5	−4	−2.5	+4.5
马铃薯	12	4.8	9.6	8.5	15	1.5	+3.5	10.2	+8.1

3. 滇池流域及补水区"十二五"测土配方施肥技术推广

该项目来自滇池"十二五"规划。项目拟每年对粮食及经济作物实施测土配方施肥 40 万亩。

项目实施地点为滇池流域及牛栏江补水区，涉及官渡、西山、盘龙、呈贡、晋宁、嵩明、寻甸等 7 个县（区）的主要农作物种植区。为顺利实施该项目，昆明市农业局组织编制了《滇池流域及补水区"十二五"测土配方施肥技术推广工程项目实施方案》。采取广播、电视、报刊、现场会、讲师团等多种形式，将测土配方施肥技术宣传到各村。通过培训，发放"测土配方施肥技术宣传挂图"和《昆明市测土配方施肥技术手册》，使农户一定程度上掌握了测土配方施肥技术。

项目主要任务是：五年内在滇池流域开展测土配方施肥面积推广 200 万亩。通过积极组织技术培训、取样测土、制定配方、通过招投标购买配方肥、发放肥料、指导施肥、抓中耕管理、测产、分析、总结等工作，实际完成推广面积 224.36 万亩。

项目规划投资 30175 万元，实际完成投资 30175 万元。其中中央资金 219 万元，省级财政资金 150 万元，市级财政资金 1300 万元，其他为农户自筹。

4. 滇池流域及补水区"十三五"减肥减药技术推广

该项目来自滇池"十三五"规划。项目拟实施测土配方施肥及水肥一体化技术推广 30 万亩每年，共计 150 万亩；推广绿色防控成套技术，辐射面积 10 万亩。

"十三五"期间，生态农业技术推广工作持续推进，由农业局牵头实施滇池流域及补水区减肥减药技术推广项目，已完成测土配方施肥 35.09 万亩，绿色防控技术示范面积 22.02 万亩。

项目规划投资 4500 万元，实际完成投资 6393.28 万元。

二、农田固废处置

一直以来滇池流域农田废弃物资源化利用程度低，直接加剧了滇池面源污染。为在发展种植业的同时，将农作物秸秆等农业有机废弃物资源化再利用，变废为宝。同时，可以有效控制滇池面源污染，保护生态环境，减少部分标准煤使用及化肥流失。昆明市将农田固废处置及资源化利用列入滇池流域水污染防治"十一五""十二五"规划项目。规划总投资 0.53 亿元。到"十三五"期末，实际完成投资 0.43 亿元。主要内容是推广秸秆直接还田、机械破碎还田、堆沤还田等技术。"十一五"期间实际实施 1 个项目，实际完成投资 0.20 亿元；"十二五"期间实际实施 1 个项目，实际完成投资 0.22 亿元。

为加快推进项目建设，根据《昆明市财政局关于下达 2011 年第二批三河三湖流域滇池水污染防治专项资金预算（拨款）的通知》（昆财建设〔2011〕12 号文）、《昆明市人民政府办公厅关于印发牛栏江流域（昆明段）水污染防治工作方案的通知》（昆政办〔2011〕33号）、《牛栏江流域（云南部分）水环境保护规划》（2009～2030年）、《昆明市农作物秸秆综合利用"十二五"规划》要求，市农业局积极组织项目建设的准备工作，编制了《农业有机废弃物再利用工程项目实施方案》，报云南省农业厅进行审批。省农业厅组织专家组对方案进行了评审和完善后，以《云南省农业厅关于滇池"十二五"涉农项目实施方案的批复》（云农科〔2013〕24号）批复实施。

秸秆还田及对沤肥项目的实施效果可以体现在两个方面：一是可直接减少秸秆对水环境的污染；二是增加耕地的肥力，因此也间接地起到了减少化肥用量的作用。农业秸秆资源化利用项目与农业生产息息相关，项目的实施过程中因为有配套资金的支持，农户积极性相对好调动。从"十一五""十二五"两个规划期实施的项目情况来看，该类项目的特点是随着农作物的种植体现出明显的季节性，每一茬农作物收获后都有秸秆如何处置的问题。因此该类项目是一个需要长久坚持的工作。

（一）农村秸秆粪便资源化利用

该项目是"十一五"规划项目。2008年，按照国家发改委、农业部《关于印发编制秸秆综合利用规划的指导意见的通知》（发改环资〔2009〕378号）精神，根据省发改委和省农业厅的具体安排，开展了水稻、玉米、小麦等10种农作物秸秆资源调查，摸清了全市秸秆资源综合利用状况。市农业局通过与省农业厅环保站、"省九湖办"对接，协调投资100万元，在西山区海口镇芦柴湾村、晋宁县上海埂村实施清洁农业生产示范工程，在大棚种植区域，按1亩大棚配置1个三池（蓄水池、粪水池、秸秆和粪便堆沤池）系统的标准来建设。该项目在芦柴湾村和上海埂村共建设双室和三室堆沤池148个，年可堆沤秸秆2960t，工程在一茬秸秆处置后通过了验收。

2009年5月，按照农业部办公厅《关于印发全国农作物秸秆资源调查与评价工作方案的通知》（农办科〔2009〕7号）和云南省人民政府办公厅《关于加快推进农作物秸秆综合利用的通知》（云政办发〔2009〕82号）精神，根据省农业厅的具体安排，开展了水稻、玉米、小麦、烤烟、油料、豆类6种主要农作物秸秆资源调查和评价，开展了全市秸秆资源综合评价工作。按照秸秆分类的不同，滇池流域内积极探索秸秆在能源、饲料、肥料、工业原料、食用菌等多方面的利用途径。

建设规模化畜禽养殖场大中型沼气池，项目通过争取中央、省级项目配套资金，包括市级配套资金及企业自筹等方式开展项目建设，至2010年12月实施完成了8座大中型沼气池建设工程。项目共完成投资2017.88万元，其中：中央795万元，省级132.6万元，市级200万元，县级30万元，企业投资860.28万元。

（二）农业有机废弃物再利用

该项目是"十二五"规划项目。昆明市农业局邀请四川省农业科学院编制了《农业有机废弃物资源化再利用工程项目实施方案》，2013 年由云南省农业厅组织农业环保、土壤肥料、水保治理方面的专家进行了省级评审，2013 年 7 月云南省农业厅下达了《云南省农业厅关于滇池"十二五"涉农项目实施方案的批复》（云农科〔2013〕24号），截至 2014 年 12 月，28 家项目承担单位都已完成了项目建设和项目总结，并通过验收。

项目完成的工作包含以下 6 个内容。

1. 秸秆还田

任务为"十二五"期间，在滇池流域、补水区及农业产业承接区完成秸秆还田共50 万亩。截至 2014 年 12 月 31 日，采用秸秆直接还田、机械破碎还田、堆沤还田、过腹还田等多项措施，使用了微生物发酵菌、秸秆气化、秸秆炭化、秸秆食用菌利用等多项技术完成第一批 4.25 万亩，第二批 45.75 万亩，共 50 万亩，完成任务数的 100%。

2. 双室堆沤池

任务数为"十二五"期间，在滇池流域、补水区及农业产业承接区完成双室堆沤池建设 2180 口，截至 2014 年 12 月 31 日，完成双室堆沤池建设 2610 口，完成任务数的 120%。

3. 腐熟剂及秸秆还田试验

任务数为"十二五"期间，在滇池流域、补水区及农业产业承接区完成腐熟剂试验 6 组，秸秆还田试验 10 组，目前完成腐熟剂试验 6 组，秸秆还田试验 10 组，完成任务数的 100%。

4. 生物质燃料

任务数为加工玫瑰、油菜等高纤维秸秆 8000～10000t，共生产生物质燃料颗料8000t。目前完成加工玫瑰秸秆 3000t、油菜秸秆 5000t，共 8000t，完成任务数的 100%。

5. 秸秆及畜禽粪便加工生产有机肥

任务数为通过有机肥厂对秸秆和畜禽粪便进行集中收集、运输、加工处置 12000t，生产有机肥 12000t。"十三五"期间，主要包含以下两个项目。滇池流域及补水区农村生物质能源与农业有机废弃物资源化利用项目，包括实施农村节煤炉灶示范推广、太阳能热水器推广、农村病旧沼气池改造和养殖小区沼气工程，建设规模化畜禽养殖场大中型沼气工程 2 座；滇池流域及补水区废弃果蔬资源化利用项目，建设一套废弃果蔬资源化利用设施，日处理规模为 1200t。

6. 水葫芦加工处置

任务数为通过对滇池及草海片区明波地块、外海白山湾、芦柴湾等处的水葫芦进行采收、晾晒、加工处理 32000t。截至 2014 年 12 月 31 日完成数为 32000t。

项目规划投资 3300 万元，实际完成投资 3300 万元。其中中央财政资金 1000 万元，市级财政资金 300 万元，其他来源于农民投工投劳及土地资源占用等。

三、畜禽养殖污染防治及资源化利用

畜禽养殖污染是农村面源的一个重要组成部分，"十一五"期间畜禽养殖污染受到了空前的关注，启动实施了畜禽养殖污染防治项目，两个五年共实施过两个项目。"十一五"期间规划投资 1.14 亿元，完成投资 0.91 亿元。"十二五"至"十三五"期间实施了滇池补水区（牛栏江昆明段）畜禽粪便资源化利用项目，规划投资 1250 万元，完成投资 0.27 亿元。

在项目实施前期，昆明市人民政府于 2008 年 9 月 12 日公布《昆明市人民政府关于在"一湖两江"流域禁止畜禽养殖的规定》（昆明市人民政府公告第 28 号），自 2008 年 10 月 12 日起施行。在市委、市政府的正确领导下，各县（区）都设立了由县（区）委、政府主要领导负责，禁、限养区乡（镇）长及县属滇保、环保、财政、审计、农业、经贸、工商、公安、土地、城建规划等部门组成的滇池流域畜禽禁养、限养工作指挥部或领导小组负责统一领导指挥畜禽禁养、限养工作。在市级部门的统一协调下，各县（市）区农业（农牧、畜牧）部门对全市畜禽存栏和规模养殖场（户）的圈舍面积、占地面积等情况进行了地毯式的排查，"县不漏乡、乡不漏村、村不漏户、户不漏畜（禽）"，对禁养区域内拟搬迁新建的规模养殖户实行登记备案。要求应搬迁的规模养殖户自愿提出搬迁申请，如实填报《规模养殖场（户）搬迁备案表》，对畜禽存栏、圈舍面积、搬迁地点和时间等数据和内容，由辖区内县级农业（畜牧）局组织当地乡（镇、办事处）、村委会现场调查认可后，层层签字盖章确认后登记造册备案。市、县、乡各级政府及业务部门采取会议、广播、电视、报刊、黑板报、标语、传单、主要道路口悬挂宣传横幅、将市政府"公告"发送到辖区内每一个养殖场（户）等多种宣传方式广泛宣传保护滇池，建设清洁家园、生态家园的重大意义，全面动员广大群众积极参与滇池生态建设，为禁养各项工作的开展营造了良好的社会氛围。取得全社会各方面和广大养殖户对禁、限养工作的广泛理解和支持，促进禁养工作的顺利开展。

1. 畜禽养殖污染防治

该项目是"十一五"规划的重要项目。2008 年按照昆明市"一湖两江""四全"工作会议及"四退三还"工作要求，市政府出台了一系列文件：《昆明市人民政府关于在滇池流域范围内限制畜禽养殖的公告》（昆明市人民政府公告第 16 号）（以下简称《公告》）、《昆明市人民政府关于在"一湖两江"流域禁止畜禽养殖的规定》（昆明市人民政府公告第 28 号）、《昆明市人民政府关于昆明地区"一湖两江"流域禁养范围规模畜禽养殖迁建扶持的指导意见》（昆政发〔2008〕60 号）、《昆明市人民政府关于进一步加快畜牧业发展的意见》（昆政发〔2008〕61 号）等一系列文件。

《公告》划定了在七个区域范围内实施禁养，即：昆明主城城市规划区 620 平方千米范围内，呈贡县城城市规划区 160 平方千米范围内，滇池水体及滇池环湖公路面湖一侧区域（含湖面），36 条出入滇河流及河道两侧各 200 米范围内，除主城规划控制区、呈贡新城规划控制区以外县（市）区的城区规划建城区范围及流经县（市）区城区的河流及河道两侧各 200 米范围内，城镇集中式饮用水水源地，上述区域内的湖泊和水库。同时，确定了 2009 年 6 月 30 日前，五华、盘龙区、官渡区、西山区、呈贡县、晋宁、嵩明县滇池流域范围内（2920 平方千米），凡存栏畜 20 头以上、禽 200 羽以上的畜禽养殖场（户）、养殖小区必须搬迁或者关闭。计划 2009 年 12 月 31 日底，在滇池流域全面实施规模化畜禽禁养。

根据文件要求，市农业局按照禁养与发展并举的原则，编制完成了《昆明市畜牧产业发展规划（2009—2015 年）》，积极指导各县（市）区结合自身实际，认真编制了县级畜牧业发展规划。同时，各县区根据自己养殖业的特点，通过全民动员和广泛宣传，研究出台迁建扶持政策，组织引导和开展了滇池流域禁养区域内畜禽禁养工作。养殖业较为集中的官渡区还专门划定了养殖园区，引导生猪养殖场（户）搬迁到滇池流域外的大板桥镇小哨村生猪生态养殖基地，禽类养殖场（户）搬迁到大板桥镇矣纳村禽类养殖基地，奶牛饲养逐步退出官渡区，鼓励养殖户到滇池流域外从事养殖业，保证市场供应。

滇池流域共涉及五华、盘龙、官渡、西山、呈贡、晋宁、嵩明及经开区、高新区、滇池旅游（度假）区 10 个县（区）、39 个乡（镇、街道办事处）、养殖户 16641 户，畜禽存栏 759.3 万头（只），其中：规模养殖户 836 户，存栏畜禽 587.1 万头（只）。截至2009 年末，禁养区域已关闭搬迁畜禽养殖户 18124 户。涉及畜禽 684.24 万头（只），完成了禁养任务。其中：规模养殖户 855 户，关闭搬迁畜禽 491.9 万头（只）；散养户17269 户，涉及畜禽 192.31 万头（只）。共补偿迁建规模畜禽养殖场 9143.69 万元。

2. 滇池补水区（牛栏江昆明段）畜禽粪便资源化利用

该项目是滇池"十二五"规划项目，拟在滇池流域补水区加强畜禽粪便处理及资源化利用，通过生产沼气、沼液和有机肥，对畜禽粪便进行资源化利用，控制畜禽养殖带来的污染。建设年限为 2011～2014 年，责任单位为市农业局（牵头），嵩明县、寻甸县政府组织实施。

项目设计建设 5000m³ 沼气池，采用以红泥塑料厌氧发酵工艺为核心的三段式猪粪污水处理工艺，年产沼气 $4.56×10^5 m^3$，年产沼液 1000t，有机肥 5000t；建设猪舍及发酵床 $1×10^4 m^3$，实现提高猪抗病能力，猪所排出的粪尿在垫料中利用好氧发酵被微生物迅速降解、消化，从而达到免冲洗猪舍、粪尿"零排放"、无臭味等目标。项目分解为若干子项。对于获批准的各子项目，严格按国家工程项目管理规定组织项目实施，投资 50 万以上项目都进行了招投标工作，中标企业都是原农业部和国家发展和改革委员会推荐的有农业环保资质的企业，项目实施严格按云南省农业厅、云南省发展和改革委员会《云南省大中型沼气管理办法》进行施工管理。

项目从 2011 年开始实施，各子项目都严格按初步设计方案（项目实施方案）开展建设，获国家批准的云南省昆明羊甫联合牧业有限公司生态畜牧小区 1968m³、云南农生种猪科技有限公司种猪场 809m³、昆明广旭宇畜牧有限公司 600m³、云南海潮集团天牧肉生产业有限公司 850m³ 四个项目通过建设、试车、试运行后，都已于 2014 年 10 月前全部建成投入使用。市农业局立项的 4 个子项目中，寻甸振焜科技有限公司 100m³ 小型沼气工程，于 2012 年建成并通过验收，兴瑞合 500m³ 中型沼气工程于 2014 年初建成，同年 12 月通过验收，寻甸塘子镇坝沟养殖场 200m³ 小型沼气工程 2014 年 11 月建成，同年 12 月通过验收，寻甸海嘎小锅酒厂养殖场 200m³ 小型沼气工程 2014 年 11 月建成，12 月通过验收。项目设计的 8 座沼气工程全部完成，总容积 5227m³，完成任务数的 104.54%。储气装置 1520m³，有机肥生产车间、污水收集和后处理设施全部建成。同时建成三农公司有机堆肥车间 500m²，农生有机堆肥车间 300m²，海潮有机堆肥加工厂 300m²。

该项目设计总投资 1250 万元，实际完成投资 1600.83 万元，占计划的 128.07%。项目投资来源，总投资 1600.83 万元，企业自筹资金 788.13 万元，占总投资的 49.23%；省、市、县配套中央资金 122.7 万元，占总投资的 7.66%；市滇池治理资金投入 135 万元，占总投资的 8.43%，中央资金 555 万元，占总投资的 34.67%。

四、村庄污水处理

村庄污水处理是"十二五"和"十三五"期间实施的项目。村庄生活污水是构成农村面源污染的一个主要因素，但由于点多面广污水难收集，村庄生活污水治理一直是农村面源治理的一个瓶颈。在工业及城市点源污染得到有效控制的同时，村庄生活污染源凸显，并成为滇池水污染治理的难点。2008 年，昆明市委市政府提出了"滇池流域 2920 平方千米范围内主要集镇生活、企业污水收集及处理率达到 90%；一级保护区内农村生活、企业污水收集率达到 70%；一级保护区以外其他地区生活、企业污水收集及处理率达到 40%"的工作目标，首次把农村生活污水治理放到了滇池治理的重要位置。"十一五"期间，在水源区实施了多个与村庄垃圾处置等内容合并的综合治理工程。在所有实施过的面源污染治理项目中，单纯的村庄污水处理项目只此一个。

2010 年，昆明市委、市政府提出对滇池流域工业污水、城市生活污水和农村生活污水必须全收集、全处理的要求，制定出台了《滇池流域污水全面截流收集处理设施建设工作方案》，并进行全面安排部署和动员，明确要求加大城乡污水处理设施建设力度，全面实现滇池流域城镇、村庄污水分散式再生利用。在全市开展"一湖两江"流域水环境治理工作的同时，结合城乡一体化和新农村建设工作，有针对性地在县级以上城镇和人口聚集的集镇、村庄开展污水与垃圾处理设施建设，加大了滇池流域村庄污水处理设施建设的力度。要求到 2010 年 6 月底，通过加大污水处理及配套管网设施、再生水利用设施建设和管理，实施雨污分流工程、农田径流污染示范工程措施，对滇池流域的工业污水、城镇生活污水和农业农村面源污水进行全面截流收集处理，实现城镇污水进污水处理厂、村庄污水进湿地，达到一级 A 标准排放的目标。

"十二五"期间，"村庄分散污水处理工程"被列为滇池流域水污染防治"十二五"规划的重要项目。项目拟在滇池流域及补水区开展村庄污水收集管网、分散式污水处理设施建设，以实现"在规划范围 2015 年村庄污水污染物排放量基础上，污染排放负荷削减 30％以上"的目标，从源头上控制农村分散生活污水污染。按照昆明市政府《关于批转滇池流域污水全面截流收集处理设施建设工作方案通知》，在滇池流域村庄采取因地制宜的方式，根据村社经济收入情况，不设统一标准，不搞统一模式建设污水收集处理设施。

"十三五"期间，昆明市开展了滇池流域及牛栏江补水区（昆明段）农村生活污水收集处理设施运行维护项目，制定了《昆明市农村生活污水收集处理设施运行维护管理考核办法》，进一步强化了村庄污水处理设施的运维保障。

2013 年 6 月，云南省发改委批复了《村庄分散污水处理工程建设规划（2011～2015 年）》，随后 11 个县区（管委会）发改部门相继批复了辖区村庄分散污水处理工程实施方案。在工程建设过程中，各县区（管委会）通过招投标（或竞争性谈判）程序确定施工单位并按照基本建设程序开展建设工作。为更好地推进该项目，昆明市出台了《滇池流域农村环境综合整治方案》，重点治理人口规模 500 人以上的村庄污水。为使项目建设更具有针对性及可操作性，由昆明市滇池管理局牵头制定了《滇池流域村庄生活污水"三池"及深度处理设施建设技术指导意见》，对农村生活污水处理设施建设提出以下原则和规定。

（1）"接管优先"原则　靠近城区、镇区且满足城镇污水收集管网接入要求的村庄，应将污水导入城镇污水收集处理系统。

（2）"因地制宜、一村一策"原则　根据村庄人口规模、经济水平、地理情况、排水状况选择建设"三池"或深度处理设施；以村庄原有的排水沟渠为基础，重新校核截污沟过流能力，清理并修缮原截污沟避免重复建设，规范村庄污水排放，杜绝污水漫流现象发生。

（3）规定 现状污水直接排入水库、河道的村庄必须建设污水深度处理设施；人口规模为1000人以上（包括1000人）的村庄，必须建设深度处理设施；人口规模为1000人以下（不包括1000人）且出水不直接进入河道、水库的村庄，进行"三池"建设。

实际工程实施中，大部分村庄污水处理设施是采用建（隔油池-沉淀池-净化池）三级串联的氧化池的方式，借助村庄已有的沟渠来汇集污水，简称"三池"；有的村庄在三池后又依据地形建设生物氧化塘，或者是建后置湿地。因此村庄污水处理的工艺主要包括"三池"、"三池"加后置湿地、生物氧化塘三种。

如图10-1所示，"十三五"期末，各县（区）因地制宜共完成908个村庄生活污水收集处理设施建设任务（滇池流域完成632个村庄，滇池补水区完成276个村庄），建设村庄收集系统接入周边市政管网的村庄210个，村庄污水"三池"（沉淀池、漂油池、净化池）净化处理设施698座。

(a) 盘龙区滇源镇甸尾大村"三池"(沉淀池、漂油池、净化池)

(b) 盘龙区滇源镇甸尾大村"三池"(沉淀池、漂油池、净化池)出口

图 10-1

(c) 盘龙区滇源镇皮家营"三池"(沉淀池、漂油池、净化池)

(d) 盘龙区滇源镇皮家营"三池"(沉淀池、漂油池、净化池)进水沟

(e) 晋宁县上蒜镇洗澡塘村"三池"（沉淀池、漂油池、净化池)+
后置表流湿地处理设施

(f) 晋宁县上蒜镇观音村生态浅型塘+后置表流湿地处理设施

(g) 晋宁县昆阳青龙村生态塘处理设施

(h) 晋宁县六街镇三印村"三池"(沉淀池、漂油池、净化池)

图 10-1　村庄污水处理设施工程

五、农村农业面源污染综合防治

从"十五"至"十三五"规划期间,很多项目是以综合污染防治的形式立项的,项目内容包括沼气池建设、农村卫生旱厕建设、村镇生活污水及垃圾处理、农田固废污染控制、农田水土流失、有害生物综合防治(IPM)等多种内容,其中包括 3 个示范项目在内。从 2004~2013 年,共实施了此类项目 11 项,累计投资 12308.58 万元,主要包含集农田污染负荷削减技术、农田径流污染控制技术、农田废水收集与处理技术、农田工程技术及农田废弃物低成本综合处置技术等,构建连片农田面源污染控制体系,降低农田面源污染。

(一)农村面源污染控制工程

该项目是滇池流域水污染防治"十五"计划项目。农业部门的工作总结显示,到"十五"结束,滇池流域共新建了沼气池 8922 口,其中:官渡区建 502 口,西山区建 759 口,呈贡县建 4347 口,晋宁县建 3314 口。推广节柴改灶 19104 眼,推广农村液化气 6418 户(台),建成 300 立方米秸秆气化站 3 座,供气 686 户,年节柴 1029 吨;省柴节煤灶保有量19104眼（详见表10-4 2001～2005年滇池流域农村能环建设情况表）。

表10-4　2001～2005年滇池流域农村能环建设情况表

区县	官渡	西山	呈贡	晋宁	合计
沼气池/口	502	759	4347	3314	8922
节柴改灶/台	900	6500	300	4469	19104
秸秆气化站/座	—	—	—	3	3

项目建设投资890万元，其中：国债110万元，省级投入240万元，市级投入540万元。推广节柴改灶投资125.43万元；秸秆气化站建设投资96万元。

（二）水源地主要污染物减污示范

"十一五"期间，市环保局牵头实施了松华坝水库的入库河流冷水河、牧羊河周边村镇生活污水及垃圾治理工程。拟通过项目实施初步控制松华坝水源地村镇生活污染，并取得村镇生活废水、生活垃圾的处置经验，以便向全流域推广。项目于2009年7月25日通过验收，累计完成投资3861万元。

工程内容含如下4个方面。

1. 集镇生活污水收集处理

滇投公司投资2662万元建成滇源集镇、阿子营集镇2个污水处理厂，处理能力为2000m³/d（估计值）。污水收集系统尚不完善，依靠已有的沟渠汇集污水，污水处理厂设施运行受影响。

2. 村庄分散污水收集处理

盘龙区投入资金659万元，完成了牧羊河周边19个分散村庄污水收集处理设施建设，以及冷水河周边9个分散村庄污水收集处理设施建设。各村生活污水收集主要依托已有的村庄沟渠，在村外低洼处建设氧化塘。项目虽然实施完成，但在旱季时沟渠基本无水，运行效果难以显现。

3. 生态湿地建设

市级投资540.22万元，在牧羊河岸中上段建设生态湿地1148亩，除对周边部分村落污水进行净化外，主要接纳阿子营集镇污水处理厂处理后的尾水再净化。

4. 村镇垃圾治理

建立起了"组保洁、村收集、乡（镇）运转、县处置"的模式。项目实施后，松华坝水源地的垃圾均由各乡镇收集运输到水源保护区外集中处置。

（三）农村面源污染控制示范

该项目主要开展农田污染控制，实施建设农田固废、农田径流水等污染治理示范研究工作，建设年限为 2008～2010 年，责任单位为市农业局。

根据昆明市人民政府《关于批转滇池流域污水全面截流收集处理设施建设工作方案的通知》（昆政发〔2009〕80 号）要求，昆明市农业局制定了《滇池流域农田径流污染控制示范工程实施方案》。

项目共包含先期示范项目、农田径流水减排技术示范和实施植保综合防治技术 3 个部分。

1. 先期示范项目

2008 年，昆明市农业局通过与省级有关部门对接，在省九湖办的支持下，先期立项在西山区海口镇芦柴湾村、晋宁县上蒜乡石寨上海埂村启动了"滇池流域农业面源污染控制示范工程"的前期项目，项目建设内容包括：建设人工生态湿地 11.67 亩；建设双室堆沤肥池 148 座，年可堆沤秸秆 2960t（每池年堆沤 20t）；实施植保（IPM）综合防治技术工程，安置振频式杀虫灯 16 盏；实施测土配方施肥推广工程，实施面积1270 亩。当年通过了省"九湖办"的验收。

2. 农田径流水减排技术示范

采取生物拦截工程和湿地处理相结合处理农田污水，在官渡区、西山区、呈贡县、晋宁县分别开展农田径流污染控制示范工程 1 个。具体任务是：在官渡区矣六街道办事处关锁村，建设生态沟渠 3000 余米、生态沼泽湿地 30 余亩、示范控制面积 300 亩；在西山区碧鸡街道办事处观音山居委会，完成生态沟渠建设 1902.7m、示范控制面积320 亩；在呈贡县七甸街道办事处松茂居委会，建设生态沟渠 540m、生态湿地 10 亩；在晋宁县柴河水库上游六街镇龙王塘村，建设生态沟渠 533m、生态湿地 22 亩，示范控制面积 296 亩。

3. 实施植保综合防治技术（IPM）推广 10000 亩

"十一五"期间，农村面源污染控制示范工程在官渡、西山、盘龙、呈贡、晋宁等县（区）实施植保综合防治（IPM）推广 11246 亩，建设 IPM 示范区 12 个；开办国际化 IPM 农民田间学校 7 所，开办农民田间学校培训班 64 期，IPM 农民学员辐射培训咨询农民 6852 人，示范区农民技术入户率达 95%；建设农药放心门市 4 个；建立 17 类作物田间农药使用监测点 33 个，动态监控农药使用情况；完成杀虫灯安装 96 盏，建设农药包装回收站 336 个。

（四）水源区推广沼气池

项目拟在昆明市重点水源区推广 5000 户农村沼气一池三改工程。每年实施 1000 口。项目计划投资 1000 万元，建设年限为 2006～2010 年，责任单位为市农业局。

按照"因地制宜、整体推进、多能互补、综合利用求效益、开发与节约并举"的原则，以沼气建设为核心，把"一池三改"农村沼气建设与农民生活、农业生产、生态环境保护、农业面源污染治理和农民增收结合起来。"十一五"期间，共建设农村户用沼气 10430 口，占计划任务的 208.6%。总产气量达 417.2 万立方米，节约薪柴 2.086 万吨，处理人畜粪便、秸秆 10.43 万吨，同时提供了 10.43 万吨优质有机肥。该项目累计完成投资 2320.15 万元，占项目规划总投资的 232%。

（五）滇池流域及补水区有害生物综合防治（IPM）

为从源头上控制农业对滇池的污染，达到滇池治理三年行动计划要求。有效控制农作物重大病虫危害，减少高毒高残留农药的使用，降低滇池流域沿岸农药、化肥施用量，降低滇池流域面源农药施用量和使用风险，消除农业环境和农产品中农药残留污染。我市在滇池流域及补水区的主要农作物种植区，推广集成使用 IPM 技术。建设年限为 2012～2015 年，责任单位为市农业局（牵头），五华区、官渡区、西山区、盘龙区、呈贡区、晋宁县、嵩明县、寻甸县政府，度假区、高新区管委会具体负责。

2013 年，昆明市编制了《滇池流域及补水区有害生物综合防治（IPM）工程项目实施方案》，分三年逐步实施。拟在滇池流域及补水区（官渡、西山、盘龙、呈贡、晋宁、嵩明、寻甸 7 县区）内主要农作物种植区建设 IPM 示范园区 15 个，建示范村 10 个，推广 IPM 技术 15 万亩，建设 IPM 农民田间学校 25 所，建立植保专业化防控组织 30 个，引导 IPM 学员成立植保合作组织，设防虫灯设施 1600 个，建设农药废弃物收集池 200 座，在各县区开展农业有害生物综合治理技术培训会 3 次。项目实施方案批复投资 4720 万元。

到 2014 年年底，按照项目要求，在滇池流域及补水区主要农作物种植区已全面完成项目建设任务。具体完成情况如下所述：

① IPM 示范园区（村）建设。共建设 IPM 示范村（园区）共 42 个，面积共 50420 亩。占计划数的 168%。

② 推广 IPM 技术。针对粮食、蔬菜、花卉、果园等主要作物种植区共推广辐射 IPM 技术 200010 亩，占计划数的 133.3%。

③ IPM 农民田间学校建设。共建设 IPM 农民田间学校 44 所，占计划数的 176%。

④ 建立植保专业化防控组织。主要农作物种植区共建立植保专业化防控组织 31 个，占计划数的 103%。

⑤ 建设防虫灯设施。主要农作物种植区共建设防虫灯设施 1689 个，占计划数的 105.6%。

⑥ 农药废弃物收集池建设。针对农药废弃物用量，建设农药废弃物收集池 426 口，占计划数的 213%。有效降低了农药使用的二次污染，改善农业种植环境。

⑦ 技术培训。主要农作物种植区开展农业有害生物综合治理技术培训 3 次，占计划数的 100%。

⑧ 其他项目。在滇池流域及补水区，主要农作物种植区建立病虫害监测点 42 个；建立农药监测点 49 个；建立宣传栏（牌）36 个；发放粘虫板 27.768 万张，辐射面积 9.1288 万亩；推广生物农药 13.2867 万亩次；组织植保综合培训 25147 人次；安装性诱剂 30100 套，辐射 3.915 万亩；释放寄生蜂 2.86 万只，辐射 1.3 万亩；采取其他措施辐射面积约 20.316 万亩等。项目实施一定程度减少了化学农药的施用，收到了预期的效果。

项目规划投入资金 4720 万元，实际完成投资 4782 万元。其中省级财政资金 120 万元，市级财政资金 700 万元，结余资金 92 万元。其他来源于自筹、农民投工投劳及土地资源占用等。

（六）水源保护区水环境综合整治工程

1. 松华坝水源、保护区水环境综合整治工程

松华坝水源保护区水环境综合整治工程是滇池"十二五"规划项目。包括实施松华坝水库水源保护区牧羊河、冷水河流域清污分流、河道清淤、生态河道整治等。建设内容包括集镇及村庄生活污水处理工程、生活垃圾处置完善工程、一级区生态修复工程、二级区农田面源污染控制工程、周达小流域水环境综合治理工程、入库河道综合整治工程、源头水源保护工程 7 个方面。

建设年限为 2012～2014 年。责任单位为盘龙区政府。到 2015 年，已全面完成松华街道团结面源污染防治工程、松华街道高枧槽小流域治理工程、阿子营铁冲生态清洁型小流域治理工程，治理水土流失面积 30.66 平方米；全面开展了牧羊河、冷水河两岸 100 米范围内生态修复工程，种植乔木、灌木共计 5.3 万亩；编制完成《松华坝水源保护区保护与发展行动方案》全面加强对街道、村饮用水源地保护工作，严格落实库（塘）长责任制，对全区 142 座水库、坝塘库（塘），按照属地管理的原则落实了库塘长；完成了周达小流域水环境综合治理工程及滇源、阿子营集镇污水处理厂管网完善工程调试运行。累计完成投资 15320.2 万元。

2. 柴河水库水源保护区治理工程

柴河水库水源保护区治理工程是"十二五"规划项目。拟对柴河水库水源保护区进行生态系统修复及附属工程。项目计划投资6000万元，建设年限为2012～2015年。责任单位为晋宁县政府。

在柴河水库一级保护区所有农田及二级保护区部分农田（共计6225亩）实施平衡施肥，合理施用农药，建双室沤肥池150套。建设水源涵养林抚育间伐3750亩，林分改造5250亩，混农林业经济林造林900亩，中幼林抚育7500亩，250以上坡耕地退耕还林480亩，并开展病虫害综合防治，森林资源动态监测，森林生态系统建设与管护工作。推广农户家庭型循环经济，建设循环型生态村，开展"一池三改"、污水收集及处理回用、垃圾池建设等工程。建立入河道、入水库水净化系统。

2015年已完成项目建设任务，累计完成投资1249.87万元。

3. 大河水库水源保护区治理工程

大河水库水源保护区治理工程为"十二五"规划项目。拟对大河水库水源保护区进行生态系统修复及附属工程，建设年限为2012～2015年，责任单位为晋宁县政府。

项目拟开展大河水库入库河道整治，清理河道生活垃圾、淤泥、固废，完成入库河流沿岸生态护岸防护林、滩涂建设与恢复，建成大河生态防护体系，提高来水河道自净及输水能力，恢复河道生态管网效应。推广测土配方施肥等农田减污、控污技术；完善水源区水资源保护管理及保障体系建设。具体设计内容需依据批复后的实施方案最终确定。

2015年已完成项目建设任务，累计完成投资974.866万元。

4. 双龙水库和洛武河水库水源保护区环境保护治理工程

对双龙水库和洛武河水库水源保护区进行生态系统修复及附属工程，建设年限为2012～2015年，责任单位是晋宁县政府。

在一级保护区修建界碑、桩基防护网，实施植被恢复、水土保持等生态工程措施，建设水源涵养林；二级保护区内调整农业产业结构，建设畜禽粪便的堆肥化处理设施，控制化肥、农药的投入，并建设农户分散式污水土地处理及农村生活垃圾收集清运处置设施；准保护区内建设生活污水处理站6个，推广新型农业种、养殖代替传统种、养殖方式。加强水源地水质监测系统、水源地信息管理系统及水源地预警监测系统建设。具体设计内容需依据批复后的实施方案最终确定。

2015年，已完成项目建设任务，累计完成投资619.66万元。

5. 红坡、自卫村水库水源保护区治理工程

对红坡水库和自卫村水库水源保护区进行生态系统修复及附属工程，建设年限为

2012～2015 年，责任单位是五华区政府。2015 年已完成项目建设任务，累计完成投资731.472 万元。

（七）农田面源污染综合控制示范工程

该项目是"十二五"规划项目。在宝象河流域及部分柴河流域实施农田面源污染综合控制工程，形成综合示范，建设年限为 2012～2014 年，责任单位为市农业局（牵头），官渡区、晋宁县政府，经开区管委会，市滇管局、市环保局（市水专项办）配合。

2013 年，昆明市农业局完成了《农田面源污染综合控制示范工程项目实施方案》的编制和报批工作，并获得云南省农业厅的批复。随后市农业局组织编制具有指导意义的分片初步设计方案。课题组和项目实施单位将整个万亩农田示范区划为三个片区（安乐片区、柳坝片区、观音山片区）。安乐片区项目初设完成后，很快进入了招标程序，通过市招标办经过一个多月的招标工作和四个多月的施工，完成项目施工。2014 年 12 月 31 日，安乐片区示范工程全部完成，通过专家验收。柳坝、观音山片区完成监理及施工合同谈判，于 2015 年 10 月 20 日签订了监理及施工合同，从 11 月 1 日进入施工阶段，工程主体部分于 12 月 24 日全面完工。

1. 安乐片区

完成水窖 50 座，Ⅰ型生态沟 2000m，Ⅱ型生态沟 3010m，排水沟 1315m，生态集水井 17 眼，农药袋收集池 100 座，生态沤肥池 50 座。通过农业有机废弃物资源化再利用项目、农业有害生物综合防治（IPM）项目、测土配方施肥推广技术及水肥一体化技术完成农田面源污染综合控制示范工程 10000 亩，新型农业面源污染综合控制工程示范 3000 亩及湖滨退耕区面源污染综合控制示范工程规模 2000 亩。

2. 柳坝、观音山片区

共计完成生态集水井建设 80 座，生态水窖 50 座，农药袋收集池 110 座，生态堆沤池 450 座，Ⅰ型生态沟建设 5342m、台地收水系统集中收水池 5 个，容水量 40m³/个，总容水量 200m³，Ⅰ型堆肥桶安装 15 套，Ⅱ型堆肥桶安装 250 套，防渗系统建设完成 2 个。其中：一标段完成生态集水井 40 座，生态水窖 50 座，农药袋收集池 80 座，生态堆沤池 400 座，Ⅰ型生态沟建设 4083m、台地收水系统集中收水池 5 个，40m³/个，总容水量 200m³，Ⅰ型堆肥桶安装 15 套，Ⅱ型堆肥桶安装 250 套。二标段完成Ⅰ型生态沟建设 1259m，生态集水井 40 座，农药袋收集池 30 座，生态堆沤池砌筑 50 座，防渗系统建设 2 个。

计划投资 6300 万元（其中万亩农田示范调整为 1900 万元），实际到位财政资金

1700 万元，实际完成财政投资 1222.43 万元（低价中标，资金结余 477.57 万元）。其中省级财政资金 1000 万元，市级财政资金 700 万元。

六、其他污染控制措施

1. 组建县（区）乡（镇）滇保所

2003 年，根据市委、市政府要求，官渡、西山、呈贡、晋宁等县（区）相继成立了 16 个滇池管理所，加强面源污染治理工作；建立起区、镇（街道办事处）、村（居）委会、村（居）民小组，"两级政府、三级管理、四级网络"的滇池保护及入湖河道管理体系。建立了河道"门前三包"责任制（一包河道水面及河岸无垃圾和漂浮物，二包污水、垃圾不流、倒到河内，三包河岸无违章构建筑物），与沿河岸小区、住户、企事业单位签订责任书；建立了河道日常保洁制度，并按照每 1km 河道配备 1 名保洁人员的标准配建河面保洁队伍，确保垃圾"日产日清"。

2. 农业固体废物及垃圾收集清运系统建设

农村垃圾收集间建设，按照"两级政府、三级管理"的管理机制，由市、县（区）政府投资，于 2005 年在沿湖 16 个乡镇建成了垃圾收集间 700 个，配备清运车 32 辆，每个乡镇（街道办事处）招聘 10～15 名管理人员，负责垃圾清运。各街道办事处通过设置垃圾收集间，安装垃圾桶（箱），购置垃圾清运三轮车、手推车，聘用保洁员等手段。实现了清扫保洁常态化、垃圾处理无害化、环境管理规范化。

3. 建立完善农村生活垃圾收集处理机制

沿湖县（区）各街道（镇）建立了"住户门前三包、村组保洁收集、街道（镇）转运、区处理"的农村生活垃圾集中收运处置系统。各街道办事处按照"有一名领导分管、有一支清扫队伍、有一套管理制度、有一个考核机制、有一笔经费保障"的工作要求，逐步建立区、街道办事处、社区（村）三级环境卫生管理网络，把环卫基础设施建到农村，把长效保洁制度延伸到农村，逐步形成城乡一体的垃圾集中收运处置网络。

4. 农村生态卫生旱厕推广建设工作

为控制农村面源人粪尿对滇池水体污染，我市将农村生态卫生旱厕科技示范工程作为面源污染控制项目中的一个内容纳入滇池水污染防治"十五"计划项目。2002 年，市环保局在滇池流域农村开展了农村生态卫生旱厕的科技示范工作，选择了晋宁县中和乡太史村及呈贡县大渔乡中和村、呈贡县七甸乡胡家庄村进行了示范。2004 年在滇池沿湖的太史村及中和村完成了 300 农户采用联合国推荐并在我国成功应用的一种新型的生态旱厕试点示范工作。官渡区拟定了《关于推进生态卫生旱厕使用的实施意见》，并在六甲、官渡、矣六各选一个自然村开展生态卫生旱厕的推广使用试点工作。2005 年市政府将农村生态卫生旱厕推广工作列入 2005 年为民办 10 件实事之一。环保部门制定了农村生态旱厕建设管理办法，编制了《粪尿分集式生态卫生旱厕建设使用规范》，市财政局下发了《昆明市农村生态卫生旱厕推广工作建设资金使用管理办法》。至 2005 年年底，滇池流域农村共建成生态卫生旱厕 51049 座、公厕 106 个。

5. 滇池正常高水位外 2 千米范围内严格控制化肥用量

开展在滇池正常高水位线外 2 千米范围内，严格控制种植蔬菜、花卉等单位面积施用化肥量大的农业活动，严禁施用高毒、高残留农药。同时，加强农药市场监管；开展农药使用动态监测。官渡区在矣六、大板桥、六甲设立了 4 个田间农药使用动态监测点，对农户田间农药使用情况进行跟踪调查，并对农产品农药残留进行检测。

第二节
生态修复

一、"四退三还一护"

2009 年，昆明市政府印发《滇池湖滨"四退三还一护"生态建设工作指导意见》通知。

1. 指导思想

深入贯彻落实科学发展观，建设和恢复滇池湖滨良性生态系统，推进滇池治理的进程，改善区域内人居环境和生态环境，提高人民群众生活质量。结合新农村建设和"迁村并点"工作，强势推进"四退三还一护"工程，加快滇池治理步伐，推进城乡一体化进程，努力实现人与自然的和谐发展，促进昆明乃至云南省经济社会可持续发展。

2. 工作原则

（1）统一领导，统筹实施，统一规划，全面推进　在全市和区域的规划指导，及滇池湖滨"四退三还一护"工作协调领导小组的统一领导下，构建市、县区（管委会）联动的工作机制，市级统筹、协调、指导，完善配套政策，筹措资金补助，县区（管委会）组织实施，因地制宜，重点突破，全面推进。

（2）以人为本，注重保障合法权益　动员和鼓励沿湖农民及社会各界主动参与"四退三还一护"建设工作，按照依法有偿的原则，努力实现搬迁人员"搬迁有新居、生活有来源、就业有扶持"。

（3）加强领导，强势推进　坚持规划控制，政策引导，市场运作，探索切实可行的模式和机制，建立目标管理督查机制，实行工作倒逼和跟踪督办制度，强势推进。

3. 实施范围

按照《滇池保护条例》和《环滇池生态保护规划》，根据 2008 年市委第 55 次常委会会议的决定，实施范围原则上为滇池保护界桩外延 100m 以内区域（如遇环湖公路在界桩外延 100m 范围内的，以环湖公路为界线）的环湖生态修复核心区（约 33.3 平方公里的区域）。

该范围涉及滇池沿湖的官渡、西山、呈贡、晋宁 4 个县区和滇池旅游度假区共 12 个乡（镇）、59 个行政村，迁移人口约 2.5 万人，房屋及建（构）筑物面积约 160 多万平方米。

4. 成果

在滇池湖滨 33.3 平方公里全面开展"退田退塘、退人退房，还湖、还湿地、还林"工作，退塘退田 4.5 万亩，退房 141.2 万平方米，退人 2.4 万人；建成湖滨生态湿地 5.4 万亩。整治水土流失，大力开展绿化造林、建绿补绿工作，建设城市生态隔离带，流域林木绿化率达 50.8%，城市建成区绿地率达 36.8%。滇池湖滨生态状况有所改善，流域环境效益和生态效益显著提高。

二、土著鱼类的保护与恢复

在生态健康的湖体里，土著鱼类是不可或缺的重要组成部分。滇池土著鱼种的"归位"，能够促进生物之间的相互制约，对恢复水生生物多样性，维护滇池生态的平衡和稳定，促进水体良性循环起着重要的作用。

自 20 世纪 50 年代以来，滇池土著鱼类资源急剧减少，在滇池鱼类资源调查中发现，滇池湖体土著鱼类由 20 世纪 60 年代的 25 种，减少至目前的 6 种，6 种土著鱼分别为滇池高背鲫、滇池金线鲃、云南光唇鱼、泥鳅、银白鱼、黄鳝。其中滇池高背鲫还有一定的产量，其余土著种群数量都很少。外来鱼类的生物入侵也是导致土著鱼类种群数量急剧下降或濒危的主要因素。根据水产所调查的滇池现有 23 种鱼类中，有 18 种为引入物种。这个数字说明滇池鱼类近 80% 是引入物种，过多的引入物种挤占了土著鱼类的生存空间，导致土著鱼类数量减少甚至消亡。在滇池水体中，生命力顽强的外来鱼类的种数和种群数量均占绝对优势，而多数土著鱼则被"逼迫"地处于濒危状态。

1. 滇池高背鲫

不同于一般的土著鱼种，滇池高背鲫是一种孤雌生殖的种群。孤雌生殖，即卵不经过受精也能发育成正常的新个体。滇池高背鲫已在滇池可以实现自然繁殖，形成一定的种群规模。但是，其自然繁殖的数量还比较少，因此需要人工放流来增加其种群数量。从 20 世纪 90 年代开始，昆明便开始连续向滇池放流滇池高背鲫鱼，至今已向滇池放流数亿尾滇池高背鲫。

2. 云南光唇鱼

云南光唇鱼，俗称马鱼，在云南主要分布于金沙江、珠江及其附属湖泊，比如滇池、抚仙湖等，原在滇池为常见种。云南光唇鱼属中下层鱼类，在江河、湖泊中均能生活，常栖息于多石块的缓流水环境中，主要以丝状藻类、有机碎屑为食，是云南重要的经济和"环保"鱼。20 世纪 70 年代，随着滇池生态环境的变化，云南光唇鱼数量开始锐减，到 80 年代滇池中已难觅云南光唇鱼，只在周边个别龙潭中有少量天然种群，处于濒危状态。

从 2010 年起，水产站的科研人员便开始收集野生鱼类资源，并持续开展云南光唇鱼野生鱼种的人工驯养与亲鱼培育、人工繁殖、鱼种培育和病害防控等方面的研究工作。

2011 年，借助"云南土著鱼类繁育及推广养殖协作项目"平台，水产站正式启动云南光唇鱼人工繁育技术研究工作。2011 年，水产站成功实现了人工繁殖和苗种培育。

2015 年，成功突破并掌握云南光唇鱼鱼苗规模化繁育技术。云南光唇鱼实现规模化人工繁育，为开展增殖放流恢复野外种群和推广养殖提供了物质基础。

2017 年 12 月 26 日，10 万尾云南光唇鱼首次向滇池放流，这意味着在 20 世纪 80 年代曾在滇池一度绝迹的云南光唇鱼重新"回家"。至今，滇池里已放流 30 余万尾云南光唇鱼。

历经近 10 年的努力，如今，水产站已掌握了成熟的云南光唇鱼规模化人工繁育技术。目前保存有云南光唇鱼亲鱼 500 余组，后备亲鱼 8000 余尾，年繁殖鱼苗能力达 100 万尾。鱼苗除满足增殖放流需求外，主要用于开展试验示范和推广养殖。目前，水产站正积极推进云南光唇鱼推广养殖试验工作，推广范围已覆盖省内多个县（市、区）。

3. 滇池金线鲃

滇池金线鲃，俗称金线鱼、小洞鱼，成鱼喜食小鱼小虾，为"云南四大名鱼"之首，是滇池名贵原有土著鱼的代表，早在 20 世纪 80 年代，就被列入国家二级水生野生动物保护名录。滇池金线鲃历史上也曾被誉为云南四大名鱼之首，并称为"滇池珍味"，肉鲜味美，经济价值高。20 世纪 80 年代，由于水质污染等多因素的影响，滇池金线鲃已在滇池湖体绝迹。

2008 年，成功实现滇池金线鲃的人工授精孵化、人工饵料培育、池塘驯养和人工繁殖，从根本上解决了滇池金线鲃的苗种来源，不仅为该鱼类滇池湖体资源增殖提供了必要的苗种，并且为一定规模的池塘人工养殖提供了可能。

2010 年，绝迹多年的滇池金线鲃首次放流滇池，重新"回家"。之后的 11 年间已累计放流滇池金线鲃约 232 万尾。但是，滇池金线鲃仍没有形成自然繁殖的种群，滇池里的金线鲃数量还是很少。

目前，昆明共有 3 家单位取得驯养繁殖金线鲃的资格，分别是云南省水产技术推广站、中科院昆明动物研究所、丰泽园植物园有限公司，可以提供大量优质的金线鲃鱼苗。未来计划加大滇池金线鲃的放流力度，以期在滇池现有的水生态环境中找到滇池金线鲃能够自然繁殖的方式。

4. 滇池银白鱼

银白鱼，隶属于鲤科、鲃亚科、白鱼属，地方名小白鱼，中小型鱼类，体呈银白色，肉质厚，警惕性高，易受惊扰，离水见风不易存活，滇池特有种。

2013 年，在昆明市水产科学研究所执行的一次常规滇池渔业资源调查中，在一堆红鳍原鲌中发现了一条未见过的"白鱼"，经过鉴定后确认，原来这是已濒临绝迹的滇池土著鱼——银白鱼。但滇池内银白鱼资源量稀少，经过 4 年的努力，终于摸清了滇池银白鱼的生活习性。2016 年，昆明市水产科学研究所牵头组建了"昆明市滇池土著鱼保护研究科技创新团队"，针对银白鱼开展保护性研究工作，系统地对银白鱼的生物学习性、人工繁殖技术和苗种培育技术开展研究。

2019 年 12 月 17 日，3500 尾通过人工繁殖的银白鱼鱼苗在滇池外海成功放流，滇池里种群几近消失的银白鱼重新"回家"。

三、鸟类栖息环境的改善

1. 滇池流域鸟类分布现状

经过 10 多年的努力，滇池生态环境发生了明显改变，特别是已建成的 5 万亩滇池湖滨生态湿地成了滇池生态环境的"调节器",还吸引了许多鸟类到昆明"安家落户"。消失已久的冠鱼狗、白琵鹭、红翅旋壁雀又重新翱翔在滇池湖面之上,近 20 种鸟类在昆明首次被发现,滇池湖滨生态湿地逐渐成为鸟类的天堂和乐园。自 2007 年以来,昆明鸟类种类进入增长最快的时期。根据近年来对滇池鸟类的调查,滇池鸟类无论是种类还是数量上每年都在递增,并且不断有从未见过的鸟种出现。2018 年 7 月至 2019 年 5 月,鸟类调查结果共记录鸟种 145 种,按《中国鸟类分类与分布目录第 2 版》进行分类,分别隶属 14 目 45 科。按六大生态类群可划分为鸣禽 80 种、涉禽 28 种、游禽 17 种、攀禽 10 种、猛禽 7 种、陆禽 3 种。其中鸣禽、涉禽、游禽鸟类的种类和数量占据绝对优势,后 3 类生态型的鸟类除个别种外大多为偶见种。

2. 滇池流域鸟类栖息地适宜性指数

栖息地适宜性指数(HSI)模型通常针对目标物种,根据一个或多个相关生境变量计算评估栖息地质量。其主要用于评估保护区规划设计和管理决策对生境质量的潜在影响,为自然资源保护管理和生态系统恢复提供了有效的决策支持工具。HSI 单因子指数范围为 0~1,当单因子指数为 0 时表示栖息地极不适宜目标物种,当单因子指数为 1 时表示栖息地极适宜目标物种。2021 年研究详见表 10-5~表 10-9,滇池湖滨区 28 个样点和主城区 3 个滨水公园在内的共计 31 个样点的建设用地单因子指数(HSI_b)平均为 0.75,标准差为 0.25,83.87% 的样点其 HSI_b 大于 0.6。沉水植物单因子指数(HSI_s)平均为 0.18,标准差为 0.27,12.91% 的样点其 HSI_s 大于 0.6。挺水植物边缘密度比单因子指数(HSI_e)平均为 0.21,标准差为 0.21,3.23% 的样点其 HSI_e 大于 0.6。坑塘水面单因子指数(HSI_p)平均为 0.21,标准差为 0.22,6.46% 的样点 HSI_p 大于 0.6。

表 10-5　建设用地单因子指数(HSI_b)

HSI_b	面积占比/%	样点数占总样点数比例/%
$0 \leq HSI_b < 0.2$	68.4~77.37	6.45
$0.2 \leq HSI_b < 0.4$	57.21	3.23
$0.4 \leq HSI_b < 0.6$	32.26~34.28	6.45
$0.6 \leq HSI_b < 0.8$	16.51~27.85	32.26
$0.8 \leq HSI_b < 1$	0.76~15.00	51.61

表 10-6　沉水植物单因子指数(HSI_s)

HSI_s	面积占比/%	样点数占总样点数比例/%
$0 \leq HSI_s < 0.2$	0~0.77	74.19
$0.2 \leq HSI_s < 0.4$	1.12~1.43	9.68
$0.4 \leq HSI_s < 0.6$	2.28	3.23
$0.6 \leq HSI_s < 0.8$	2.40~2.93	9.68
$0.8 \leq HSI_s < 1$	3.89	3.23

表 10-7　挺水植物边缘密度比单因子指数（HSI_e）

HSI_e	挺水植物边缘密度比/%	样点数占总样点数比例/%
0≤HSI_e＜0.2	1.38～42.16	54.84
0.2≤HSI_e＜0.4	46.34～85.72	35.48
0.4≤HSI_e＜0.6	118.16～124.51	6.45
0.6≤HSI_e＜0.8	—	—
0.8≤HSI_e＜1	225.57	3.23

表 10-8　坑塘水面单因子指数（HSI_p）

HSI_p	面积占比/%	样点数占总样点数比例/%
0≤HSI_p＜0.2	0.08～4.78	64.52
0.2≤HSI_p＜0.4	5.78～9.85	19.35
0.4≤HSI_p＜0.6	12.02～13.67	9.68
0.6≤HSI_p＜0.8	15.78	3.23
0.8≤HSI_p＜1	25.90	3.23

表 10-9　滇池湖滨区鸟类单因子指数（HSI_t）

适宜程度	HSI_t	聚类均值	样点数占总样点数比例/%
极高适宜区	0.74	0.74	3.23
高适宜区	0.44～0.51	0.49	22.58
中适宜区	0.34～0.39	0.36	32.26
低适宜区	0.18～0.29	0.24	35.48
极低适宜区	0.02～0.05	0.03	6.45

第三节

内源污染治理

一、滇池内源污染的现状

1. 内源污染的产生

内源污染主要是指进入水体中的 N、P 等营养物质通过各种物理、化学和生物作用，逐渐沉降至湖泊底质表层。

2. 滇池内源污染现状

据昆明市滇池管理局最新公布的滇池数字化水下地形测绘结果显示，滇池污染底泥主要分布在沿湖近岸带 2~3km 范围内及入湖河道的冲积扇面区域。

昆明市环保局 2008 年委托相关机构对滇池进行污染底泥存量勘察结果表明，整个滇池底泥厚度在 0.2~2m，污染底泥存量为 $8.5\times10^7\sim1.2\times10^8 m^3$。

中国科学院南京土壤研究所对滇池底泥 118 个样品的有机质含量进行监测分析，底泥 0~5cm 有机质含量为 8.24~677.72g/kg。据中国环境科学研究院与北京科技大学对滇池外海 22 个点位表层底泥中重金属 As、Hg、Cr、Cd、Pb、Zn 和 Cu 指标展开监测。结果表明：Cd 含量为 12.92~65.43mg/kg，Hg 含量为 0.13~1.49mg/kg，Cr 含量为 60.66~65.43mg/kg，Cd 含量为 0.15~5.07mg/kg，Pb 含量为 53.34~319.06mg/kg，Zn 含量为 69.72~194.42mg/kg，Cu 含量为 52.87~206.91mg/kg。

二、滇池内源污染产生的原因

1. 点源污染

滇池流域范围内生活污水、工业废水、农业污水等直接排放进入滇池，这些点源污染构成滇池内源污染物的主要来源。此外，还包括船舶污染源、水产养殖污染源、底泥释放及湖内水生植物死亡二次污染。

2. 入滇河流

滇池东南北三面有盘龙江等 35 条大小河流汇入，河道周围的垃圾、动物尸体、植物等随地表径流直接进入滇池，沉积在湖底形成内源污染。

3. 水体沉积

滇池水体内生长的藻类、水生动植物、细菌等生物排泄物及其死亡后尸体增加了内源污染负荷。

4. 大气沉降

煤炭、废弃物的燃烧和工业废气的排放使 N、S、VOCs 等各种污染物进入空气中，在大气迁移和干/湿沉降的作用下进入水体，并沉积在水体底部。

三、内源污染治理的技术措施

1. 底泥疏浚技术

底泥疏浚技术是目前治理内源污染所常用的一种技术，其通过挖出表层污染底泥并对底泥进行相应处理及处置来去除水体内源污染。

疏浚工程虽然见效快，但投资成本大，底泥疏浚技术的关键在于确定科学的疏浚参数，疏浚工艺设备的选择以及防止二次污染。

2. 原位覆盖技术

原位覆盖技术是通过在污染底泥表面铺放一层或多层清洁的覆盖物，使污染底泥与上覆水隔离，从而阻止底泥污染物向水体的释放。通过覆盖层，可稳固污染底泥，防止其再悬浮或迁移。

3. 化学钝化技术

化学钝化技术主要采用化学试剂将污染物固定在沉积物中，包括利用化学试剂来絮凝沉淀及钝化等。使用化学钝化对于大型的浅水湖库而言成本偏高。

4. 曝气复氧技术

曝气复氧技术是通过人工曝气向处于缺氧环境的水体进行复氧，通过增加水体溶解氧含量来提高有机物的好氧分解速率和硝化速率，并促进水生生物生长，从而降低底泥污染物含量，进而改善水质。1987～1992 年，美国 Medical Lake 应用该技术进行了深水曝气，结果表明深水曝气能使底层水体中氨氮和总磷浓度下降。

5. 生物生态技术

生物生态技术是指向底泥中投加生物促生剂或直接投加高效微生物制剂，并在底泥中栽种高等水生植物，从而达到去除底泥中污染物质的手段。

生物生态技术具有能耗低、投资少、不造成二次污染等诸多优点，但该项技术受季节影响比较明显且修复时间漫长。通过生物技术及基因工程筛选对环境及气候适应性强，吸附降解污染物能力高的微生物及植物品种是保证该技术拥有广阔应用前景的前提。

目前采取的治理措施主要有：为强化滇池及河道的水面保洁，加大对水葫芦、蓝藻的打捞清除力度；引入市场运作机制，探索内源污染物去除新型处理技术；加大滇池"封湖禁渔"力度，取消每年两个月的开湖捕鱼期，构建良性的生物减污环境。

第十一章
滇池保护监督与管理

<hr>

第一节
政策法规

<hr>

　　昆明市自1980年颁布实施《滇池水系环境保护条例（试行）》以来，不断完善滇池保护法规、法律制度。围绕滇池保护与治理工作，先后制定和颁布了《滇池保护条例》《滇池综合整治大纲》《昆明市松华坝水源保护区管理规定》《松华坝水源保护区整治纲要》《昆明市河道管理条例》《昆明市城市排水管理条例》《昆明市松华坝水库保护条例》等地方性法规，为滇池水污染防治、水资源开发利用和保护提供法律依据，有效地推进了滇池保护与治理工作。2010年经云南省人大常委会审议通过，将《滇池保护条例》这个昆明市地方性法规上升为《云南省滇池保护条例》。《云南省滇池保护条例》的实施对于理顺体制、明确职责、建立滇池治理长效机制、举全省之力保护治理滇池，提供了强有力的法治保障。

一、《滇池水系环境保护条例（试行）》（1980年）

　　1980年4月1日，昆明市革命委员会制定和颁布了《滇池水系环境保护条例（试行）》（以下简称《条例》）。《条例》包括6个方面21条，自1980年5月1日起生效，执法主体为昆明市环保局。

　　《条例》规定了凡是向滇池水系排放污水的单位，均要向环保部门登记领取排污许可证，所排放的污水不符合规定标准的，需缴纳排污费，排污费由市环保局统一收取。严禁使用渗坑、裂隙、溶洞、深井、漫溢式稀释等办法排放有毒有害废水，防止工业污水渗漏，确保滇池水系和地下水不受污染，违者根据用水量按第九条办法执行。严禁向滇池和滇池水系的河道、水库倾倒垃圾、废渣，防止滇池河道淤塞、污染。滇池中带有发动机的船只的污水，必须经过处理、达到国家排放标准。农田尽量少用和不用"六六六""滴滴涕"等残毒农药。禁止使用汞制剂、砷制剂等剧毒农药，严禁围湖造田改地。1989 年 12 月 26 日《中华人民共和国环境保护法》施行后，《滇池水系环境保护条例（试行）》终止执行。

二、《滇池保护条例》（1988 年版）

1988 年 2 月，由市人大起草的《滇池保护条例》（以下简称《条例》）通过昆明市第八届人民代表大会常务委员会第十六次会议审议。同年 3 月 25 日云南省第六届人民代表大会常务委员会第三十二次会议批准，于 7 月 1 日正式施行。

该《条例》由 8 章 43 条组成。《条例》明确：滇池属国家重点保护水域，对维护区域生态系统的平衡有重要作用，是昆明城市生活用水、工农业用水的主要水源；以保护滇池流域内地表水和地下水资源为中心，将滇池水体为主的整个滇池汇水区域划分为滇池水体、滇池周围的盆地区、盆地区以外分水岭以内的水源涵养区 3 个区域进行保护。其中，水体保护明确了滇池正常高水位为 1887.4 米、最低工作水位为 1885.5 米、特枯年对策水位为 1885.2 米、二十年一遇最高洪水位为 1887.5 米、汛期限制水位为 1887.1 米五个控制运行水位以及前三个控制运行水位相应的蓄水容积为 15.6 立方米、9.9 亿立方米、9 亿立方米；滇池水体的保护范围为正常高水位 1887.4 米的水面和湖滨带；滇池外海和草海水质分别按现行国家《地面水环境质量标准》（已作废，现行标准为《地表水环境质量标准》）二级和三级标准保护；树立界桩，改造滇池出口河道，清理入湖河道，疏浚滇池，禁止围湖造田、围堰养殖及其他缩小滇池水面的行为，禁止在湖堤两侧各 100 米范围内取土、取沙采石、破坏湖泊保护有关设施，未经允许不得在界桩内构筑任何建筑物，禁止向滇池和通往滇池的河道倒固体废弃物、排放未达标或超标废水，船只不得向水体排放有毒有害污水、污物、废油，运输有毒有害物品的船只应当有防渗、防溢、防漏设施。盆地区保护实行合理调整工业结构，新改扩建企业和项目必须"三同时"，建后排污总量要低于建前，审批要报滇池管理部门备案；不得在区内新建污染严重的钢铁、有色冶金、基础化工、农药、电镀、造纸制浆、制革、印染、石棉制品、土硫黄、土磷肥和染料等企业和项目；禁止用渗井、渗坑等或稀释办法排放有毒有害废水；重金属或难于生物降解的废水应单独处理，不得排入城市排水管网或者河道；改造城市排水管网，城市垃圾粪便要逐步资源化、无害化，减轻化肥农药对滇池水域的污染；禁止在滇池西岸面山、风景名胜区取土、取沙、采石。水源涵养区则大力植树造林，绿化荒山；保护森林植被和野生动物、植物，禁止乱砍滥伐，禁止在 25°以上陡坡开荒，已开垦的要限期退耕还林或种植牧草；解决能源，推广以煤代柴或以电代柴；保护泉点、水库、坝塘、河道；采矿必须妥善处理尾矿、矿渣，拦截、回填、复垦、恢复植被；从收取的滇池水资源费中确定适当比例返还水源区。合理开发利用滇池资源，对滇池水资源实行取水许可制度；保护、开发利用滇池主要水生物，科学合理发展渔业生产；保护流域自然景观和文物古迹；磷矿资源开发必须注意滇池环境保护；对滇池水资源实行有偿使用，收益应当缴纳水资源费，广开渠道筹集整治滇池资金，地方财政应拨出专款。在市政府领导下设立滇池管理机构；五华、盘龙、西山、官渡区，呈贡、晋宁、嵩明7县（区）政府组建相应的滇池管理机构，有关乡（镇、街道）设置保护滇池专管人员；有关部门应各司其职，实施本条例；加强滇池治安管理工作，建立健全治安管理机构；在滇池保护中做出成绩的单位和个人分别由市政府、滇池管理机构给予表扬和奖励；违反本条例的违法行为分别由市政府、滇池管理机构和其他有关部门给予行政处罚，奖励和处罚办法由市政府另行制定。

《条例》的颁布实施，实现了滇池保护有法可依，使滇池的保护和开发利用进入法治阶段。

三、《滇池保护条例》修订（2002年版）

《滇池保护条例》自1988年7月1日颁布实施后，在保护和合理开发利用滇池流域资源、防治污染、改善生态环境、促进昆明市经济社会发展方面发挥了很好的作用。但是，随着昆明市社会和经济的快速发展，工业化、城市化进程的加快，城市规模的扩大和滇池流域人口不断增加，滇池环境压力也不断增大，滇池污染治理和滇池流域生态保护和建设的任务十分艰巨，颁布实施的《滇池保护条例》中如水资源量及控制运行水位和湖滨带划分不科学、水环境质量标准不明确、流域农业面源污染控制不力、管理机构不合理以及执法力度不够等内容已不适应滇池保护与治理的形势。面对不断出现的新情况、新问题，条例的部分条款滞后于经济发展和城市建设的速度，急需进行补充、修改、完善。

1999年，根据国务院批准的《滇池流域水污染防治"九五"计划及2010年规划》中确定的《滇池保护条例》修订计划项目和《昆明市1999年地方法规和行政规章制定计划》，昆明市成立《滇池保护条例修订草案》起草领导小组，由市滇保办牵头组织有关部门启动了《滇池保护条例》的修订工作。2001年11月7日，市政府第六次常委会讨论通过了《滇池保护条例》修订草案，并报市人大常委会审议。2002年1月21日，云南省第九届人民代表大会常务委员第二十六次会议批准了《昆明市人大常委会关于修改〈滇池保护条例〉的决定》。修订后的《滇池保护条例》分8章52条，比原《滇池保护条例》多了9条，充分体现了加大力度从严保护和治理滇池的总的指导思想。与未修订前相比主要变化如下：

一是强化滇池管理机构，明确昆明市滇池保护委员会是滇池流域综合治理的组织领导机构，负责滇池保护、治理重大问题的研究和决策。同时规定成立昆明市滇池管理局，作为昆明市滇池保护委员会办公室，在市滇池保护委员会的领导下统一协调和组织实施有关滇池保护和治理的具体工作，其职责主要是：宣传贯彻国家有关法律、法规和负责本条例的贯彻实施；协调、检查和督促各有关县（区）、部门依法保护滇池；组织制定滇池的保护、开发利用规划和综合整治方案，并负责组织和监督实施；拟定滇池综合治理目标责任对各有关县（区）和部门目标责任的完成情况进行检查、督促和考核；组织拟定相应的滇池保护管理配套办法并督促贯彻执行；在滇池水体保护区内和主要入湖河道集中行使水政、渔政、航政、水环境保护、土地、规划等方面的部分行政处罚权，设立滇池保护管理的专业行政执法队伍，实施滇池管理综合执法；在滇池水体保护区以外的滇池流域内行使涉及滇池保护方面的行政执法监督检查职责；负责滇池污染治理项目的初步审查工作，参与项目法人的确定及对项目的实施进行监督；参与滇池流域内开发项目的审批工作，提出审查意见；负责筹集、管理和使用滇池治理基金；要求五华、盘龙、西山、官渡、呈贡、晋宁、嵩明7县（区）人民政府的滇池专管机构及滇池沿岸和水源涵养区内的有关乡（镇）人民政府在市滇池管理局统一协调、指导和监督下，按照确定的滇池综合治理目标责任，负责本行政辖区内滇池的保护、管理和行政工作，同时要求滇池保护委员会的成员单位和滇池旅游度假区管委会应当依法履行各自职责，配合市滇池管理局实施本条例。

二是赋予市滇池管理局负责滇池污染治理项目的初步审查工作，参与项目法人的确定及对项目的实施进行监督；参与滇池流域内开发项目的审批工作，提出审查意见；在滇池水体保护区以外的滇池流域内行使涉及滇池保护方面的行政执法监督检查职责。

三是赋予市滇池管理局在滇池水体保护区内和主要入湖河道集中行使水政、渔政、航政、水环境保护、土地、规划等方面的部分行政处罚权，明确设立滇池保护管理的专业行政执法队伍，实施滇池管理综合执法。

四是为避免草海水位对城市排洪造成顶托，将汛期限制水位由1887.1米降到1887.0米；草海的正常蓄水位为1886.8米，最低工作水位1885.5米。

五是将原来外海和内海分别按国家《地表水环境质量标准》二级和三级标准保护修改为外湖（外海）水质按Ⅲ类水标准保护，内湖（草海）水质按Ⅳ类水标准保护。

六是明确湖滨带概念及其区域，划定滇池水体保护区范围为正常高水位1887.4米水位线向陆地延伸100米至湖内1885.5米之间的地带，对低于滇池最低工作水位1885.5米的低洼易涝、易积水区域，则到此区域外围边缘；在河流或沟渠入湖口为滇池二十年一遇最高洪水位1887.5米控制范围内主泓线左右各50米的地带。

七是增加了控制城市规模和人口过快增长、农业面源污染控制、实行污染物总量控制制度、湖滨带生态修复系统、加大科研和治理资金投入等方面相关内容，对合理开发利用滇池资源的内容进行调整，突出保护和管理并重。

八是具体明确了行政处罚措施，在滇池水体保护区以内的违法行为由市滇池管理局实施处罚；在滇池水体保护区以外的分别由相关行政主管部门按有关法律法规规定给予处罚。

四、《云南省滇池保护条例》（2013年）

2007年，经省人大常委会、省人民政府同意，《云南省滇池保护条例》的立法工作被列入省人大常委会和省人民政府立法计划，相关立法工作随之启动。2010年3月28日在省人民政府第40次常务会议讨论并原则通过《云南省滇池保护条例（草案）》。2012年9月28日在云南省第十一届人民代表大会常务委员会第三十四次会议上审议通过，11月29日，云南省第十一届人民代表大会常务委员会第三十五次会议批准《昆明市人民代表大会常务委员会关于废止〈滇池保护条例〉的决定》，决定《云南省滇池保护条例》2013年1月1日施行，同时废止《滇池保护条例》。

《云南省滇池保护条例》（以下简称《条例》）分8章65条，分别为总则、管理机构和职责、综合保护、一级保护区、二级保护区、三级保护区、法律责任和附则。《条例》明确：滇池是国家级风景名胜区，是昆明生产、生活用水的重要水源，是昆明市城市备用饮用水源，是具备防洪、调蓄、灌溉、景观、生态和气候调节等功能的高原城市湖泊。对滇池运行水位进行了调整，其中滇池草海控制运行水位未变，滇池外海控制运行正常高水位为1887.5米，最低工作水位为1885.5米，特枯水年对策水位为1885.2米，汛期限制水位为1887.2米，20年一遇最高洪水位为1887.5米。滇池水质适用《地表水环境质量标准》（GB 3838—2002），外海水质按Ⅲ类水标准保护，草海水质按Ⅳ类水标准保护。滇池保护范围为以滇池水体为主的整个滇池流域，涉及五华、盘龙、官渡、西山、呈贡、晋宁、嵩明7个县（区）2920平方千米的区域，并将此范围划分为一、二、三级保护区和城镇饮用水源保护区。滇池保护工作遵循全面规划、保护优先、科学管理、综合防治、可持续发展的原则。各级人民政府应当将滇池保护工作纳入国民经济和社会发展规划，将保护经费列入同级政府财政预算，建立保护投入和生态补偿的长效机制。省人民政府领导滇池保护工作，负责综合协调、及时处理有关滇池保护的重大问题，建立滇池保护目标责任、评估考核、责任追究等制度，并加强监督检查；昆明市人民政府具体负责滇池保护工作，市政府设立的国家级开发（度假）区管理委员会应当按照规定职责做好滇池保护的有关工作；有关县级人民政府在本行政区域内履行滇池保护相关职责；有关乡（镇）人民政府、街道办事处职责。滇池入湖河道实行属地管理，对主要入湖河道有关截污、治污、清淤、河道交界断面水质达标、河道（岸）保洁及景观改善等保护工作实行综合环境控制目标及河（段）长责任制，具体办法由昆明市人民政府另行制定。重点水污染物排放实施总量控制度，限制使用化肥、农药，禁止生产、销售、使用含磷洗涤用品；禁止将含重金属、难以降解、有毒有害以及其他超过水污染物排放标准的废水排入滇池保护范围内城市排水管网或者入湖河道。禁止在一级保护区内新建、改建、扩建建筑物和构筑物，确因滇池保护需要建设环湖湿地、环湖景观林带、污染治理项目、设施（含航运码头），应当经昆明市滇池行政管理部门审查，报昆明市人民政府审批。在二级保护区内的限制建设区应当以建设生态林为主及符合滇池保护规划的生态旅游、文化等建设项目，昆明市规划、住房和城乡建设、国土资源、环境保护、水利等行政主管部门在报昆明市人民政府批准前，应当有市滇池行政管理部门的意见。三级保护区内禁止向河道、沟渠等水体倾倒固体废物，排放粪便、污水、废液及其他超过水污染物排放标准的污水、废水，或者在河道中清洗生产生活用具、车辆和其他可能污染水体的物品；禁止在河道滩地和岸坡堆放、存储固体废弃物和其他污染物，或者将其埋入集水区范围内的土壤中；禁止盗伐、滥伐林木或者其他破坏与保护水源有关的植被的行为；禁止毁林开垦或者违法占用林地资源、猎捕野生动物及在禁止开垦区内开垦土地，新建、改建、扩建向入湖河道排放氮、磷污染物的工业项目以及污染环境、破坏生态平衡和自然景观的其他项目。

《云南省滇池保护条例》颁布施行，提高了依法保护滇池的法律效力，有利于理顺体制，明确职责，建立滇池治理的长效机制，更有利于举全省之力保护治理滇池。

五、滇池分级保护范围划定

2015 年 11 月 16 日，市政府公布施行《滇池分级保护范围划定方案》（以下简称《方案》）。《方案》明确，滇池一级保护区是指滇池水域及保护界桩向外水平延伸 100 米以内的区域，但保护界桩在环湖路（不含水体上的桥梁）以外的，以环湖路以内的路缘线为界，面积为 323.97 平方千米，占滇池流域的 11％。滇池二级保护区是指一级保护区以外至滇池面山以内城乡规划确定的禁止建设区和限制建设区，及主要入湖河道两侧沿地表向外水平延伸 50 米以内区域，面积为 606.94 平方千米，占滇池流域的 21％。其中禁止建设区 393.84 平方千米，占 14％；限制建设区 213.1 平方千米，占 7％。滇池三级保护区是指一、二级保护区以外，滇池流域分水岭以内的区域，面积为 1112.5589 平方千米，占滇池流域的 38％。

六、《昆明市城市排水管理条例》（2002 年）

1996 年 3 月 26 日发布施行《昆明市城市排水设施管理办法》。2000 年初，市人大、市政府将《昆明市城市排水条例（草案）》的制定纳入 2000 年度地方性法规的立法计划。2001 年 11 月 24 日，《昆明市城市排水条例（草案）》经昆明市第十一届人民代表大会常务委员会第 4 次会议审议通过，并于 2002 年 1 月 21 日经云南省第九届人民代表大会常务委员会第 26 次会议批准，自 2002 年 6 月 1 日起施行。《昆明市城市排水管理条例》共 7 章 51 条，具体包括适用范围、城市排水管理原则、排水管理体制和排水管理的行政职能划分、排水许可管理、水质水量管理、关于污水处理费的征收依据、城市排水设施的养护维修责任、关于对排水管理部门和行政主管部门的法律约束、法律责任 9 个方面的内容。《昆明市城市排水管理条例》的颁布实施，对于加强昆明市城市排水管理，确保城市排水设施完好和正常运行，改善生态环境，减轻和防止滇池污染，保障城市生产、生活需要，依法规范各类排水行为，减少或杜绝破坏、危害排水设施的行为均有重要意义。

七、《昆明市城市排水管理条例》修订（2011 年）

2010 年，按照市人大立法工作计划，8 月 17 日，《昆明市城市排水管理条例（修订草案）》经市政府第 165 次会议同意后，报市人大进行审议。10 月 28 日《昆明市城市排水管理条例（修订草案）》获昆明市十二届人大常委会第 35 次会议通过。11 月 26 日，云南省人大常委会第二十五次会议批准了《昆明市人大常委会关于修改〈昆明市城市排水管理条例〉的决定》，于 2011 年 3 月 1 日起施行。

修订后的《昆明市城市排水管理条例》与原条例均为 7 章 51 条，在结构上将原条例排水许可管理及水质水量管理章合并为排水管理章，增加了污水再生利用章的内容，分总则、规划与建设、排水管理、运营与养护、污水再生利用、法律责任和附则，具体为调整适用范围，明确了排水管理体制、特许经营制度、城市排水设施的规划和建设、城市排水许可管理、城市排水设施运营养护、污水再生利用、法律责任等。

八、《昆明市河道管理条例》

2009 年 7 月，市政府成立了《昆明市河道管理条例（草案）》立法领导工作小组，由市政府法制办牵头组织市水利、滇管、环保等部门起草了《昆明市河道管理条例（草案）》。同年 12 月 11 日，《昆明市河道管理条例（草案）》经市人民政府第 146 次常务会议讨论同意后，提请市人大常委会进行审议。2010 年 2 月 24 日，《昆明市河道管理条例》经昆明市第十二届人民代表大会常务委员会第 31 次会议审议通过，并于同年 3 月 26 日经云南省第十一届人民代表大会常务委员会第 16 次会议批准，5 月 1 日起施行。

2016年11月1日昆明市第十三届人民代表大会常务委员会第四十次会议通过《昆明市河道管理条例（2016年修订版）》，新条例分为总则、制度与职责、规划与整治、保护和利用、法律责任和附则共6章41条。明确条例适用于本市行政区域内河道（包括干渠、河槽、滩涂、湿地、堤防、护堤地）及其配套设施的保护与管理；河道治理可以按照政府投入与受益者合理承担相结合的原则，依法多渠道筹集资金；执法主体：水行政主管部门负责河道的统一管理、协调和监督；其中，出入滇池河道的管理、协调和监督由滇池行政主管部门负责；三级管理体系及河（段）长责任制是全市河道管理的重要制度创新；河道整治计划是实施河道综合整治的前提，也是落实整治责任和考核的依据；按照规划先行的原则，规定了流域规划、区域规划、防洪规划、水系规划的编制，并明确了禁止在河道两侧各200米范围内养殖畜禽等相应的法律责任，河道管理范围和保护范围的划定标准和程序，并分层设定了15类禁止性行为。

九、主要入湖河道综合环境控制目标及河（段）长责任制

为提速滇池保护治理工作，加大对入滇池河道的管理和治理力度，切实改善入湖河道的水环境质量。2008年3月28日，滇池流域水环境综合治理指挥部下发《滇池流域主要入湖河道综合环境控制目标及河（段）长责任制管理办法（试行）》（以下简称《办法（试行）》）。《办法（试行）》明确：综合环境控制目标主要包含河道截污治污措施、河道水质监控、河道（岸）保洁、景观改善等。按照属地管理的原则，层层建立目标责任制、签订目标责任书，实行河（段）长负责制，分段监控、分段管理、分段考核、分段问责；跨县（区）的河道由市级领导担任河长，各县（区）主要领导担任段长；不跨县（区）的河道由各县（区）主要领导担任河长，所属乡（镇、街道）主要负责人担任段长。河（段）长的主要职责是组织编制河（段）综合整治方案，分解河（段）综合环境控制目标，并认真组织实施；研究解决所负责的河（段）综合环境控制各项工作；组织检查和考核河道综合环境控制目标任务及河（段）长目标责任制落实情况。从2008年起，入湖河道综合环境控制目标及河（段）长责任制考核采用定性或定量的指标［河道截污、断面水质、河道（岸）保洁、景观改善等］分别与上年及上游断面相关指标对比，综合加权考核，具体考核细则另行制定。

第二节

机构与监管

一、管理机构

20 世纪 80 年代后期，为强化滇池保护与治理工作，省、市先后成立了多个滇池保护与治理的工作机构，加强对滇池流域水环境治理工作的统筹协调、管理工作，为加快滇池水污染综合防治工作提供了组织保障。

1. 1989 年以前的滇池管理机构

滇池管理机构始于海口河的治理。雍正十年（1732）云南府设有水利同治 1 人，滇池海口河岁修任务繁重，"昆阳州添设水利州同知一员，驻扎海口，以专责成"，此为管理滇池设立专门机构的开始。乾隆四十五年（1780）裁撤海口水利州同知，其任务由昆阳州知州办理。

民国 3 年（1914），民政司下设云南水利分局，附设省会水利支局，屡丰闸改由水利支局管理，由石龙坝电厂负责启闭。民国 17 年（1928），省建设厅下设水利局，屡丰闸的管理改隶水利局。民国 31 年（1942）3 月建立昆湖工程委员会，主管昆湖（滇池）水利工程的研究、设计、浚修、施工及水流管理等事项。翌年（1943），昆湖工程委员会改组为工程委员会，在建设厅内办公。民国 34 年（1945）在建设厅水利局下设海口管理所，屡丰闸直接由省水利局领导，由石龙坝电厂具体管理。

1956 年 7 月，昆明市人民委员会经报省人委同意重新建立海口河管理委员会。1961 年 7 月，昆明市委批准成立滇池出流管理小组，日常工作由市水利局工程委员会管理，经费由水利经费中开支。1974 年 2 月，经市编委批准，将滇池出流管理小组改为滇池水利管理所，编制 8 人，隶属市农林局，同时开始征收工业用水水费。1978 年，昆明市水利水产局成立，滇池水利管理所改隶市水利水产局，主要任务是负责海口河的管理与维护，保证水流畅通。其人员及经费开支由水利事业费中解决，所收水费上缴市财政，所需海口河整治经费由财政拨款解决。1978～1989 年，滇池流域的水利建设、开发利用及管理隶属市水利局；滇池水体监测、入湖河道的监测和流域内点源污染、面源污染治理与控制工作隶属市环境保护局。

2. 云南省九大高原湖泊水污染综合防治领导小组及办公室

2000 年 9 月 23 日，云南省政府在阳宗海召开现场会，对滇池、洱海、抚仙湖、程海湖、泸沽湖、杞麓湖、异龙湖、星云湖、阳宗海九湖的保护与治理做出全面部署。同年 10 月 28 日，省政府成立由分管副省长任组长，由市政府办公厅、省发改委、省财政厅、省环保局、省旅游局、省经委、省科技厅、省国土资源厅、省建设厅、省交通厅等部门领导组成的云南省九大高原湖泊水污染综合防治领导小组。并在省环保局设立了云南省九大高原湖泊水污染综合防治领导小组办公室，简称"九湖办"。其主要职责是：负责省九大高原湖泊水污染综合防治领导小组的日常工作；协调和指导领导小组成员单位相关工作；负责监督、协调和指导九湖流域、重点流域水污染防治工作；组织指导编制九湖和重点流域水污染综合防治规划；组织拟定九湖和重点流域水污染综合防治政府目标责任书并监督执行；组织九湖和重点流域水体水质规范性环境监测，统一发布水质状况及防治情况公告；负责对九湖水污染防治实行统一监督管理。2002 年初根据工作需要对云南省九大高原湖泊水污染综合防治领导小组进行调整，由省长担任领导小组组长，常务副省长和分管环保的副省长担任副组长。

云南省九大高原湖泊水污染综合防治领导小组自 2000 年成立以来，每年召开专题会议对九湖水污染治理工作进行研究部署。不断完善治理思路，制定了"一湖一策"的治理思路，采取有力措施，加大保护与治理的投入。省九湖领导小组各成员单位按照省委、省政府的统一要求，发挥各部门优势，积极筹措资金，相互支持配合，较好地完成了各自的工作任务。省发改委积极支持滇池治理重大项目的建设；省财政厅认真落实滇池治理资金；省环保局、省九湖办认真组织、协调、指导滇池治理项目的实施，监督滇池治理工作；省林业厅将退耕还林计划重点向滇池流域倾斜；省农业厅组织开展了农业面源污染治理技术的研究，加快滇池流域农业面源污染治理的步伐。做到了领导到位、责任到位、投入到位、措施到位、落实到位，有力地促进了滇池治理各项工作的开展。

3. 云南省人民政府滇池水污染防治专家督导组

滇池是我国西南第一大淡水湖泊，同时也是水体富营养化最严重的湖泊之一，作为国家"三河三湖"治理的重点，得到省政府的高度重视，为了加强对滇池水污染防治工作的指导、检查和监督，2008 年 9 月 8 日《云南省人民政府办公厅关于成立滇池水污染防治专家督导组的通知》正式发文（云政办发〔2008〕148），标志着云南省人民政府滇池水污染防治专家督导组正式成立。督导组组长由原省人大常委会常务副主任牛绍尧担任，副组长由原省人大常委会副主任高晓宇担任，2014 年督导组组长由晏友琼接任。专家督导组成员既有曾经在财政、住建、农业、水利、审计等省级行政主管部门担任一把手的老领导，也有来自高校、科研院所、设计单位与滇池治理相关领域的专家学者，如云南农业大学的张乃明教授等。

督导组的主要职责是，协助省政府督促昆明市和省级有关部门认真落实省委、省政府对滇池水污染防治的重大部署，督促责任单位落实好《滇池水污染防治"十一五"规划》、《滇池水污染防治中长期规划》和《滇池水污染防治总体方案》，重点督促责任单位按时完成滇池水污染治理重大项目建设和重要工作，参与省政府组织的防治目标责任书检查考核，指导防治技术研究与推广应用、滇池流域"四退三还"等生态修复建设、滇池生态补水工程建设及其他相关工作。

专家督导组采取深入现场实际调研、定期召开专题联席会议、撰写督导专报等方式开展工作，自2008年成立，到2017年11月23日云南省人民政府办公厅关于撤销滇池水污染防治专家督导组等5个重点工作督导组的通知，云南省政府滇池水污染防治专家督导组共存在9年零两个月。专家督导组的工作作风、工作态度、工作成效得到广泛的认可和好评，许多新闻媒体评价认为这是推进滇池治理保护工作的重大创举。滇池水污染防治专家督导组累计调研80多次，召开联席会议30多次，提交督导专报50多期，有力推进了以"六大工程"为重点的滇池流域水污染防治工作，为实现国家"十二五"规划确定的滇池治理"三基本"目标以及在"十三五"期间滇池水质持续改善做出了积极贡献。

4. 昆明市滇池保护委员会及其办公室

1989年4月，市政府下发《关于成立昆明市滇池保护委员会的通知》，决定成立昆明市滇池保护委员会，为市人民政府负责滇池及其流域保护和开发利用、进行宏观管理的职能机构。委员会下设办公室，负责办理具体事宜。办公室为县处级机构，核定事业编制25名，其人员经费由市财政划拨。市滇池保护委员会办公室内设规划协调处、法规监察处、松华水源保护区管理处和综合秘书处。

昆明市滇池保护委员会及其办公室成立后，围绕滇池保护与治理工作，认真宣传贯彻和落实《滇池保护条例》《松华坝水源保护区管理规定》《滇池综合整治大纲》《松华坝水源保护区综合整治纲要》；组织省、市环境科研单位完成了《滇池综合整治方案》的制定，明确提出了"分流截污、防洪调蓄、优水优用、疏浚清淤、减污增容、植树造林、涵养水源、引水济昆、新辟水源"的滇池综合整治方针；筹措治理资金，争取世界银行贷款，多次陪同省、市有关领导到中央有关部门汇报滇池污染情况，积极参与和组织有关部门编写云南环保项目建议书中的滇池部分，争取世行贷款，组织完成"八五"滇池科技攻关项目；组织建立滇池基金会；组织在滇池流域内禁止经销和限制使用含磷洗涤用品；在滇池沿岸建设保护界桩，疏挖草海等方面开展了卓有成效的基础性工作。

5. 昆明市滇池管理局

2002年7月，根据《中共昆明市委、昆明市人民政府关于印发〈昆明市市级机关机构改革实施意见〉的通知》（昆发〔2002〕1 号），设置昆明市滇池保护委员会办公室（正县级），同时挂昆明市滇池管理局牌子，是市政府主管滇池污染保护与治理和行政执法的职能部门。机关行政编制 45 名，其中主任（局长）1 名、副主任（副局长）4 名、总工程师 1 名、中层领导职数 15 名。管理昆明市滇池管理局渔业行政执法处、昆明市滇池管理综合行政执法总队、昆明市滇池地方海事处、昆明市城市排水管理处、昆明市滇池生态研究所（后更名为昆明市滇池高原湖泊研究院）、昆明市城市排水监测站、昆明市西园隧道工程管理处、昆明市滇池水利管理处。

其主要职责是：组织制定和实施滇池保护、开发利用、水污染防治总体规划、专项规划及综合整治方案；组织编制并实施滇池水污染防治计划；负责编制、修订及上报滇池水污染防治总体规划实施方案；组织编制和审查相关专项规划实施方案；宣传贯彻国家有关法律、法规和《滇池保护条例》；协调、检查和督促各有关县（区）、部门依法保护滇池；承办滇池保护治理的对外宣传及新闻发布工作；指导有关县（区）、部门及基层开展滇池保护的各类宣传教育活动；拟订涉及滇池保护的 7 个县（区）和市级有关部门滇池综合治理的目标、责任，对各有关县（区）和部门目标、责任的完成情况进行检查、督促、考核；负责滇池污染治理项目的审查，参与项目业主的确定及项目的监督管理；组织开展或参与滇池治理工程项目建议书、可行性研究报告、初步设计及施工图设计审查等工作；参与涉及滇池保护的 7 个县（区）滇池保护范围内开发项目的审批工作，负责对 7 个县（区）滇池保护范围内所有建设项目的审查并提出审查意见，对影响滇池和水资源保护、水污染防治、生态环境等方面的建设项目实行"一票否决制"；负责滇池综合执法，在滇池水体保护区内和主要入湖河道集中行使水政、渔政、航务、水环境保护、土地、规划等方面的部分行政处罚权，对涉及滇池保护的 7 个县（区）滇池保护范围内行使监督检查职能；领导滇池综合执法队伍；组织制定 7 个县（区）利用外资项目发展规划，负责滇池治理对外合作及外资项目的引进并组织实施；拟订滇池保护的地方性法规、政府规章及相应的滇池保护管理配套办法，并督促贯彻执行；负责滇池治理世行贷款项目的管理并组织实施；负责筹集、管理和监督使用滇池治理基金及其他各项治理经费；负责滇池综合治理专家组的管理、联系并提供服务，对专家提出的意见、建议和课题研究报告负责收集、整理上报，对确定的科技攻关项目负责组织实施；负责滇池水资源的统一管理和科学调度，在市防汛抗旱指挥部的统一领导下，协同市防汛抗旱指挥部办公室、市水利局做好滇池防洪度汛工作；负责城市排水、污水处理、排放的管理，对滇池水污染防治工程项目实施监控；指导 7 个县（区）滇保办（滇管局）依法保护滇池；承办市委、市政府、市滇池保护委员会和上级机关交办的其他事项。

6. 昆明市滇池管理综合行政执法局

2004 年 4 月，成立昆明市滇池管理综合行政执法局。执法局下设滇池管理综合行政执法总队（副县级），内设 2 个大队和综合处（其中每个大队下设 2 个中队），行政执法专项编制 40 名，负责行使《滇池保护条例》《昆明市排水条例》所赋予的在滇池水体保护区和主要入湖河道集中行使水政、渔政、航政、水环境保护、土地、规划等方面的部分行政处罚权。

7. 县（区）滇池管理机构

1991 年 7 月，昆明市机构编制委员会下发《关于在五华、嵩明等七县（区）建立滇池保护所的通知》。明确在滇池流域的五华、盘龙、官渡、西山、呈贡、晋宁、嵩明 7 个县（区）建立滇池保护所，级别为副科级；7 个县（区）滇保所共有事业编制人员 27 人；滇保所行政上以县（区）政府领导为主，业务上接受市滇池保护委员会办公室的指导。此后，各县（区）相继成立了滇池保护委员会及其办公室。

8. 滇池沿岸乡（镇）管理机构

2004 年 10 月，市机构编制委员会下发批复，同意 4 县（区）的 16 个乡（镇、街道）成立滇池管理所，为所属乡（镇、街道）下属事业单位。市政府明确以各县（区）长、乡镇长（街道办事处主任）为责任区内农村面源污染治理的第一责任人，负责全面做好辖区内入湖河道保洁、农村固体废物清运及处置等工作，切实控制农村面源污染。

二、执法管理

1. 滇池综合行政执法

2003 年 9 月，省政府第 8 次常务会议讨论通过了《昆明市滇池管理开展相对集中行政处罚权工作方案》。2004 年 4 月，昆明市滇池管理综合行政执法局正式成立，与市滇池管理局实行两块牌子、一套人马的管理体制。依法授权滇池管理机构在滇池水体保护区内和主要入湖河道相对集中行使水政、渔业、航政、土地、规划、环保、林政、风景名胜区管理以及《滇池保护条例》《昆明市城市排水管理条例》等 9 个方面的部分行政处罚权。2005 年，滇池沿湖的官渡、西山、呈贡、晋宁 4 县（区）相继成立了滇池管理综合行政执法分局，与县（区）滇池管理实行两块牌子、一套人马的管理体制。

2. 滇池流域规划建设管理

2002 年 1 月，市人民政府下发了《昆明市人民政府关于加强滇池流域规划建设管理工作的通知》，对滇池流域的规划建设工作做出了明确规定。加强对滇池流域的水体及人工湿地生态区、滇池盆地区、水源涵养区 3 个区域规划建设管理。在上述区域内，凡涉及计划、林业、民政、土地、城建、环保、公安、消防、文物等的行政审批权限，由市政府相关职能部门负责，行政管理由县区政府相关部门负责；相应的规划管理"一书两证"，报市规划行政主管部门审批。

2010 年，市滇池管理局、市水务局联合发文，对滇池沿岸的 78 个农业用水单位实行计量管理，由滇管和水政执法部门联合对滇池沿岸私设乱建的小型泵站进行规范。对在滇池取水的所有用水户实现计量管理全覆盖的基础上，建立计量管理制度，并依制度加强取水计量设施的新装和监管。同时，组织完成滇池沿湖及海口河沿岸的农灌站点调查统计，完成 190 台取水计量仪的安装工作。

第三节
滇池流域河道生态补偿

一、《滇池流域河道生态补偿办法（试行）》通知

为全面深化河长制，强化滇池流域水环境保护治理工作，落实滇池流域河道保护治理主体责任，改善水环境质量，实现水环境资源可持续利用，根据《中华人民共和国环境保护法》《中华人民共和国水污染防治法》《云南省滇池保护条例》《昆明市河道管理条例》等相关法律法规和《昆明市委、市政府关于全面深化河长制工作的意见》（昆通〔2017〕4 号），制定《滇池流域河道生态补偿办法》。

2017 年，中共昆明市委办公厅、昆明市人民政府办公厅关于印发《滇池流域河道生态补偿办法（试行）》的通知，共包括十九条条例。具体内容包括该补偿办法的来源依据、适用范围、考核机制、水质水量目标、生态补偿金缴纳与使用、信息公开制度、解释权归属七个方面内容。确定将对 34 条入滇池河道的 59 个水质、水量监测断面进行生态补偿。

二、监管体系

市滇池管理局统筹负责滇池流域河道生态补偿的管理工作，组织年度污水治理任务的考核。市环境保护局负责滇池流域河道生态补偿的水质监测管理工作。市水务局

负责滇池流域河道生态补偿的水量监测管理工作。市财政局负责滇池流域河道生态补偿金的结算使用管理工作。市委目督办、市政府目督办负责将滇池流域河道生态补偿工作纳入年度目标考核管理。

滇池流域内河道上下游县（市）区、开发（度假）区（即"被考核单位"）是河道水环境保护治理的责任主体，要采取有效措施，确保完成市级有关部门下达的水质考核目标和年度污水治理任务。

三、考核机制

本办法适用于滇池流域河道（含支流沟渠）水质、水量断面考核及污水治理任务考核的生态补偿。2017 年 6 月起，《滇池流域河道生态补偿办法（试行）》（下简称《办法》）开始在滇池流域范围内实施。对新运粮河、西边小河（新运粮河支流）、新宝象河 3 条河道的 10 个交界断面及入湖口进行监测。其中明确，3 条试行监测的河道未达到断面水质考核标准或未完成年度污水治理任务的，应缴纳生态补偿金；考核断面水质达标且提高一个及以上水质类别的，给予适当补偿。

水质目标依据国家和省、市对河道水质的考核要求确定，考核指标为化学需氧量、氨氮、总磷；水量为通过考核断面的水量。污水治理任务考核内容为污水治理设施建设、运营管理、河道综合治理等工作。考核断面水质数据为自动或人工监测的月均值，水量数据为自动或人工监测的月总量。水质、水量监测方法按照国家相关标准和技术规范执行。水质净化厂出水污染物浓度应当符合国家及地方相关水污染物排放标准。水质净化厂出水水质未达标的，按有关规定处罚。

四、补偿经费标准

补偿标准为每吨化学需氧量 2 万元，每吨氨氮 15 万元，每吨总磷 200 万元。考核断面补偿金为 3 个指标计算的补偿金之和。根据《办法》，同一辖区内所有超过水质考核标准的断面按月累加计算补偿金。河道为行政辖区界河的，考核断面左右岸所涉辖区平均分摊计算生态补偿金。考核断面出现非自然断流的，按照每个断面每月 30 万元缴纳生态补偿金。未完成年度污水治理任务的，按年度未完成投资额的 20% 缴纳生态补偿金。

其中，考核断面生态补偿金计算方法及标准如下：

单个指标补偿金＝断面水量×（断面水质监测值－断面水质考核标准值）×水质超标系数×补偿标准；

水质超标系数＝断面水质监测值÷断面水质考核标准值。

生态补偿金缴纳和使用规则如下：

① 交界断面水质未达到考核目标的，由上游被考核单位缴纳生态补偿金，分配给下游被考核单位用于滇池流域河道水环境保护治理。

② 入湖（库）口断面水质未达到考核目标和污水治理年度任务未完成的，由被考核单位缴纳生态补偿金，市级统筹用于滇池流域河道水环境保护治理。

③ 考核断面水质类别优于考核目标一个及其以上类别的，从市级统筹的生态补偿金中安排资金对被考核单位给予补偿，用于河道水环境保护治理。

④ 市滇池管理局、市环境保护局和市水务局于每月对各被考核单位考核断面水质生态补偿金按月考核、按月结算、按月通报、按年度清算，年底将考核断面清算结果及污水治理任务考核结果的生态补偿金汇总，报经市政府批准，由市财政局对被考核单位进行年度清算。

2017 年滇池流域河道生态补偿金第一轮共安排 62 个项目，总计安排资金 42899.6535 万元，占 2017 年各区应缴市政府的生态补偿金的 100％。其中市级项目 19 个，安排资金 7783.43 万元，占总金额的 18.14％；区级项目 43 个，安排 35116.2235 万元，占总金额的 81.86％。

2018 年滇池流域河道生态补偿金 73992.209 万元将全部用于 56 个滇池保护治理项目，其中 22875.6461 万元用于补助 9 个市级项目，占总金额的 30.92％；51116.5629 万元用于补助 47 个区级项目，占总金额的 69.08％。

河道生态补偿试点开展多年来，"谁污染谁买单"倒逼环保责任的做法初显成效。昆明市各相关县区纷纷积极采取措施提升河道水质，水环境保护治理工作得到了进一步推动，水质水量监测网络逐步完善，为外海、草海水质状况提升起到了重要推动作用。

参考文献

[1] 包立, 张乃明, 刘朗伶, 等. 滇池流域表层土壤磷素演变与积累特征研究 [J]. 农业科学与技术 (英文版), 2015 (4): 840-844.

[2] 白文钦, 胡明瑜, 王春萍, 等. 氮素在植物中的利用综述 [J]. 江苏农业科学, 2020, 48 (4): 11.

[3] 陈自明, 杨君兴, 苏瑞凤, 等. 滇池土著鱼类现状 [J]. 生物多样性, 2001 (04): 407-413.

[4] 陈利娟, 肖乔芝, 仇玉萍, 等. 云南滇池入侵虾虎鱼类的共存策略 [J]. 应用生态学报, 2021, 32 (09): 3357-3369.

[5] 程文娟, 包立, 罗雄鑫, 等. 滇池水体沉积物磷素特征及其对藻类的影响 [J]. 农业资源与环境学报, 2019, 36 (6): 822-828.

[6] 陈香平, 彭宝琦, 吕素平, 等. 台州电子垃圾拆解区水和沉积物中多溴联苯醚污染特征与生态风险 [J]. 环境科学, 2016, 37 (05): 1771-1778.

[7] 邓洪, 刘惠见, 包立, 等. 铜绿微囊藻污染下滇池草海表层沉积物中各形态磷的含量 [J]. 湿地科学, 2018, 16 (6): 808-815.

[8] 董云仙, 赵磊, 陈异晖, 等. 云南九大高原湖泊的演变与生态安全调控 [J]. 生态经济, 2015, 31 (001): 185-191.

[9] 丁文, 卢敏州, 林芳华, 等. 漳州市城市污泥的农用价值及农业利用途径 [J]. 福建农业科技, 2005, 1 (01): 54-55.

[10] 段四喜, 杨泽, 李艳兰, 等. 洱海流域农业面源污染研究进展 [J]. 生态与农村环境学报, 2021, 37 (3): 8.

[11] 段永惠. 污水灌溉区汞、镉在土壤中纵向迁移及影响因素研究 [J]. 环境保护, 2004 (12): 35-37.

[12] 段永惠, 张乃明, 洪波, 等. 滇池流域农田土壤氮磷流失影响因素探析 [J]. 中国生态农业学报, 2005, 13 (2): 116-118.

[13] 冯秋园, 王殊然, 刘学勤, 等. 滇池浮游植物群落结构的时空变化及与环境因子的关系 [J]. 北京大学学报: 自然科学版, 2020, 56 (1): 9.

[14] 冯永玖, 陈新军, 杨晓明, 等. 基于遗传算法的渔情预报 HSI 建模与智能优化 [J]. 生态学报, 2014, 34 (15): 4333-4346.

[15] 方运霆, 莫江明, Per Gundersen, 等. 森林土壤氮素转换及其对氮沉降的响应 [J]. 生态学报, 2004, 24 (07): 1523-1531.

[16] 葛选良, 钱春荣, 李梁, 等. 秸秆还田配合施肥措施对玉米产量及耕层土壤质量的影响 [J]. 中国土壤与肥料, 2021 (01): 131-136.

[17] 郭有安. 滇池流域水资源演变情势分析 [J]. 云南地理环境研究, 2005, 17 (2): 28-32.

[18] 郭富强, 史海滨, 杨树青, 等. 盐渍化灌区不同水肥条件向日葵氮磷利用率及淋失规律 [J]. 水土保持学报, 2012, 26 (5): 39-43.

[19] 国家高原湿地中心，西南林业大学，国家林业局昆明勘察设计院. 滇池湿地国家级自然保护区综合科学考察报告 [R]. 2010.

[20] 高伟，周丰，郭怀成，等. 滇池流域高分辨率氮磷排放清单 [J]. 环境科学学报，2013，33 (1)：240-250.

[21] 何苗苗，刘芝芹，王克勤，等. 滇池流域不同植被覆盖土壤的入渗特征及其影响因素 [J]. 水土保持学报，2022，36 (3)：7.

[22] 胡长杏，彭明春，王崇云，等. 滇池流域人工林群落结构及水土保持效益 [J]. 生态学杂志，2012，31 (12)：8.

[23] 洪金淑. 云南省九大高原湖泊水体叶绿素 a 与环境因子的相关分析 [J]. 人民珠江，2018，39 (6)：3.

[24] 昆明市水利局. 滇池水利志 [R]. 1995.

[25] 昆明市林业局. 2015 年昆明林业 [M]. 云南：云南民族出版社，2015.

[26] 刘忠翰，王海玲，彭江燕，等. 滇池河流降雨径流资源利用的技术途径 [J]. 自然资源学报，2005，20 (5)：780-789.

[27] 李应鑫，李石华，彭双云. 云南省九大高原湖泊流域 NDVI 时空演变及其与气候的响应关系 [J]. 水土保持研究，2020，27 (4)：9.

[28] 李中杰，郑一新，张大为，等. 滇池流域近 20 年社会经济发展对水环境的影响 [J]. 湖泊科学，2017，24 (06)：875-882.

[29] 李梁，胡小贞，刘娉婷，等. 滇池外海底泥重金属污染分布特征及风险评价 [J]. 中国环境科学，2010 (增1)：46-51.

[30] 李志杰，滇池流域资源环境人口承载力研究 [J]. 昆明师范高等专科学校学报，2008 (02)：41-44.

[31] 李子密. 不同土地利用方式对有机氮组分的影响 [D]. 金华：浙江师范大学，2019.

[32] 李丽娟，梁丽乔，刘昌明，等. 近 20 年我国饮用水污染事故分析及防治对策 [J]. 地理学报，2007，62 (9)：917-924.

[33] 李书田，金继运. 中国不同区域农田养分输入、输出与平衡 [J]. 中国农业科学，2011，44 (20)：4207-4229.

[34] 李鑫，巨晓棠，张丽娟，等. 不同施肥方式对土壤氨挥发和氧化亚氮排放的影响 [J]. 应用生态学报，2008，19 (1)：99-104.

[35] 林文杰，吴荣华，郑泽纯，等. 贵屿电子垃圾处理对河流底泥及土壤重金属污染 [J]. 生态环境学报，2011，20 (1)：160-163.

[36] 吕贻忠，李保国. 土壤学 [M]. 北京：中国农业出版社，2006.

[37] 吕家珑，Fortunes，Brookes P C. 土壤磷淋溶状况及其 Olsen 磷 "突变点" 研究 [J]. 农业环境科学学报，2003，22 (2)：142-146.

[38] 刘远金，卢瑛，陈俊林等. 广州城郊菜地土壤磷素特征及流失风险分析 [J]. 土壤与环境，2002，11 (3)：344-348.

[39] 梁新强，田光明，李华，等. 天然降雨条件下水稻田氮磷径流流失特征研究 [J]. 水土保持学

报，2005 (01)：59-63.

[40] 廖辰灿，毛茜，史惠灵，等. 滇池湖滨区湿地鸟类栖息地适宜性评价研究 [J]. 西南林业大学学报：自然科学，2021，41 (1)：7.

[41] 闵炬，纪荣婷，王霞，等. 太湖地区种植结构及农田氮磷流失负荷变化 [J]. 中国生态农业学报，2020，28 (08)：1230-1238.

[42] 欧阳志云，王效科，苗鸿. 中国陆地生态系统服务功能及其生态经济价值的初步研究 [J]. 生态学报，1999，19 (5)：607-613.

[43] 彭丹，金峰，吕俊杰，等. 滇池底泥中有机质的分布状况研究 [J]. 土壤，2004，36 (5)：568-572.

[44] 彭靖里，安华轩，马敏象，等. 国内外设施农业栽培技术及云南省的差距 [J]. 农业系统科学与综合研究，2001，17 (3)：236-240.

[45] 潘寻，韩哲，贾伟伟. 山东省规模化猪场猪粪及配合饲料中重金属含量研究 [J]. 农业环境科学学报，2013 (1)：160-165.

[46] 唐近春. 全国第二次土壤普查与土壤肥料科学的发展 [J]. 土壤学报，1989 (03)：234-240.

[47] 中华人民共和国生态环境部. 第二次全国污染源普查公报 [R/OL]. (2020-06-08) [2022-11-08]. https：//www. mee. gov. cn/home/ztbd/rdzl/wrypc/zlxz/202006/t20200616_784745. html

[48] 孙傅，曾思育，陈吉宁. 富营养化湖泊底泥污染控制技术评估 [J]. 环境工程学报，2003，4 (008)：61-64.

[49] 孙星照，沈建国，王忠，等. 水田施用磷肥对土壤氮库活性及周转特性的影响 [J]. 浙江农业科学，2017，58 (08)：1447-1451，1455.

[50] 施择，李爱军，张榆霞，等. 滇池浮游藻类群落构成调查 [J]. 中国环境监测，2014 (5)：121-124.

[51] 史静，俎晓静，张乃明，等. 滇池草海沉积物磷形态、空间分布特征及影响因素 [J]. 中国环境科学，2013，33 (10)：1808-1813.

[52] 单艳红，杨林章，王建国. 土壤磷素流失的途径、环境影响及对策 [J]. 土壤，2004，36 (6)：602-608.

[53] 庹刚，李恒鹏，金洋，等. 模拟暴雨条件下农田磷素迁移特征 [J]. 湖泊科学，2009，21 (1)：45-52.

[54] 汤奇峰，杨忠芳，张本仁，等. 成都经济区农业生态系统土壤镉通量研究 [J]. 地质通报，2007：869-877.

[55] 唐艳. 污染底泥原位覆盖控制技术研究进展 [J]. 重庆文理学院学报（自然科学），2010 (4)：46-49.

[56] 王娅，和树庄，何建强. 滇池流域不同土壤类型和土地利用方式的土壤中溶解性有机碳的流失特性研究 [J]. 环境污染与防治，2013，35 (06)：73-77.

[57] 王金亮，杨桂华. 滇池小流域土壤资源特点及其合理利用 [J]. 长江流域资源与环境，1997 (02)：48-53.

[58] 王永平，周子柯，滕昊蔚，等. 滇南小流域不同土地利用类型土壤重金属形态特征及污染评价 [J]. 环保科技，2021，27（1）：8.

[59] 王华，刘丽萍，李娅萍. 滇池春夏季浮游动物群落结构特征及与环境因子的关系 [J]. 环境科学导刊，2016，35（6）：10-16.

[60] 王丽珍. 滇池的大型无脊椎动物 [J]. 云南大学学报（自然科学版），1985（增1）：77-88.

[61] 王新，吴燕玉. 各种改性剂对重金属迁移，积累影响的研究 [J]. 应用生态学报，1994，5（001）：89-94.

[62] 王新，陈涛，梁仁禄，等. 污泥土地利用对农作物及土壤的影响研究 [J]. 应用生态学报，2002（02）：163-166.

[63] 王星星. 特征污染物土壤 [D]. 太原：中北大学，2020.

[64] 王磊，张乃明，杨育华，等. 滇池流域花卉蔬菜废弃物对湖泊水质影响的模拟研究 [J]. 环境科学导刊，2010，29（4）：42-45.

[65] 汪亚及，高磊，彭新华. 红壤农田小流域径流组分对氮素流失动态的影响 [J]. 中国科学：地球科学，2019，49（12）：1960-1973.

[66] 魏玉云. 热带地区砖红壤上不同土壤 pH 和含水量对尿素氨挥发的影响研究 [D]. 广州：华南农业大学，2006.

[67] 吴靓，马友华，付碧玉，等. 农田面源污染监测技术与方法（英文）[J]. Agricultural Science&Technology，2014（12）：2214-2217.

[68] 徐红娇，包立，张乃明，等. 滇池流域不同利用方式红壤渗滤液的磷素形态变化 [J]. 水土保持学报，2015，29（3）：267-271.

[69] 肖慧，许悦，钱新，等. 南京市大气颗粒物 PM_1 中重金属污染的磁学诊断 [J]. 环境科学学报，2022，42（5）：9.

[70] 杨浩瑜，张敏，邓洪，等. 滇池流域大棚土壤磷素空间分布特征研究 [J]. 云南农业大学学报：自然科学版，2021，36（01）：140-146.

[71] 杨威杉，於方，赵丹，等. 滇池周边磷矿复垦区土壤重金属污染特征研究 [J]. 生态环境学报，2018，27（6）：1145-1152.

[72] 谢平. 浅水湖泊内源磷负荷季节变化的生物驱动机制 [J]. 中国科学（D辑），2005，35：11-23.

[73] 谢华林，张萍，贺惠，等. 大气颗粒物中重金属元素在不同粒径上的形态分布 [J]. 环境工程，2002（06）：55-57.

[74] 谢学俭，陈晶中，宋玉芝，等. 磷肥施用量对稻麦轮作土壤中麦季磷素及氮素径流损失的影响 [J]. 农业环境科学学报，2007（06）：2156-2161.

[75] 谢如林，谭宏伟，周柳强，等. 不同氮磷施用量对甘蔗产量及氮肥、磷肥利用率的影响 [J]. 西南农业学报，2012，25（1）：198-202.

[76] 余新晓，鲁绍伟，靳芳，等. 中国森林生态系统服务功能价值评估 [J]. 生态学报，2005，25（8）：2096-2102.

[77] 熊礼明. 施肥与植物的重金属吸收 [J]. 农业环境保护，1993，12（5）：217-222.

[78] 朱兆良，文启孝. 中国土壤氮素 [M]. 南京：江苏科学技术出版社，1992.

[79] 钟华邦. 地质素描——云南昆明滇池断陷湖 [J]. 地质学刊，2011 (01)：49-49.

[80] 赵筱青，苗培培，普军伟，等. 抚仙湖流域土地利用变化及其生态系统生产总值影响 [J]. 水土保持研究，2020 (2)：9.

[81] 张乃明，李刚，苏友波，等. 滇池流域大棚土壤硝酸盐累积特征及其对环境的影响 [J]. 农业工程学报，2006，22 (6)：215-217.

[82] 张乃明，余扬，洪波，等. 滇池流域农田土壤径流磷污染负荷影响因素 [J]. 环境科学，2003，24 (3)：155-157.

[83] 张乃明，张玉娟，陈建军，等. 滇池流域农田土壤氮污染负荷影响因素研究 [J]. 中国农学通报，2004，20 (5)：148-150.

[84] 钟雄，张丽，张乃明，等. 滇池流域坡耕地土壤氮磷流失效应 [J]. 水土保持学报，2018，32 (3)：42-47.

[85] 张丽，贾广军，夏运生，等. 菌根和间作对滇池流域红壤磷素迁移的影响 [J]. 环境科学研究，2015，28 (5)：760-766.

[86] 张玉铭，胡春胜，张佳宝，等. 农田土壤主要温室气体（CO_2、CH_4、N_2O）的源/汇强度及其温室效应研究进展 [J]. 中国生态农业学报，2011，19 (4)：966-975.

[87] 张金莲，丁疆峰，卢桂宁，等. 广东清远电子垃圾拆解区农田土壤重金属污染评价 [J]. 环境科学，2015，36 (07)：2633-2640.

[88] 章明奎，刘兆云，周翠. 铅锌矿区附近大气沉降对蔬菜中重金属积累的影响 [J]. 浙江大学学报：农业与生命科学版，2010，36 (2)：9.

[89] 张民，龚子同. 我国菜园土壤中某些重金属元素的含量与分布 [J]. 土壤学报，1996 (1)：85-93.

[90] 邹凌，赵培飞，李少明，等. 云南高原湖泊周边农业土壤 pH、CEC、质地的差异性研究 [J]. 西南农业学报，2019，32 (07)：1626-1632.

[91] 郑锦一，张学洪，刘杰，等. 广西老厂铅锌尾矿重金属动态纵向释放迁移规律 [J]. 桂林理工大学学报，2020，40 (03)：580-586.

[92] 周萍，何丙辉，刘宏斌，等. 土壤磷素流失潜能评价指标研究进展 [J]. 湖北农业科学，2007，46 (3)：469-473.

[93] 朱兆良. 中国土壤氮素研究 [J]. 土壤学报，2008，45 (5)：778-783.

[94] Al-Salem S M, Lettieri P, Baeyens J. Recycling and recovery routes of plastic solid waste (PSW)：A review [J]. Waste Management，2009，29 (10)：2625-2643.

[95] Brusseau M L, Rao P S C. Modeling solute transport in structured soils：A review [J]. Geoderma，1990，46 (2)：169-192.

[96] Boyer E W, Howarth R W, Galloway J N, et al. Riverine nitrogen export from the continents to the coasts [J]. Global Biogeochemical Cycles，2006，20 (GB1S911).

[97] Daily G C. Introduction：Whatareecosystem services [Z]. Nature's Service：Societal dependence on natural ecosystems，1997.

[98] Ding H, Ji H. Application of chemometric methods to analyze the distribution and chemical frac-

tion patterns of metals in sediment from a metropolitan river [J]. Environmental Earth Sciences, 2010, 61 (3): 641-657.

[99] Farrell M, Perkins W T, Hobbs P J, et al. Migration of heavy metals in soil as influenced by compost amendments [J]. Environmental Pollution, 2010, 158 (1): 55-64.

[100] Freney J R, Keerthisinghe D G, Phongpan S, et al. Effect of urease, nitrification and algalin-hibitors onammonia loss and grain yield of flooded rice in Thailand [J]. Fertilizer Research, 1994, 40 (3): 225-233.

[101] Galloway J N, Dentener F J, Capone D G, et al. Nitrogen cycles: Past, present, and future [J]. Biogeochemistry, 2004, 70 (2): 153-226.

[102] Ludwig J, Meixner F X, Vogel B, et al. Soil-air exchange of nitric oxide: An overview of processes, dnvironmental vactors, and modeling studies [J]. Biogeochemistry, 2001, 52 (3): 225-257.

[103] Menge D N, Hedin L O, Pacala S W. Nitrogen and phosphorus limitation over long-term ecosystem development in terrestrial ecosystems [J]. PLoS One, 2012, 7 (8): 1-13.

[104] McKane R B, Johnson L C, Shaver G R, et al. Resource-based niches provide a basis for plant species diversity and dominance in arctic tundra [J]. Nature, 2002, 415 (6867).

[105] Marques S C, Azeiteiro U M, Marques J C, et al. Zooplankton and ichthyoplankton communities in a temperate estuary: Spatial and temporal patterns [J]. Journal of Plankton Research, 2006.

[106] Nicholson F A, Smith S R, Alloway B J, et al. An inventory of heavy metals inputs to agricultural soils in England and Wales [J]. Science of The Total Environment, 2003, 311 (1 -3): 205-219.

[107] Reese M. Transformation to healthy water ecology—institutional requirements, deficits and options in European and German perspective [J]. Sustainability, 2021, 13.

[108] Soltero R A, Sexton L M, Ashley K I, et al. Partial and full lift hypolimnetic aeration of medical lake, WA to improve water quality [J]. Water Research, 1994, 28 (11): 2297-2308.

[109] Zhang S J, Zhang G, Wang D J, et al. Investigation into runoff nitrogen loss variations due to different crop residue retention modes and nitrogen fertilizer rates in rice-wheat cropping systems [J]. Agricultural Water Management, 2021, 247.

(a) 红壤剖面图   (b) 棕壤剖面图   (c) 水稻土剖面图   (d) 紫色土剖面图

图 3-3   滇池流域分布的主要土壤类型

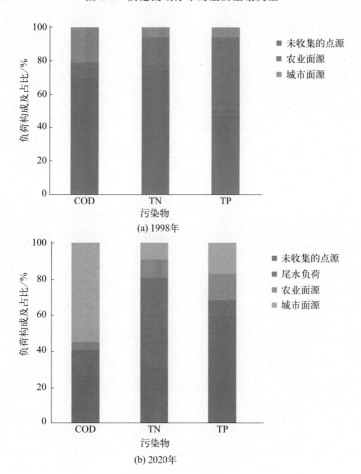

图 7-20   滇池流域入湖污染负荷构成变化趋势

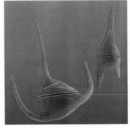

(a) 鼓藻属   (b) 飞燕角甲藻属   (c) 新月藻属

图 8-4　滇池主要浮游植物

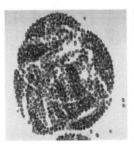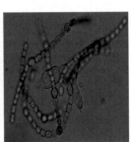

(a) 铜绿微囊藻   (b) 束丝藻   (c) 鱼腥藻

图 8-5　滇池优势藻属

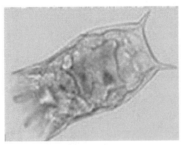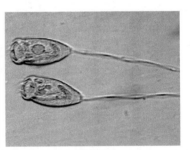

(a) 龟甲轮虫属   (b) 钟虫

图 8-6　滇池主要浮游动物

(a) 螺蛳   (b) 宽体金线蛭

图 8-7　20 世纪 50～60 年代滇池主要底栖生物

(a) 苏氏尾鳃蚓	(b) 羽摇蚊

图 8-8　20 世纪 70 年代滇池主要底栖生物

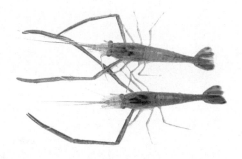

图 8-9　滇池底栖动物外来入侵种——日本沼虾

(a) 青鳉	(b) 乌鳢

图 8-11　滇池水体中优势鱼类

(a) 云南光唇鱼	(b) 异色云南鳅

图 8-12　滇池水体中稀有鱼类

(a) 麦穗鱼

(b) 黄黝鱼

图 8-13 滇池外来引进鱼种

(a) 滇池金线鲃

(b) 投放鱼苗

图 8-14 稀有鱼种人工培育

(a) 白琵鹭

(b) 鸳鸯

图 8-15 滇池流域常见水禽